高等职业教育机械类
新形态一体化教材

机电设备故障诊断与维修

主　编
李万军
陶娜娜

中国教育出版传媒集团
高等教育出版社·北京

内容简介

本教材以够用、实用为原则，按照智能制造领域从业人员对机电设备故障诊断与维修技术应用的需求选取教材内容，与数控设备维护与维修"1+X"职业等级证书要求对接，采用项目导向、任务驱动结构编排内容，运用"互联网+"技术，加入动画、微课、最新技术、拓展学习内容等课程资源。

本教材总共有七个项目，主要包括数控装置故障诊断与维修、电源模块故障诊断与维修、交流伺服模块装置故障诊断与维修、主轴驱动装置故障诊断与维修、PLC故障诊断与维修、辅助装置及刀库故障诊断与维修、机械故障维修与调整。本教材重在应用基础理论解决实际问题，通过对典型设备故障的诊断和维修分析，使课程学习和生产实际有机地结合起来。

本教材内容丰富、图文并茂、实用性突出，适用于高等职业院校、职业本科院校、成人继续教育机电类、数控类、机械制造类等专业的教材和教学参考书，也可作为技能培训教材和相关领域的工程技术人员参考。

教师如需获取本书授课用PPT、电子教案、习题答案等配套资源，请登录"高等教育出版社产品信息检索系统"（http://xuanshu.hep.com.cn/）免费下载。

图书在版编目（CIP）数据

机电设备故障诊断与维修 / 李万军，陶娜娜主编. 北京：高等教育出版社，2025.1. -- ISBN 978-7-04-062831-9

Ⅰ. TM07

中国国家版本馆 CIP 数据核字第 2024YN9799 号

Jidian Shebei Guzhang Zhenduan yu Weixiu

| 策划编辑 | 吴睿韬 | 责任编辑 | 吴睿韬 | 封面设计 | 贺雅馨 | 版式设计 | 马 云 |
| 责任绘图 | 于 博 | 责任校对 | 窦丽娜 | 责任印制 | 刘弘远 | | |

出版发行	高等教育出版社	网　　址	http://www.hep.edu.cn
社　　址	北京市西城区德外大街4号		http://www.hep.com.cn
邮政编码	100120	网上订购	http://www.hepmall.com.cn
印　　刷	唐山市润丰印务有限公司		http://www.hepmall.com
开　　本	787mm×1092mm　1/16		http://www.hepmall.cn
印　　张	16.25		
字　　数	390千字	版　　次	2025年1月第1版
购书热线	010-58581118	印　　次	2025年1月第1次印刷
咨询电话	400-810-0598	定　　价	48.80元

本书如有缺页、倒页、脱页等质量问题，请到所购图书销售部门联系调换

版权所有　侵权必究

物　料　号　62831-00

前　言

随着科学技术的迅速发展和日趋综合化，机电设备正朝着大型化、高速化、自动化、高精度化方向发展，这些特点使其更易于操作控制，但在故障诊断与维修方面也显得更加繁杂和困难。因此，加强设备的现代化管理，提高技术人员对设备故障诊断和维修的技术水平，助力我国装备制造业发展，显得越来越重要和紧迫。

本书秉承立德树人的工作重心，贯彻党的二十大精神和习近平新时代中国特色社会主义思想，根据智能制造领域从业人员对机电设备故障诊断与维修技术应用的需求，结合"数控设备维护与维修"职业技能等级标准要求，从实用性的角度出发，引入企业生产实践标准、典型维修实例。使课程学习与生产实际有机地结合起来，将传统设备维修技术与现代维修新技术、新工艺相结合，融入思政教育元素，将学习者的专业技能培训、素质素养教育、创新创业能力培养等融汇于本书。

本书以项目为导向、以任务为驱动，通过"任务导入、任务目标、任务分析、知识衔接、任务实施、任务评价、任务拓展、任务自测"逻辑编排内容，凸显高等职业教育中教、学、做一体化及混合式教学的需要。教学内容以"必需"与"够用"为度，就数控装置故障诊断与维修、电源模块故障诊断与维修、交流伺服模块装置故障诊断与维修、主轴驱动装置故障诊断与维修、PLC故障诊断与维修、辅助装置及刀库故障诊断与维修、机械故障维修与调整，共七个典型项目进行介绍，由浅入深、循序渐进，教、学、练紧密结合，重视操作技能、职业素养和创新能力的培养和提高。

本书聚焦课程"三教"改革，在智慧职教MOOC学院的线上教学平台建有与教材配套的在线开放课程，线上资源包括微课教学视频、电子教案、课件、习题及测试等一系列内容，供课前预习及课后复习。

本书内容丰富、图文并茂、实用性突出，可作为高等职业院校机电类、数控类、机械制造类等专业的课程教材和教学参考用书，也可作为职业技能培训教材和相关领域的工程技术人员参考用书。

本书由淄博职业学院李万军编写项目一、项目二；宣俊伟、周庆编写项目三；杨莉莉、李凯编写项目四；赵仁瀚、曲振华编写项目五；陶娜娜编写项目六；山东莱茵科斯特智能科技有限公司胡鹏昌、山东巨能数控机床有限公司王卫珂编写项目七。李万军和陶娜娜组织全书的编写及统稿，淄博职业学院潘学海任主审。

本书在编写过程中得到了北京机床研究所有限公司、北京发那科机电有限公司、浙江亚龙教育装备股份有限公司的大力支持和帮助，同时参考了大量企业案例和其他学者的文献资料，编者在此一并表示感谢。

由于时间仓促，编者水平和经验有限，书中难免有欠妥和错误之处，恳请读者批评指正。

编者
2024 年 5 月

目 录

项目一　数控装置故障诊断与维修 ·· 1

　　任务 1.1　发那科数控系统的连接 ·· 1
　　任务 1.2　数控系统基本参数设定 ·· 7
　　任务 1.3　数控系统数据备份与恢复 ··· 17

项目二　电源模块故障诊断与维修 ·· 27

　　任务 2.1　电源模块数码管显示 ··· 27
　　任务 2.2　电源模块故障排查 ·· 36

项目三　交流伺服模块装置故障诊断与维修 ····································· 53

　　任务 3.1　FANUC αi 系列伺服模块的连接 ··································· 53
　　任务 3.2　伺服模块初始化参数设定 ··· 61
　　任务 3.3　进给伺服系统调试与优化 ··· 70
　　任务 3.4　伺服位置检测器 ·· 80
　　任务 3.5　参考点的建立与调整 ·· 88
　　任务 3.6　软限位与硬限位的调整 ·· 98

项目四　主轴驱动装置故障诊断与维修 ·· 107

　　任务 4.1　伺服主轴的设定与调整 ·· 107
　　任务 4.2　伺服主轴初始化 ··· 115
　　任务 4.3　伺服主轴报警与故障排查 ·· 121
　　任务 4.4　模拟主轴的连接与调试 ··· 127

项目五　PLC 故障诊断与维修 …… 137

任务 5.1　PMC 的基本操作页面 …… 137
任务 5.2　I/O Link 连接与地址设定 …… 146
任务 5.3　数控机床控制信号 …… 161
任务 5.4　输入/输出装置故障诊断 …… 182

项目六　辅助装置及刀库故障诊断与维修 …… 193

任务 6.1　加工中心刀库的原理与维修 …… 193
任务 6.2　液压装置的装调与维修 …… 203
任务 6.3　润滑冷却装置的装调与维修 …… 211
任务 6.4　气动排屑装置的装调与维修 …… 220

项目七　机械故障维修与调整 …… 227

任务 7.1　数控机床的水平调整 …… 227
任务 7.2　主轴传动系统的装调与维修 …… 233
任务 7.3　伺服进给传动系统的装调与维修 …… 242

参考文献 …… 253

项目一　数控装置故障诊断与维修

任务 1.1　发那科数控系统的连接

【任务导入】

本任务需要了解各接口的定义,能完成发那科(FANUC)数控系统各接口的硬件连接,完成 FANUC 数控系统 I/O Link 的硬件连接,完成 FANUC 加工中心的电气连接。如图 1.1.1 所示为亚龙 YL-59 型 FANUC 0i-MF 数控设备维护与维修实训考核装置图。

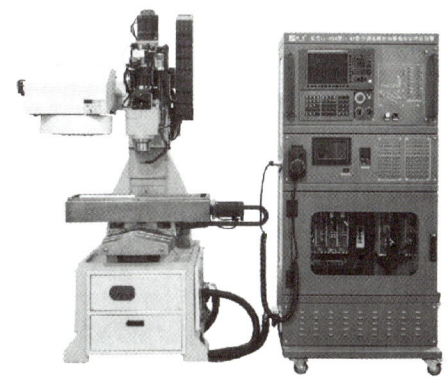

图 1.1.1　亚龙 YL-59 型 FANUC 0i-MF 数控设备维护与维修实训考核装置图

【任务目标】

1. 知识目标

(1) 掌握数控系统的硬件连接基本知识。
(2) 理解数控系统的基本组成与作用。

2. 能力目标

(1) 能进行数控系统的基本连接。
(2) 掌握数控系统各部件的作用。

3. 素养目标

(1) 树立吃苦耐劳、爱岗敬业的职业精神,具有高度的责任心。
(2) 养成着装整洁、养成保持工作环境清洁有序、文明生产的习惯。

FANUC 数控系统简介

I/O 模块接口

机床操作面板的功能及使用方法

（3）养成精益求精、踏实严谨的工匠精神。

【任务分析】

作为数控机床维修人员，首先要了解清楚数控系统结构，知道数控系统由哪些部分组成，各组成部分担当什么样的角色，这样故障发生后才能知道在哪查找故障点？所以本任务要求对 FANUC 0i-F 系列数控系统的硬件组成及连接有一个比较全面的认识。如图 1.1.2 所示为 FANUC 0i-MF 数控系统连接示意图。

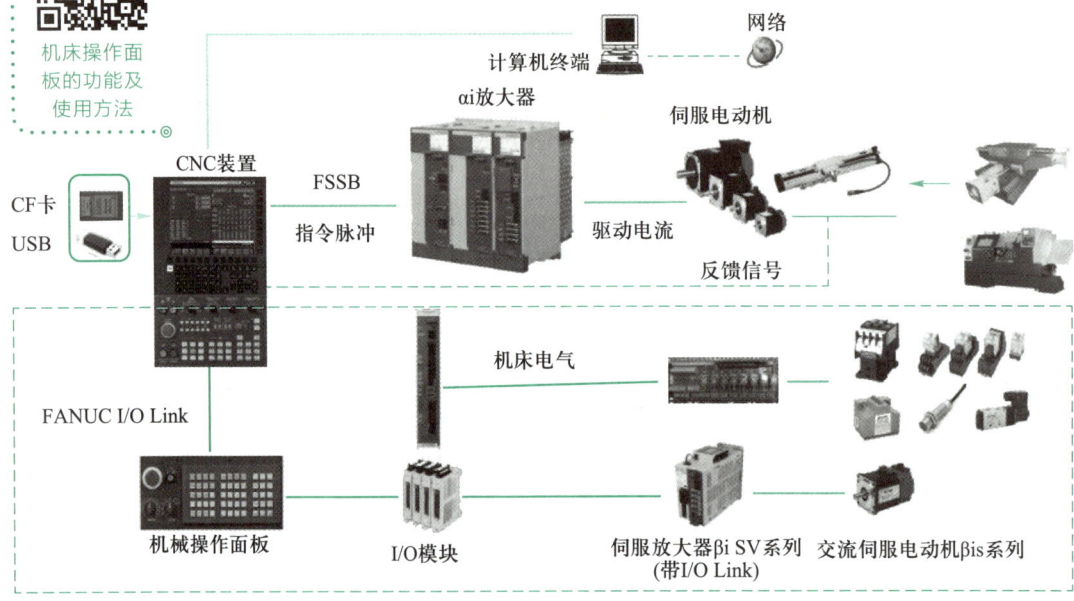

图 1.1.2　FANUC 0i-MF 数控系统连接示意图

【知识衔接】

1.1.1　FANUC 0i-F 系列数控系统的基本知识

FANUC 0i-F 系列数控系统分为 FANUC 0i-TF 数控系统和 FANUC 0i-MF 数控系统，其中 FANUC 0i-TF 数控系统为车床使用，FANUC 0i-MF 数控系统为铣床及加工中心使用。

FANUC 0i F 系统特性

1.1.2　CNC（计算机数字控制）装置组成

（1）CPU：负责整个数控系统的运算及控制。
（2）存储器：由快速可改写只读存储器（Flash Read Only Memory，FROM）、静态随机存储器（Static Random Access Memory，SRAM）、动态随机存储器（Dynamic Random Access Memory，DRAM）构成。FROM 存放 FANUC 数控系统软件，包括插补控制软件、数字伺服软件、顺序程序通信软件和图形显示软件等。SRAM 存放机床厂及用户数据，包括 CNC 参数、可编程机床控制器（Programmable Machine Controller，PMC）

参数、加工程序、用户宏程序、刀具补偿和螺距误差补偿等。存储器数据的分类见表1.1.1。DRAM为工作存储器,在控制系统中起缓存作用。

(3)数字伺服控制卡:控制伺服电动机。

(4)主板:包括CPU外围电路、I/O Link、数字主轴电路、RS232数据输入输出电路、快速以太网(MDI)接口电路、高速输入信号等。

表1.1.1 存储器数据的分类

数据的种类	存储器	数据的种类	存储器
CNC 参数	SRAM	用户宏变量	SRAM
PMC 参数	SRAM	宏 P-CODE 程序	FROM
顺序程序	FROM	宏 P-CODE 变量	SRAM
螺距误差补偿量	SRAM	SRAM 变量	SRAM
加工程序	SRAM	系统应用程序	FROM
刀具补偿量	SRAM		

(5)内置PMC:负责逻辑控制。

(6)LCD/MDI:负责数据显示及手动数据输入。

1.1.3 数控系统的接口定义

FANUC 0i-MF Plus 数控系统在 FANUC 0i-MF 数控系统基础上增加了很多硬件接口,如嵌入式以太网口、RS232 串行端口等,为目前功能比较全的一款数控系统,如图1.1.3所示。

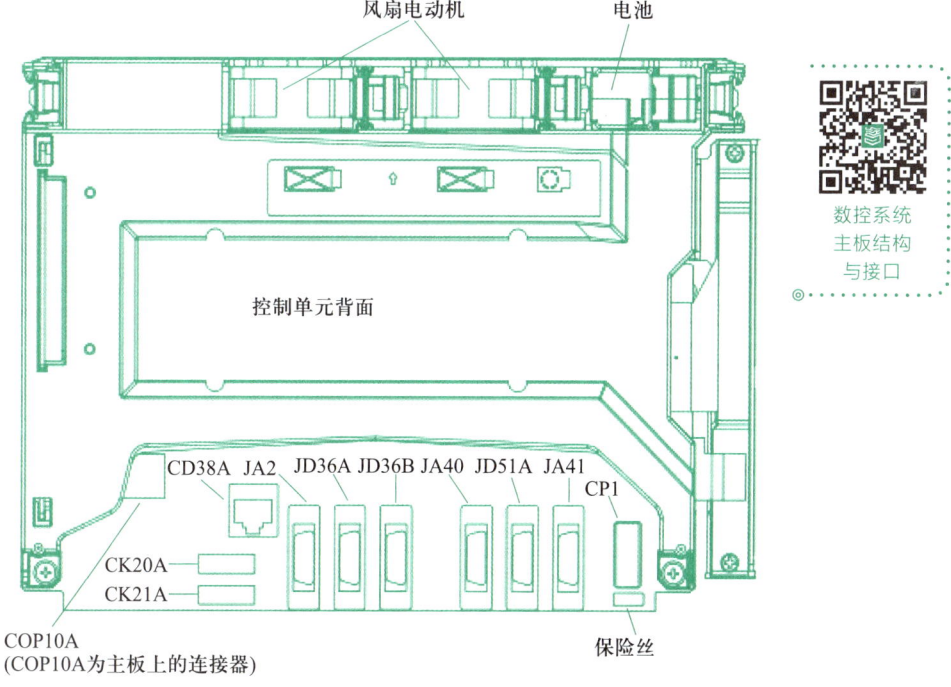

图 1.1.3 FANUC 0i-MF Plus 数控系统接口图

FANUC 0i-MF Plus 数控系统硬件接口的具体功能,见表 1.1.2。

表 1.1.2　FANUC 0i-MF Plus 数控系统硬件接口的具体功能

硬件接口标志	具体功能	硬件接口标志	具体功能
COP10A	FSSB 接口	JA41	位置编码器接口
JA2	MDI 接口	CP1	电源接口
JD36A	RS232 串行接口	CK20A	横排软键接口
JD36B	RS232 串行备用接口	CK21A	竖排软键接口
JA40	高速跳转、模拟输出接口	CD38A	以太网接口(嵌入式以太网)
JD51A	I/O Link 接口		

NC 与外设的连接

伺服放大器的连接

1.1.4　综合硬件连接

如图 1.1.4 所示为综合硬件连接图。

【任务实施】

查看亚龙 YL-59 型 FANUC 0i-MF 数控设备维护与维修实训考核装置的配置,然后填写表 1.1.3 实训设备的配置。

表 1.1.3　实训设备的配置

系统名称	主要指标	作用
CNC		
主轴模块		
伺服模块		
主轴电动机		
伺服电动机		
伺服电动机		
伺服电动机		
I/O 模块		

【任务评价】

根据本任务完成情况填写任务评价表。

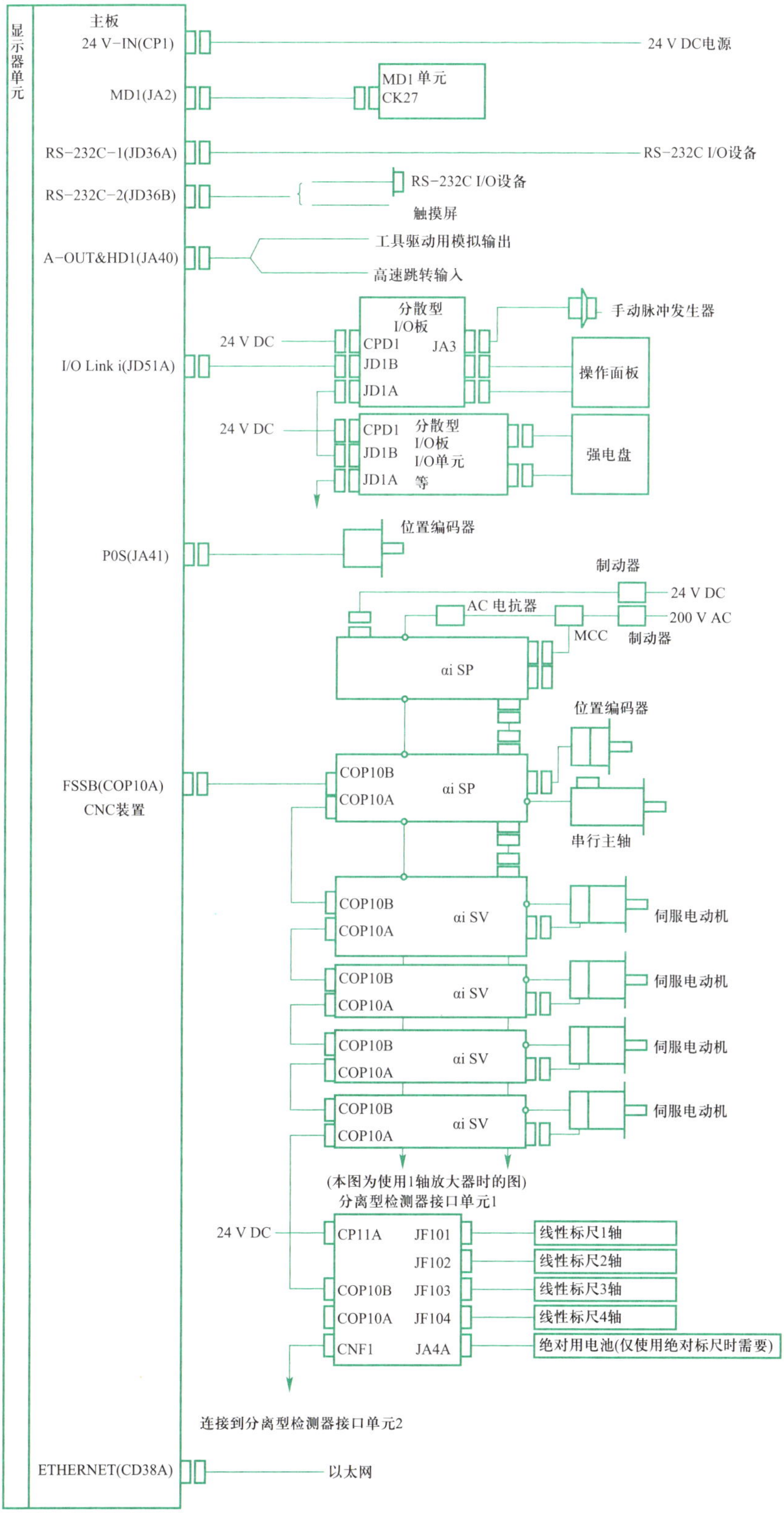

图 1.1.4 综合硬件连接图

任务评价表

小组			姓名			
序号	考核项目	考核内容	配分	自评	互评	师评
1	职业素养	行为符合规范	5			
2		遵守纪律	5			
3		工位整洁、设备清理干净、日常维护正确	10			
4	文明生产	按有关规定安全文明操作	10			
5	技能操作	查看CNC的配置	10			
6		查看主轴模块的配置	10			
7		查看伺服模块的配置	20			
8		查看主轴电动机的配置	10			
9		查看伺服电动机的配置	10			
10		查看I/O模块的配置	10			
		总计	100			

【任务拓展】

数控机床是装备制造业最重要的"工业母机",其技术水平代表着一个国家的综合竞争力。基础薄弱、缺"芯"少"脑"一直是"中国制造"的短板。数控系统作为数控机床的"大脑",是决定数控机床功能、性能、可靠性及成本的核心部件。

从2009年开始,在国家科技重大专项"高档数控机床与基础制造装备"的支持下,华中数控经过艰苦努力,在多项关键技术上实现了历史性突破,2010年成功研制出华中8型系列化高档数控系统,其功能和性能指标达到国际同行先进水平。

在产品研发过程中,华中数控攻克了一批关键共性技术难题,包括:开放式、模块化数控系统软平台技术,开放式数控系统二次开发平台,高速高精运动控制、现场总线和多轴多通道控制技术,以及基于指令域大数据分析的工艺参数优化、数控机床健康保障等智能化应用功能,为研制出自主可控的华中8型系列化中、高档数控系统提供了原创技术支撑。

在中国机械联合会组织的成果鉴定会上,专家委员会认为:"华中数控在我国数控系统后发追赶、面临更严苛要求的应战压力下,奋力拼搏,历经几代技术攻关,开发出了以华中8型为代表的自主可控的数控系统,全面达到国际先进水平,可替代进口。"2017年,华中8型数控系统更是获得"国家科技进步二等奖"。

【任务自测】

一、单选题

1. CNC装置中_____主要用于存储系统软件、零件程序等。

A. CPU
B. PLC
C. EPROM 和 RAM
D. LED

2. FSSB 总线是连接系统与_____之间的光纤通信回路。

A. 伺服　　　　　B. 主轴驱动　　　　C. I/O 单元　　　　D. 计算机外设

3. I/O Link 总线是连接系统与_____之间的串行通信回路。

A. 伺服　　　　　B. 主轴驱动　　　　C. I/O 单元　　　　D. 计算机外设

4. CNC 系统通常具备 RS232C 接口、DNC 接口、缓冲存储器等,数据一般按_____格式输入。

A. 二进制　　　　B. 八进制　　　　C. 十进制　　　　D. 十六进制

5. 主板由 CPU 外围电路、I/O Link、数字主轴电路、RS232 数据输入输出电路、_____和高速输入信号等组成。

A. 位置检测装置　　B. MDI 接口电路　　C. RAM　　　　D. ROM

二、判断题

1. CNC 装置与机床之间的信号主要通过存储器连接。(　　)

2. JA41 接口为高速跳转、模拟输出接口。(　　)

三、简答题

1. 请解释表 1.1.4 中 FANUC 0i-F 系统各接口的功能。

表 1.1.4　接口功能

接口	功能
COP10A	
JA2	
JD36A	
CD38A	
JA40	
JD51A	
JA41	
CP1	

2. 简述 FANCU 0i-F 数控系统的主板如何与 I/O 模块进行通信连接?

任务 1.2　数控系统基本参数设定

【任务导入】

数控系统的硬件连接只是搭建起了机床的"肢体",还需要通过对参数及可编程机床控制器(PMC)程序的设置和调试,激活机床各部分的功能。数控系统的参数设置决定了机床的功能、控制精度等。数控系统参数使用的正确性,直接影响机床的正常工作及机床性能的充分发挥。如图1.2.1所示为FANUC 0i-F数控系统的参数设置页面。

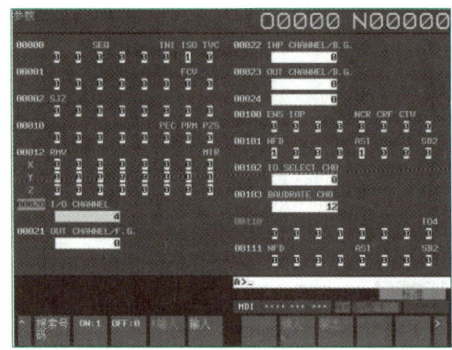

图1.2.1　FANUC 0i-F数控系统的参数设置页面

【任务目标】

1. 知识目标

（1）学习数控系统基本参数的格式与意义。

（2）学习数控系统基本参数的设定方法。

2. 能力目标

（1）能进行相关参数设置页面的操作。

（2）能完成数控系统基本参数的设定。

3. 素养目标

（1）在实践劳动中,体会科学严谨的工匠精神和工程意识。

（2）提高专业技能和劳动素养。

（3）养成合理规范地调试设备参数的习惯。

【任务分析】

数控系统的参数是数控机床正常运行和实现其功能的基础,其设定必须准确,否则会使系统报警。工作中常常遇到工作台不能回零、位置显示值不对或使用人工数据输入（manual data input, MDI）面板不能输入刀偏量等参数的问题,这些故障往往和参数设置有关,因此维修时若确认PMC信号和连线无误,则应检查有关参数。利用数控机床的参数进行故障诊断在整个数控机床维修中占有重要地位,也是一种比较难掌握的维修方法。如图1.2.2所示为FANUC 0i-MF数控系统PMC维护信号状态诊断图。

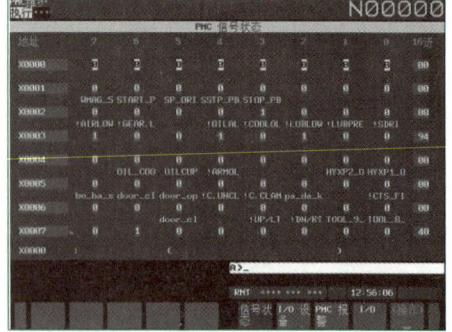

图1.2.2　FANUC 0i-MF数控系统
PMC维护信号状态诊断图

【知识衔接】

1.2.1 FANUC 数控系统参数的分类

FANUC 数控系统参数较多,根据其类型可进行如下划分。

1. 按数据形式分

(1)位型:以二进制位为单位设定,允许输入值为 0 或 1。如 No.1013.0。

(2)字型:字节型以 8 位二进制(字节)为单位设定,允许输入值范围为-128~127,参数以十进制格式表示;字型以 16 位二进制(字)为单位设定,允许输入值范围为-32 768~32 767,参数以十进制格式表示;双字型以 32 位二进制(双字)为单位设定,允许输入值范围为-99 999 999~99 999 999,参数以十进制格式表示。

2. 按功能形式分

(1)轴型参数:轴型参数是用于坐标轴控制的参数,其中同一参数号有多个设定值,其含义、作用和输入范围等均相同。不同的坐标轴参数以轴名区分,其设定值可以不同。

(2)非轴型参数:是数控系统中除与坐标轴直接相关的参数外的其他参数,这些参数涉及数控系统的各种设置、功能和特性,对数控机床的整体性能、操作模式、数据传输、显示方式等起着重要作用。

1.2.2 FANUC 数控系统参数的显示

按 FANUC 数控系统操作面板上的【SYSTEM】功能键,找到【参数】软键并按下,进入参数设置页面。输入参数的号码,按下【搜索号码】软键,出现数据号所在页面,光标指向对应的数据号。如图 1.2.3 所示为 FANUC 0i-F 数控系统参数显示页面。

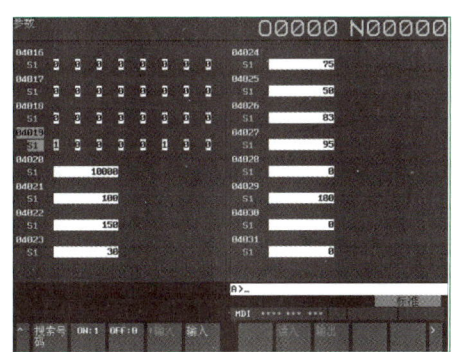

图 1.2.3 FANUC 0i-F 数控系统参数显示页面

1.2.3 FANUC 数控系统参数的写入

如图 1.2.4 所示为设定系统写参数权限页面,设置参数处于可写状态的步骤如下:

（1）系统工作方式选择 MDI 方式，或按下急停开关。

（2）按【OFFSET】功能键一次或多次，再按【设定】软键，显示设定页面的第一页。

（3）将光标移至"写参数"处。

（4）按【ON:1】软键或输入"1"，再按【INPUT】软键，使"写参数 = 1"。这样参数变为可写入状态，CNC 发生 SW0100 报警（允许参数写入）。

参数设定完毕后，需将参数设定页面改为"写参数 = 0"，即禁止参数设定，复位（RESET）CNC，解除 SW0100 报警。在设定参数时，有时会出现 PW0000 报警（需切断电源），此时请关掉电源再开机。

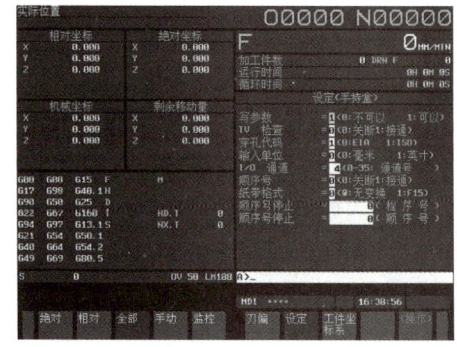

图 1.2.4　设定系统写参数权限页面

系统基本参数的设定

1.2.4　FANUC 数控系统参数设定

FANUC 数控系统与轴控制相关的参数，包括基本组参数、坐标组参数、进给速度组参数和主轴组参数，必须在数控机床连接完成时设定，其他参数与手动连续进给和回参考点有关，可在使用这些功能时再进行设定。

1. 基本组参数

（1）参数 1020 功能：设定各轴名称，见表 1.2.1。

表 1.2.1　参数 1020 设定说明

轴名称	设定值	轴名称	设定值	轴名称	设定值
X	88	U	85	A	65
Y	89	V	86	B	66
Z	90	W	87	C	67

（2）参数 1022 功能：设定各轴为坐标系中的哪个轴，见表 1.2.2。

表 1.2.2　参数 1022 设定说明

设定值	含义	设定值	含义
0	既不是平行轴也不是基本轴	4	基本轴中的 U 轴
1	基本轴中的 X 轴	5	基本轴中的 V 轴
2	基本轴中的 Y 轴	6	基本轴中的 W 轴
3	基本轴中的 Z 轴		

（3）参数 1023 功能：各轴的伺服轴号。该参数设定各控制轴与伺服轴的对应关系，通常将控制轴号与伺服轴号设定为相同值。

（4）参数 1001#0 功能：用来设置直线轴的最小移动单元。"0"表示使用公制单位；"1"表示使用英制单位。

（5）参数 1006#0 功能：设置直线轴或旋转轴。"0"表示直线轴；"1"表示旋转轴。

（6）参数 1006#3 功能：设置各轴的移动指令。"0"表示使用半径指定；"1"表示使用直径指定。

（7）参数 1013#1，1013#0 功能：设定各轴的单位，见表 1.2.3。

表 1.2.3　各轴的单位设定说明

设定单位	#1	#0	数据单位最小值/mm
IS-A	0	1	0.01
IS-B	0	0	0.001
IS-C	1	0	0.001

（8）参数 1815#1 功能：用来设置检测器；"0"表示不使用分离式脉冲编码器；"1"表示使用分离式脉冲编码器。

（9）参数 1815#4 功能：使用绝对位置检测器时，设置机械位置与绝对值编码器是否建立对应关系。"0"表示尚未建立；"1"表示已经建立。

（10）参数 1815#5 功能：设置位置检测器。"0"表示使用绝对位置检测器以外的检测器；"1"表示使用绝对位置检测器。

（11）参数 1825 功能：每个轴的伺服环增益。

（12）参数 1826 功能：每个轴的到位宽度。

（13）参数 1828 功能：每个轴移动中的位置偏差极限。

2. 坐标组参数

设定坐标组参数，其功能说明见表 1.2.4。

表 1.2.4　坐标组参数功能说明

参数号	功能	参数号	功能
1240	第 1 参考点的机械坐标	1320	各轴存储的正向限位
1241	第 2 参考点的机械坐标	1321	各轴存储的负向限位

3. 进给速度组参数

设定进给速度组参数，其功能说明见表 1.2.5。

表 1.2.5　进给速度组参数功能说明

参数号	功能	参数号	功能
1410	空运行速度	1423	JOG 进给速度
1411	切削进给速度	1424	手动快速速度
1420	各轴的快速移动速度（G00）	1428	参考点返回速度
1421	快速方式时的 F0 速度	1430	最大切削速度

操作履历画面的应用

4. 主轴组参数

参数 3736#0 功能：设置主轴类型；"0"表示模拟主轴；"1"表示串行主轴。主轴组参数功能说明见表 1.2.6。

表 1.2.6　主轴组参数功能说明

参数号	功能	参数号	功能
20(4)	存储卡接口	3108#6	主轴负载表显示
3003#0	所有轴互锁信号	3108#6	显示 JOG 进给速度
3003#2	各轴互锁信号	3111#0	伺服调整页面显示
3003#3	不同轴向互锁信号	3111#1	主轴设定页面显示
3004#5	超程信号检查	3111#2	主轴调速页面显示
3105#0	显示实际速度	3111#5	操作监控页面显示
3105#2	显示实际主轴速度和 T 代码	8130(2)	控制轴数
3105#4	操作履历页面显示	3112#2	外部操作履历页面显示
3106#5	显示主轴倍率		

【任务实施】

1. 开机

根据机床操作规程，按照先接通强电，再接通 CNC 装置电源的顺序进行上电。正常上电完成后 CNC 装置和各驱动装置状态无报警，如果 CNC 装置不能正常启动或有异常报警，请联系指导老师协助排除故障。

2. 参数打开

（1）将 CNC 装置置于 MDI 方式或按下急停开关。

（2）按下 MDI 面板上的【OFF/SET】按键，进入设定页面，如图 1.2.5 所示。将光标移到"写参数"上，输入"1"，"参数可写入"打开。此时，会出现 SW0100 号报警，可以忽略或同时按下 MDI 面板上的【RESET】+【CAN】按键，解除该报警。

（3）按下 MDI 面板上的【SYSTEM】功能键进入参数修改页面。输入参数号，按【搜索】软键。操作翻页键【↓↑】和光标键【↓↑】实现光标移动。在位形参数中，若按光标【→】键，光标以位为单位移动。按照上述步骤进行参数设定，并将设定的参数记录在表 1.2.7 中。

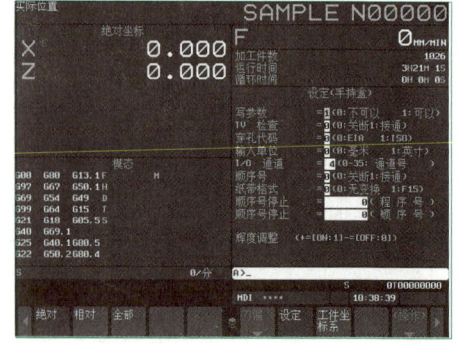

图 1.2.5　设定页面

任务 1.2 数控系统基本参数设定

表 1.2.7 参数设定记录表

参数号	功能	参数号	功能

【任务评价】

根据本任务完成情况填写任务评价表。

任务评价表

小组			姓名			
序号	考核项目	考核内容	配分	自评	互评	师评
1	职业素养	行为符合规范	10			
2		遵守纪律	10			
3		工位整洁,设备清理干净,日常维护正确	10			
4	文明生产	按有关规定安全文明操作	10			
5	技能操作	开机	10			
6		基本组参数设定	10			
7		坐标组参数设定	10			
8		进给速度组参数设定	10			
9		主轴组参数设定	20			
		总计	100			

【任务拓展】

参数设定是数控系统运行的关键,通过学习数控系统基本参数设定,能够使学习者懂得其重要性。下面以配备了 FANUC 0i-MF 数控系统的立式加工中心为例,讲解参数设定。为了更好地满足加工零件的种类或复杂程度的需求,该加工中心加装了第四轴转台。已知旋转轴、电动机工作台之间的减速比为 90∶1,检测精度为 0.001°。需要进行相关第四轴基本参数设定,设定过程中观察参数带来的显示变化,并配合程序和监控信息进行模拟运行,检验参数设定是否正确。

(1) 控制轴数设定见表 1.2.8。断电重启后,系统显示 4 轴,如图 1.2.6 所示。

表 1.2.8　控制轴数设定

设定项	参数号	设定值
控制轴数	No.987	4

第四轴的设定

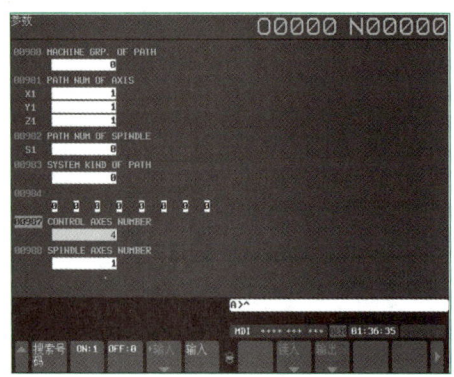

图 1.2.6　控制轴数设定

(2) 完成第四轴系统基本参数设定。具体设定项、参数号及设定值等见表 1.2.9,设定完成后断电重启。

表 1.2.9　基本参数设定

设定项	参数号	设定值	备注
设定轴归属路径	No.981	1	
设定轴名称	No.1020	65	各轴的轴名称 A:65
设定轴属性	No.1022	0	各轴属性的设定 0:既不是基本轴,也不是基本轴的平行轴,即旋转轴属性设定为 0
旋转轴转动一周的移动量	No.1260	360.0	
位置环增益	No.1825	3 000	与其他轴保持一致
将无挡块参考点设定为有效	No.1005#1	1	
设定为旋转轴	No.1006#0#1	0,1	
将旋转轴的循环功能设为有效	No.1008#0	1	
各轴到位宽度	No.1826	200	

续表

设定项	参数号	设定值	备注
各轴移动位置极限偏差	No.1828	16 000	
各轴停止位置极限偏差	No.1829	150	

（3）设定第四轴相关的速度参数，具体设定项、参数号及设定值见表1.2.10。速度参数设定如图1.2.7所示。

表1.2.10　速度参数设定

设定项	参数号	设定值
快速移动速度	No.1420	3 000
轴快移倍率F0的速度	No.1421	200
各轴点动模式(JOG)的运行速度	No.1423	300
各轴手动快移速度	No.1424	3 000

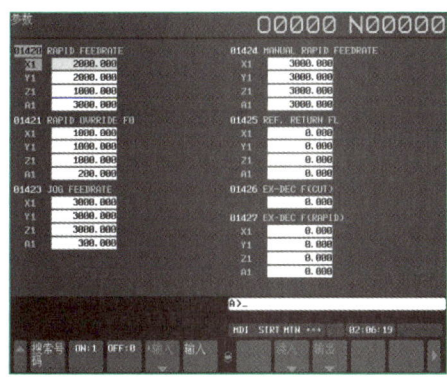

图1.2.7　速度参数设定

（4）消除所有数控系统报警，进行模拟运行，模拟运行参数设定见表1.2.11。

表1.2.11　模拟运行参数设定

设定项	参数号	设定值	备注
通电后未执行一次参考点返回的状态时，通过自动运行指定执行G28以外的移动指令时不报警	No.1005#0	1	
各轴的伺服轴号	No.1023	−128	拆下和屏蔽放大器时，对应的轴设为−128

（5）参数设定完成后，测试运行。测试程序与位置监控如图1.2.8所示，设定过程中观察参数带来的显示变化，并配合程序和监控信息进行模拟运行，检验参数设定是否正确。

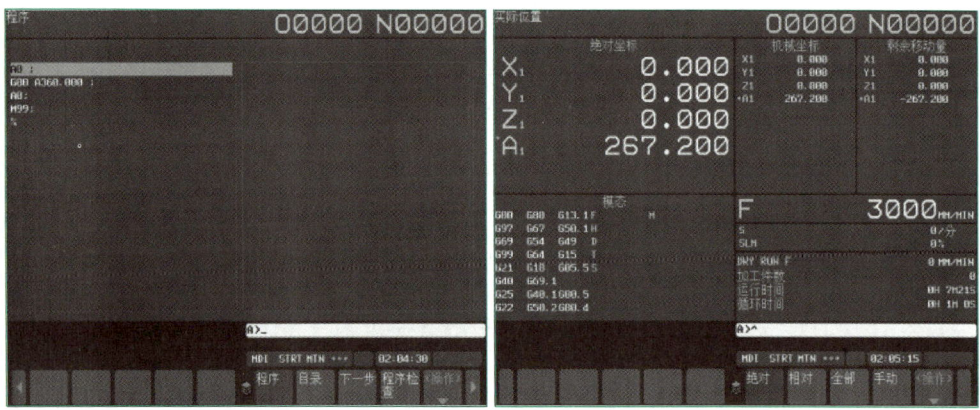

图 1.2.8 测试程序与位置监控

【任务自测】

一、单选题

1. FANUC 0i 数控系统设定各轴快速移动速度（mm/min）参数是_____。
   A. 1421　　　　　　　　　B. 1420
   C. 1410　　　　　　　　　D. 1423

2. FANUC 0i 数控系统设定返回参考点时，参考点返回速度参数是_____。
   A. 1423　　　　　　　　　B. 1424
   C. 1425　　　　　　　　　D. 1428

3. FANUC 0i 数控系统主轴组参数设定时，主轴设定页面显示参数是_____。
   A. 3111#1　　　　　　　　B. 3111#2
   C. 3111#5　　　　　　　　D. 3111#0

4. FANUC 0i 数控系统设定显示实际主轴速度和 T 代码的参数是_____。
   A. 3105#7　　　　　　　　B. 3105#5
   C. 3105#3　　　　　　　　D. 3105#2

5. FANUC 0i 数控系统设定各控制轴与伺服轴的对应关系的参数是_____。
   A. 1023　　　　　　　　　B. 1021
   C. 1024　　　　　　　　　D. 1022

二、判断题

1. 从键盘输入要显示的参数号，然后按（搜索）键，可以显示指定的参数所在页面。（　　）
2. 字参数是直接改变系统配置与功能的重要参数。（　　）

三、简答题

1. 请简述 FANUC 数控系统参数的分类。
2. 简述按参数的表示形式来划分数控机床参数的类型。

任务 1.3 数控系统数据备份与恢复

【任务导入】

数控系统由于误操作或者长时间不使用时电池没电未及时更换,会导致系统加工程序、CNC 参数、PMC 参数及程序、螺距误差补偿数据等重要数据丢失。因此,日常应做好数据的备份工作,一旦丢失可以及时恢复数据,保证机床的正常运行。如图 1.3.1 所示为数据备份的主要内容。

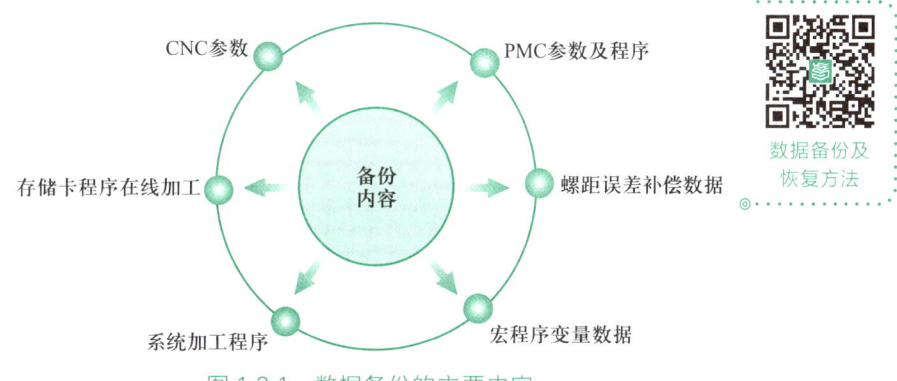

图 1.3.1 数据备份的主要内容

【任务目标】

1. 知识目标

(1) 学习数控系统数据的种类。
(2) 学习数控系统数据备份的基本知识。

2. 能力目标

(1) 能进行数据备份和恢复数据。
(2) 掌握使用数据闪存 CF 卡在引导系统备份和恢复数据的方法。

3. 素养目标

(1) 树立数据安全意识。
(2) 通过工程全过程的实践,掌握数控数据保护的方法。
(3) 树立精益求精、踏实严谨的工匠精神。

【任务分析】

机床数据包括系统加工程序、CNC 参数、螺距误差补偿数据、宏程序变量数据(R 参数)、伺服参数(驱动配置数据)、PMC 参数及程序(梯形图)等,均存储在 CNC 装置不同的介质及区域内。如 FANUC 0i 系列数控系统将系统软件、数字伺服软件、梯形图、用户宏程序执行器存储在铁电随机存取存储器(FRAM)中。CNC 参数、螺距误差补偿数据、系统加工程序、PMC 程序等存放在静态随机存取存储器(SRAM)中,同时依靠电池在系统断电后维持 SRAM 中的数据。

数控系统数据是唯一的,因为即便是同一型号的数控系统也有可能数控系统数据不同,比如伺服参数、螺距误差补偿数据,甚至 PMC 参数及程序等,这些数据可能需要安装调试人员根据现场具体情况进行修改或调整。数据易失性是指由于 SRAM 中的数据在断电后是依靠电池维持的,当电池供电出现问题,或数控系统损坏时,会造成 SRAM 中数据丢失,所以备份保存数控系统数据是非常重要的。如图 1.3.2 所示为常见数据备份方法。引导页面数据备份方法是操作最简单的方法之一,此外还可以采用数据输入/输出的方法进行数据备份,其中 CF 卡方式和 RS232C 方式是当下最常用的数据传输方式。

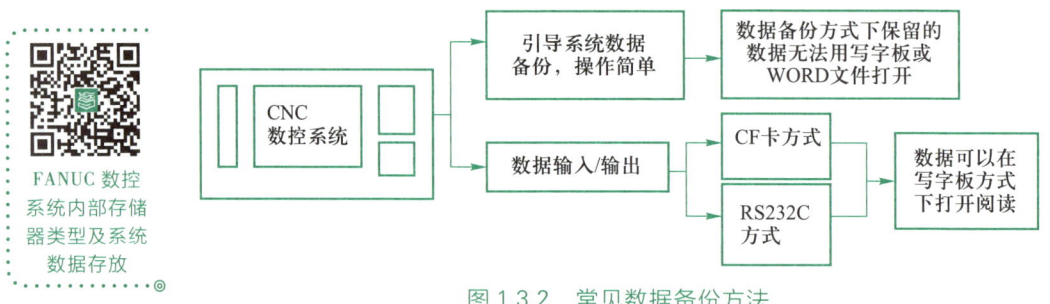

图 1.3.2　常见数据备份方法

【知识衔接】

1.3.1　引导系统数据备份与恢复

数控系统在正常启动之前,可以选择进入引导系统(Boot System)对系统数据进行备份,引导具体操作步骤如下:

插入 CF 卡后,在系统上电的同时按住屏幕下方最右侧两个软键不放,直到页面显示进入引导系统。如图 1.3.3 所示为进入引导系统的方法。

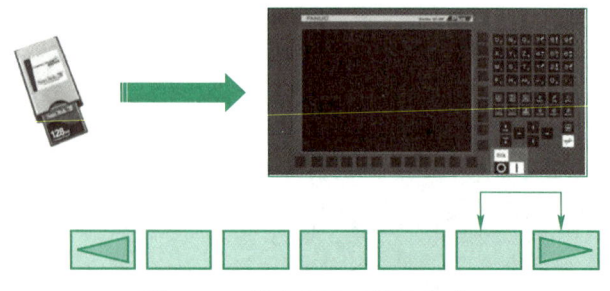

图 1.3.3　进入引导系统的方法

注意:FANUC 系统文件不需要备份,也不能轻易删除。因为有些系统文件一旦删除了,即使原样恢复也会出现系统报警,导致系统停机而不能使用,请一定小心,不要轻易删除系统文件。

1. SRAM 的备份与恢复

① 如图 1.3.4 所示为引导系统页面,按下【UP】或【DOWN】软键,把光标移动到"7. SRAM DATA UNILITY"。

```
SYSTEM MONITOR MAIN MENU

  1.END
  2.USER DATA LOADING
  3.SYSTEM DATA LOADING
  4.SYSTEM DATA CHECK
  5.SYSTEM DATA DELETE
  6.SYSTEM DATA SAVE
  7.SRAM DATA UTILITY
  8.MEMORY CARD FORMAT

  …MESSAGE…
  SELECT MENU AND HIT SELECT KEY.

  [SELECT] [ YES ] [ NO ] [ UP ] [DOWN]
```

图 1.3.4 引导系统页面

② 按下【SELECT】软键,显示 SRAM 系统页面,如图 1.3.5 所示。

```
SRAM DATA BACKUP

1.SRAM BACKUP    (CNC→MEMORY CARD)
2.RESTORE SRAM   (MEMORY CARD→CNC)
3.AUTO BKUP RESTORE   (F-ROM→CNC)
4.END




  …MESSAGE…
  SELECT MENU AND HIT SELECT KEY.

  [SELECT] [ YES ] [ NO ] [ UP ] [DOWN]
```

图 1.3.5 SRAM 系统页面

③ 按下【UP】或【DOWN】软键,移动光标进行功能的浏览。

④ 按下【SELECT】软键进行选择,如果使用存储卡备份数据,选择"1.SRAM BACKUP"; 恢复 SRAM 数据选择"2.RESTORE SRAM";自动备份数据的恢复选择"3.AUTO BKUP RESTORE"。

⑤ 按下【YES】软键,执行数据的备份或恢复。在执行"SRAM BACKUP"时,如果存储卡上已经有同名的文件,会询问"OVER WRITE OK?",可以覆盖时,按下【YES】软键继续操作。

⑥ 执行结束后,会显示"COMPLETE.HIT SELECT KEY"信息。按下【SELECT】软键,返

2. PMC 程序的备份与恢复

（1）备份 PMC 程序的操作步骤如下：

① 在引导页面按下【UP】或【DOWN】软键，把光标移动到"6.SYSTEM DATA SAVE"。

② 按下【SELECT】软键，显示 SYSTEM DATA 页面。

③ 按下【UP】或【DOWN】软键，选择 PMC1 文件。

④ 按下【SELECT】软键。

⑤ 按下【YES】软键，执行 PMC 程序的备份。

⑥ 执行结束后，显示"...COMPLETE.HIT SELECT KEY"信息。按下【SELECT】软键，返回主菜单。

（2）恢复 PMC 程序的操作步骤：

① 在引导系统页面按下【UP】或【DOWN】软键，把光标移动到"2.USER DATA LOADING"。

② 按下【SELECT】软键，显示 USER DATA 页面。

③ 按下【UP】或【DOWN】软键，选择之前备份的 PMC 文件。

④ 按下【SELECT】软键。

⑤ 按下【YES】软键，执行 PMC 程序的恢复。

⑥ 执行结束后，显示"COMPLETE.HIT SELECT KEY"信息。按下【SELECT】软键，返回主菜单。

1.3.2 系统数据分别备份

上述方法是对存储器数据整体打包备份和恢复，如果需要对 CNC 参数、PMC 程序、系统加工程序等数据单独备份，应进入系统后分别操作。

注意，此时需要设定参数 No.20＝4，即修改系统通道，使用 CF 卡作为输入/输出设备。

（1）CNC 参数输出步骤及页面如图 1.3.6、图 1.3.7 所示。

用 MDI 方式设定参数

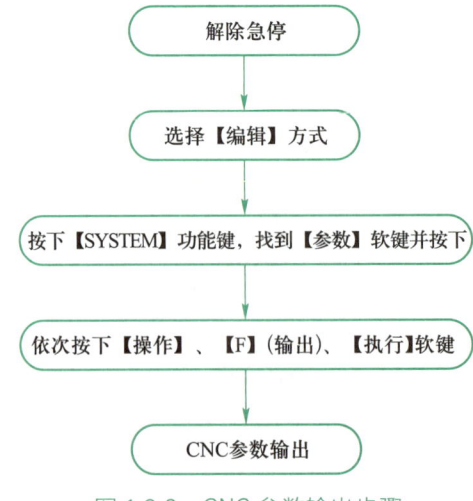

图 1.3.6　CNC 参数输出步骤

(2) PMC 程序(梯形图)的保存步骤是:按下 MDI 面板中的【SYSTEM】功能键,下翻页找到【PMC 维护】并按下对应软键,进入 PMC 页面以后,按【I/O】软键进入 PMC 程序写入页面,如图 1.3.8 所示。

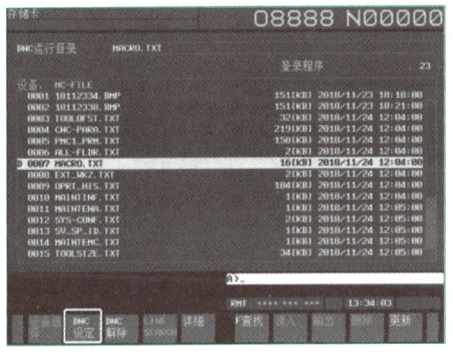

图 1.3.7　CNC 参数输出页面

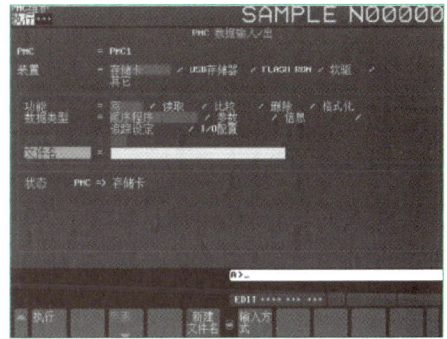

图 1.3.8　PMC 程序写入页面

按照图 1.3.8 进行设定,按下【执行】软键,则 PMC 程序以"PMC1_LAD.001"的名称保存到存储卡上。

(3) PMC 参数保存步骤是:进入 PMC 页面以后,按下【I/O】软键,按照如图 1.3.9 所示的数据类型进行设定,按下【执行】软键,则 PMC 参数以"PMC1_PRM.000"的名称保存到存储卡上。

(4) 螺距误差补偿量的保存步骤是:按下 MDI 面板上的【SYSTEM】功能键,再按【下一页】→【螺补】软键,进入如图 1.3.10 所示螺距误差补偿量的保存页面,按下【操作】→【输出】→【执行】软键完成保存。

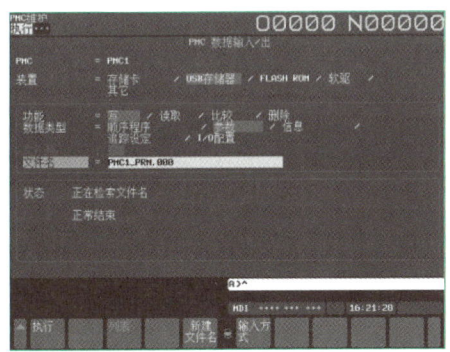

图 1.3.9　PMC 参数保存页面

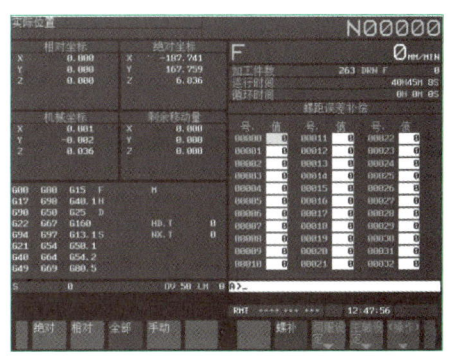

图 1.3.10　螺距误差补偿量的保存页面

(5) 其他如刀具补偿、用户宏程序(换刀用等)、宏变量等也需要保存,操作步骤和上述基本相同,都是在【编辑】方式下,选择相应的页面后,按下【操作】→【输出】→【执行】软键即可。

【任务实施】

当机床所有参数调整完成后,需要对每台机床的出厂参数等原始数据进行存档,便于机床出现故障时的数据恢复,从而及时恢复机床运行。如图 1.3.11 所示为开机引导系统

（BOOT）页面数据备份。

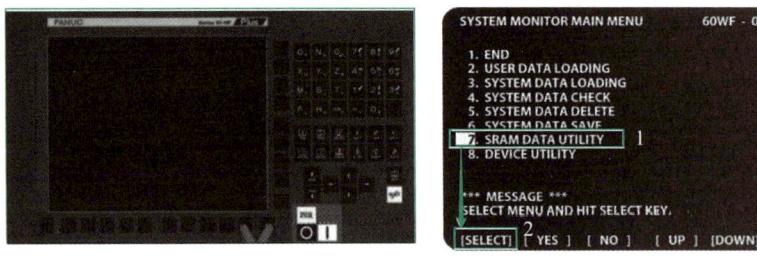

图 1.3.11　开机引导系统（BOOT）页面数据备份

1.3.3　PMC 程序的备份

PMC 程序的备份步骤如图 1.3.12 所示。

移动光标至"6.SYSTEM DATA SAVE"

⇩

按下【SELECT】软键进入

⇩

按下【PAGE↓】软键下翻页至PMC1

⇩

按下【SELECT】软键确认完成PMC程序的导出(备份)

图 1.3.12　PMC 程序的备份步骤

1.3.4　PMC 程序的恢复

PMC 程序的恢复步骤如图 1.3.13 所示。

移动光标至"2.USER DATA LOADING"

⇩

按下【SELECT】软键进入

⇩

选取要导入的PMC程序

⇩

按下【SELECT】软键确认完成PMC程序的导入(恢复)

图 1.3.13　PMC 程序的恢复步骤

1.3.5　SRAM 数据的备份

SRAM 数据的备份步骤如图 1.3.14 所示。

移动光标至"7.SRAM DATA UTILITY"
⇩
按下【SELECT】软键进入
⇩
选取"SRAM BACKUP(SRAM→MEMORY CARD)"
⇩
按下【SELECT】软键确认完成SRAM数据的导出(备份)

图 1.3.14　SRAM 数据的备份步骤

1.3.6　SRAM 数据的恢复

SRAM 数据的恢复步骤如图 1.3.15 所示。

移动光标至"7.SRAM DATA UTILITY"
⇩
按下【SELECT】软键进入
⇩
选取"RESTORE SRAM(MEMORY CARD→SRAM)"
⇩
按下【SELECT】软键确认完成SRAM数据的导入(恢复)

图 1.3.15　SRAM 数据的恢复步骤

数据装置更换

【任务评价】

根据本任务完成情况填写任务评价表。

任务评价表

小组			姓名			
序号	考核项目	考核内容	配分	自评	互评	师评
1	职业素养	行为符合规范	10			
2		遵守纪律	10			
3		工位整洁、设备清理干净、日常维护正确	10			

续表

序号	考核项目	考核内容	配分	自评	互评	师评
4	文明生产	按有关规定安全文明操作	10			
5	技能操作	PMC 程序的备份	15			
6		PMC 程序的恢复	15			
7		SRAM 数据的备份	15			
8		SRAM 数据的恢复	15			
		总计	100			

【任务拓展】

数控系统中的数据备份与恢复能够有效解决因数控机床数据错误而带来的故障。通过本任务的学习，懂得"有备无患"的道理，平常多积累，才能用时有保证。下面拓展学习 U 盘与 CF 卡数据互传的方法。

将存储卡槽作为数据服务器（DATA SERVO）来使用，既可以实现分布式数控加工（DNC），也可以实现自动运行加工（系统生成的二进制（BIN）文件）。使用该功能后，将无须拔出 CF 卡，只需通过 U 盘向 CF 卡中传输程序，就可以实现程序运行加工。这样不仅能够增加系统加工的稳定性，同时能够节约资源。

将 U 盘插入 USB 卡槽中，CF 卡插入存储卡槽中，无须修改 I/O 通道，按下 MDI 面板的【程序】软键，进入程序页面。如图 1.3.16 所示为从 U 盘向 CF 卡复制程序的操作步骤，可以实现 U 盘中的程序传输到 CF 卡进行 DNC 运行。如果需要将 CF 卡中的程序传输到 U 盘中，则只要修改第三步中的"设备选择"为"USB 内存"即可实现。

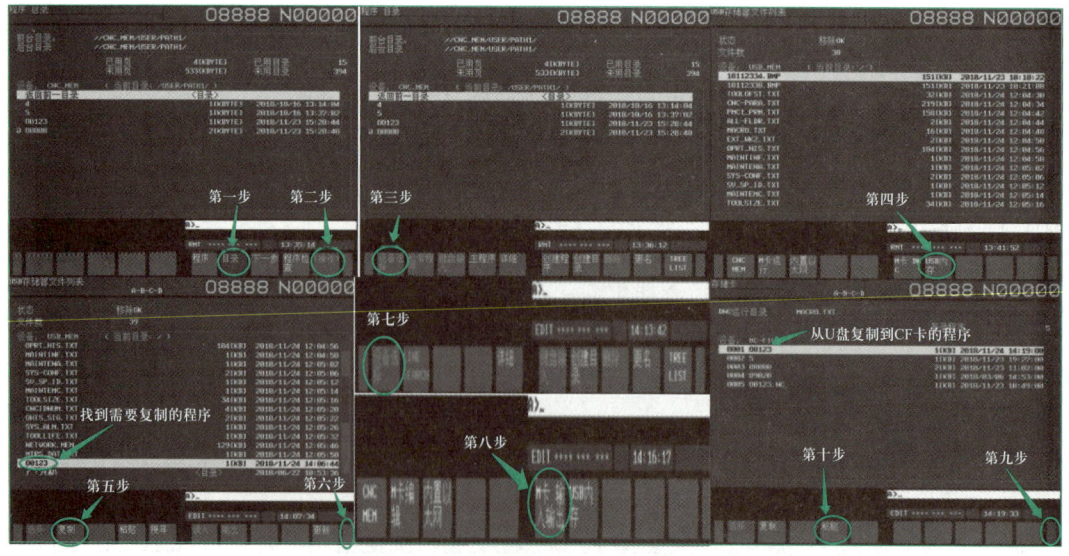

图 1.3.16 从 U 盘向 CF 卡复制程序的操作步骤

【任务自测】

一、单选题

1. 在 FANUC 0i 数控系统中进行 CF 卡的备份时,应将参数"20"号修改为_____。
   A. 4 B. 3 C. 2 D. 1

2. 在数控系统参数设置过程中,当页面提示"写参数"时输入 1,将出现_____报警。
   A. ALM920 B. BAT C. SW0100 D. SP0740

3. 数控系统后备电池失效将导致_____。
   A. 数控系统无显示 B. 加工程序无法编辑
   C. 全部参数丢失 D. PMC 程序无法运行

4. _____数据不需要备份。
   A. 系统参数 B. 用户变量
   C. PMC 参数 D. C 语言执行程序

5. 数控系统_____不使用数据备份。
   A. 当 SRAM 内数据丢失而报警时 B. 当主板需要更换时
   C. 当系统内部数据被更改时 D. 当机床突然断电时

二、判断题

1. 做好数控系统数据备份可以准确快速地恢复机床数据,确保设备使用安全。( )
2. 只有经过验证的数据才可录入数控系统数据备份系统,成为备份数据。( )

三、简答题

1. 数控机床调试完成后应备份哪些数据?
2. FANUC 数控系统使用存储卡数据备份的步骤是什么?

项目二　电源模块故障诊断与维修

任务 2.1　电源模块数码管显示

【任务导入】

通过电源模块的数码管显示,了解数码管显示内容与电源模块状态的关系,结合数码管显示和 CNC 系统报警信息,通过维修说明书快速查找故障报警原因。如图 2.1.1 所示为电源模块数码管故障报警图。

图 2.1.1　电源模块数码管故障报警图

【任务目标】

1. 知识目标

(1) 学习电源模块基本知识。

(2) 学习电源模块数码管显示基本知识。

(3) 学习数码管报警代码检索基本知识。

2. 能力目标

(1) 能读懂电源模块数码管显示的含义。

(2) 能通过说明书检索 SV434 故障原因。
(3) 能分析电源模块数码管报警原因。

3. 素养目标

(1) 通过学习电源模块,养成用电安全的习惯。
(2) 通过对数码管报警代码检索,养成认真观察、细心耐心的学习态度。

【任务分析】

数码管是常用的电子元器件之一,普遍用作数字仪器仪表、数控机床、计算机等设备的数据显示。如图 2.1.2 所示标记部分为电源模块数码管显示图。

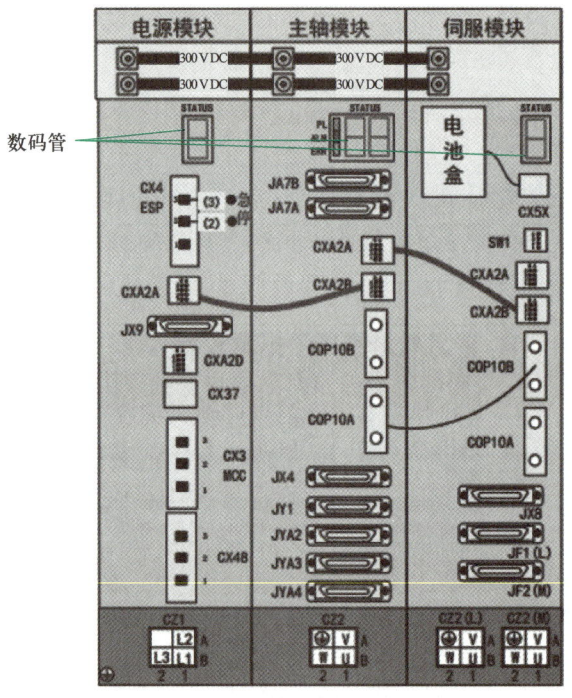

图 2.1.2 电源模块数码管显示图

【知识衔接】

2.1.1 电源模块

1. 数控系统伺服模块类型

数控系统中的伺服模块按照电源主电路输入电压的高低,分为三相 400 V 高压伺服模块和三相 200 V 低压伺服模块两种类型。高压和低压伺服模块除了电源规格不同外,其伺服控制原理与电气元件是相同的,下面以低压伺服模块为例进行介绍。

FANUC 数控系统伺服模块分为 αi 系列和 βi 系列。αi 系列伺服模块有独立的电源模块,配置主轴模块和伺服模块,完成对主轴运动和进给运动的控制。αi 系列伺服模块硬件配置如图 2.1.3 所示,由电源模块、主轴模块、两个伺服模块构成。βi 系列伺服模块则没有独立的电源模块。

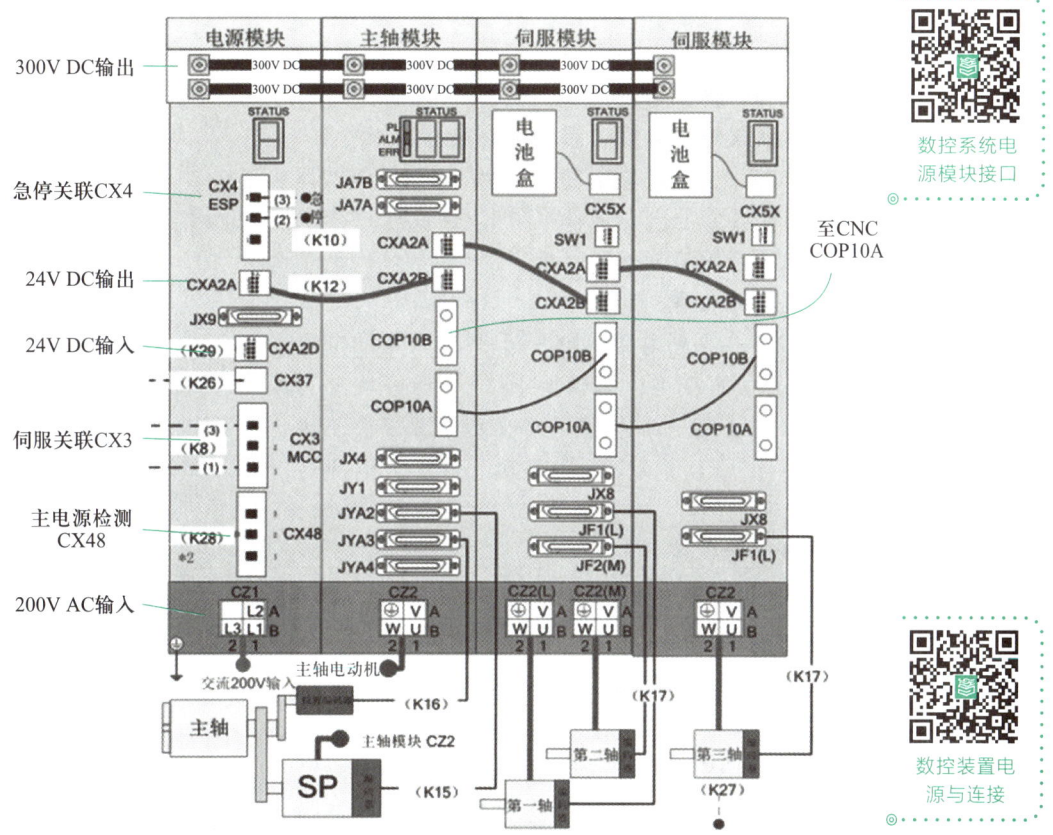

图 2.1.3　αi 系列伺服模块硬件配置图

2. 电源模块的作用

(1) 强电输入与整流。如图 2.1.3 所示,电源模块通过 CZ1/TB1 接口输入 200V 三相交流电,经过内部整流电路转换成直流电,为主轴模块和伺服模块提供 300 V 直流电源(该直流电路也称之为 DCLink 电路)。在运动指令控制下,主轴模块和伺服模块经过由绝缘栅双极晶体管(IGBT)模块组成的三相逆变回路,输出三相变频交流电,控制主轴电动机(SP)和伺服电动机(第一轴、第二轴、第三轴)按照指令要求动作,并且在电动机制动时,将电动机制动的能量经过转换反馈回电网。

(2) 提供控制电源。电源模块通过 CXA2D/CXA2C 接口输入 24 V 直流电,通过 CXA2A 和 CXA2B 为主轴模块和伺服模块提供 24 V 直流电源。

(3) 安全保护。通过 CX3(MCC)接口检查伺服就绪信号;通过 CX4(ESP)接口检查急停关联信号。只有在急停解除且伺服就绪的情况下才能给电源模块输入 200 V 交流电,保证主轴模块和伺服模块安全工作。

数控装置数码管显示

2.1.2 电源模块数码管显示

电源模块本体具有检测回路,可以检测自身以及外部电源回路的故障,并通过本体上的数码管进行显示。电源模块没有与CNC装置直接通信的回路,而是借助主轴或伺服模块器控制回路(FSSB回路)与CNC装置建立通信。当电源模块出现报警时,CNC装置页面上就会显示出全轴的伺服和主轴报警,不利于故障的判断,所以当CNC装置页面上出现全轴报警时,建议通过读取电源模块数码管的状态进行故障分析和判断。

1. 电源模块数码管显示位置

如图2.1.4所示为αi-B系列电源模块图,是目前较新的电源模块,与αi系列相比,其位置变为电源模块上方,电源模块上有一个双位7段数码显示窗口,通过字符加数字显示电源模块的状态。数码管旁边配有3个LED指示灯,从上到下依次为电源灯(绿)、报警灯(红)和错误灯(黄)。

2. 电源模块数码管显示作用

当数控系统发生伺服报警时,数控系统显示器上会显示SV开头的报警号,原因可能是电源模块故障导致(如伺服未就绪、急停未解除等),也可能是伺服本身的原因导致(如FSSB信号、编码器反馈等)。在进行故障判断时,除了观察显示器显示的SV报警号外,还要观察电源模块、伺服模块的数码管显示状态。因为电源模块、伺服模块本身具备检测回路,很多故障可以通过其检测出来,并报警,可以说有些故障数码管的表述更准确、更直接。

图2.1.4 αi-B系列电源模块图

3. 电源模块数码管显示与状态判断

电源模块数码管显示与状态关系见图2.1.5和表2.1.1。在接通控制电源的情况下,电源模块数码管显示为"--";当与CNC装置建立通信后,数码管显示为"00";当电源模块检测到一些异常时,会以红色LED配合数码管相应的数字显示,由系统产生相应的报警,并停止机床运行。如果没有红色LED显示,则为警告(系统也会有相应的信号传递给PMC,由PMC控制机床运行或产生警告信息),持续发出警告一段时间后,进入报警状态。

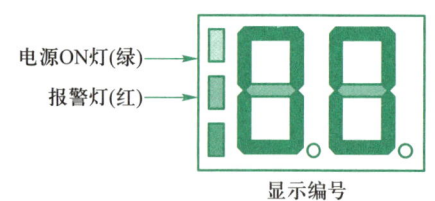

图2.1.5 电源模块数码管

表2.1.1 电源模块数码管显示与状态关系

报警LED	显示编号	内容
	不显示	未接通控制电源或硬件不良 详细内容请参照维修说明书中的"4.3.1 通用电源"部分

续表

报警 LED	显示编号	内容
	英文数字	接通电源后大约 4 s 的时间内,软件系列/版本分 4 次进行显示 最初的 1 s:软件系列前 2 位 下 1 s:软件版本后 2 位 下 1 s:软件版本后 2 位 下 1 s:软件版本后 2 位 例:软件版本系列 9G00/01.0 版的情况 $\boxed{9\,G} \rightarrow \boxed{0\,0} \rightarrow \boxed{0\,1} \rightarrow \boxed{-0}$
	— 闪烁	正在确认与伺服模块或主轴模块的串行通信
	5C 闪烁	在故障诊断功能中,正在执行伺服模块或主轴模块的自我诊断
	FC 闪烁	正在确认通用电源、伺服模块及主轴模块中的软件的兼容性 通常确认处理瞬间完成,进入-灯亮状态 FC 闪烁状态未结束时: ① 通用电源、伺服模块及主轴模块之间(电缆 CXA2A、CXA2B) ② CNC 装置与伺服模块或主轴模块之间(FSSB 连接) 可能存在误连接。请再次确认配线
	—	确立与伺服模块或主轴模块的串行通信
	00 闪烁	充电中
	00	主电源准备就绪
灯亮	显示 01~	报警状态
	显示 01~	警告状态

注:完整电源模块数码管报警代码请查阅电动机放大器等维修说明书。

2.1.3 数码管报警代码检索

出现故障时,首先应该通过说明书检索故障报警的原因。下面以电源模块数码管出现报警"2"为例,介绍如何查找故障和解决故障。

根据电源模块数码管显示报警号"2",查阅《B-65515_CM αi/βi 系列电动机放大器维修说明书》(后简称维修说明书),目录中对应报警号"2"的章节是 3.1.2,进入章节找到对应报警号可能的报警原因,电源模块数码管报警代码资料检索如图 2.1.6 所示。然后根据维修说明书提示的故障原因进行检测和排查。

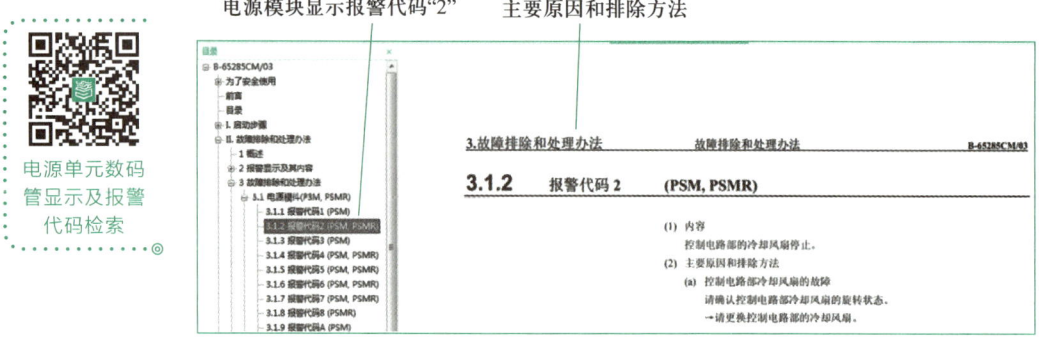

电源单元数码管显示及报警代码检索

图 2.1.6　电源模块数码管报警代码资料检索

【任务实施】

2.1.4　观察电源模块数码管显示变化

观察电源模块从上电待机状态到伺服就绪状态数码管显示的变化。给数控系统及电源模块上电,电源模块及数控系统处于待机状态。此时,电源模块对输入控制电源电压、内部的数控系统伺服(MCC)状态、外部的外围设备(ESP)进行开机诊断,数码管显示为"--"。当伺服准备就绪后,电源模块数码管显示"0",表示处于正常工作状态。电源模块从上电到伺服就绪状态显示如图 2.1.7 所示。

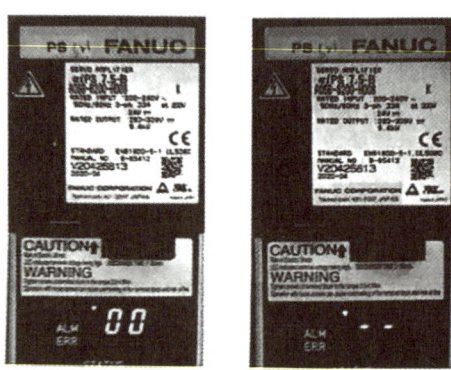

图 2.1.7　电源模块从上电到伺服就绪状态显示

2.1.5　通过说明书检索 SV434 故障原因

FANUC 数控系统配置 αi 系列伺服模块,数控系统上电后,显示器出现"SV434 交频器控制电源低电压"报警,通过说明书检索故障原因。

(1) 查看电源模块及伺服模块数码管显示。当数控系统显示 SV434 报警时,查看电源模块数码管显示为"6"。

(2) 检索故障原因。查阅维修说明书,目录中对应电源模块报警号"6"的章节是 3.1.6,进入 3.1.6 找到对应报警号可能的报警原因,故障代码"6"(PSM,PSMR)报警原因检索如图 2.1.8 所示。

伺服驱动器
故障排查

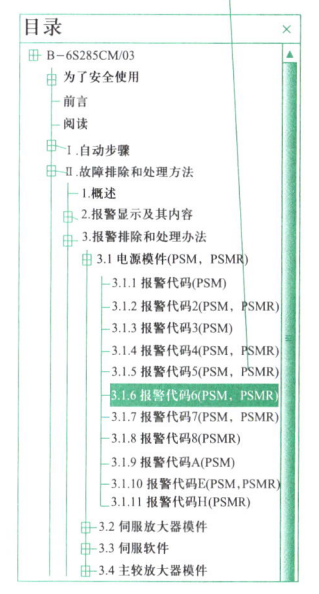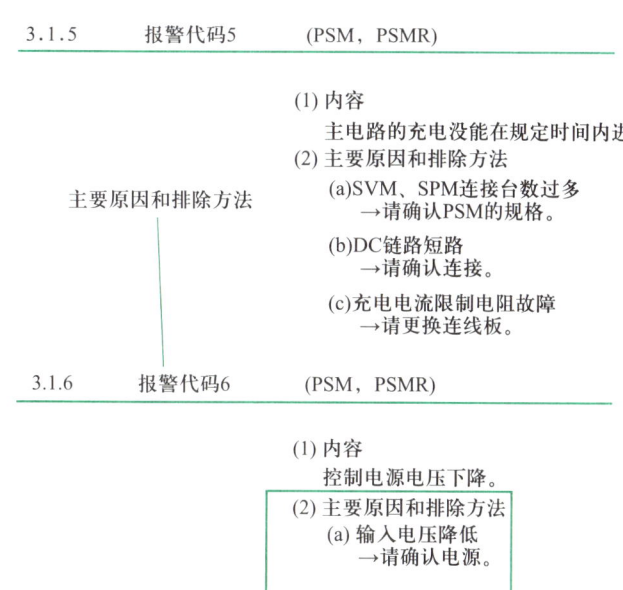

图 2.1.8　故障代码"6"(PSM,PSMR)报警原因检索

2.1.6　电源模块数码管与数控系统报警显示

(1) 关机并拔下电源模块风扇。

(2) 开机后查看数码管显示报警数字,并观察其他伺服模块器状态。电源模块数码管显示为"02",如图 2.1.9 所示。

(3) 查找维修说明书,故障代码为"02"表示控制板检测到电源模块风扇报警。此时,能观察到数控系统页面上有 443 号所有轴风扇报警,如图 2.1.10 所示。因电源模块与数控系统通信是通过伺服(主轴)驱动器建立的,所以在数控系统上显示为所有伺服轴的风扇报警。

图 2.1.9 电源模块数码管显示 "02"

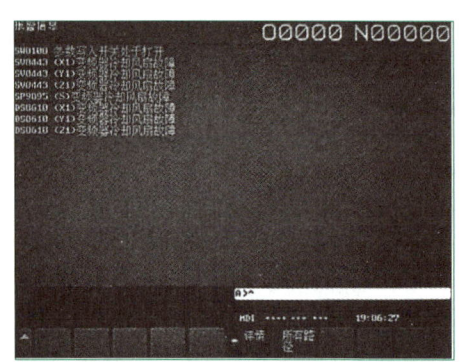

图 2.1.10 系统页面电源模块风扇报警显示

【任务评价】

根据本任务完成情况填写任务评价表。

任务评价表

小组			姓名			
序号	考核项目	考核内容	配分	自评	互评	师评
1	职业素养	行为符合规范	10			
2		遵守纪律	10			
3		工位整洁、设备清理干净、日常维护正确	10			
4	文明生产	按有关规定安全文明操作	10			
5	技能操作	电源模块数码管显示变化分析	20			
6		通过说明书检索 SV434 故障原因	20			
7		电源模块数码管与数控系统报警显示分析	20			
		总计	100			

【任务拓展】

通过学习 FANUC 数控系统电源模块数码管显示内容,理解了数码管显示内容与电源模块状态的关系。下面讲解 LED 数码管的基本知识。

LED 数码管是一种应用非常广泛的半导体发光器件,其基本单元是发光二极管,如图 2.1.11 所示。

多个字段发光二极管按照一定的图形排列并封装在一起,发光二极管之间引线已经集成在芯片内部,引出的是它们的各个笔画和公共电极。LED 数码管的结构如图 2.1.12 所示,由 7 个发光二极管组成"8"字形,加上小数点就是 8 段,这些段分别由字母 a,b,c,d,e,f,g 来表示。通过改变发光二极管的搭配,来显示需要的字符。

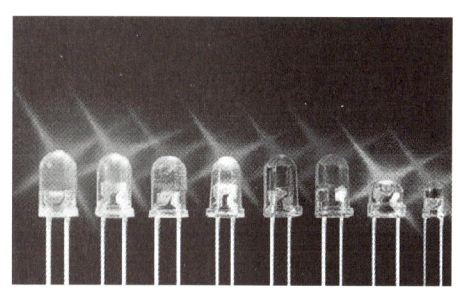

图 2.1.11　LED 数码管

图 2.1.12　LED 数码管的结构

LED 数码管按内部构成结构分类,有反射罩式、单条七段式和单片集成式;按显示的字高分类,笔画显示器字高最小的有 1 mm(单片集成式多位数码管字高一般在 2~3 mm),其他类型笔画显示器字最高可达 12.7 mm(0.5 inch)甚至达到数百毫米;按发光二极管单元连接方式,可以分为共阳极数码管和共阴极数码管。

【任务自测】

一、单选题

1. 系统正常上电时,电源模块数码管显示_____。
A. 00　　　　　　　B. 02　　　　　　　C. 04　　　　　　　D. 14

2. 电源模块数码管出现报警代码时,需要查阅的维修说明书是_____。
A.《B-64605CM 0iF 维修说明书》
B.《B-65280CM 主轴电动机参数说明书》
C.《B-65515CM ai-B 系列电动机放大器维修说明书》
D.《B-64604CM OIF 车床系统/加工中心系统通用操作说明书》

3. 敬业就是以一种严肃认真的态度对待工作,下列不符合的是_____。
A. 工作勤奋努力　　　　　　　B. 工作精益求精
C. 工作以自我为中心　　　　　D. 工作尽心尽力

二、判断题

1. 当数控系统发生伺服报警时,显示器上会显示 SV 开头的报警号。(　　)
2. 当数控系统显示 SV434 报警时,查看电源模块数码管显示为"6"。(　　)

三、简答题

简述电源模块数码管与数控系统的报警显示。

任务 2.2　电源模块故障排查

【任务导入】

通过电源模块故障排查的学习,了解数控系统各功能模块电源接口的作用及管脚定义,阅读并理解数控机床电气控制原理图,对电路进行检测并排除电源模块故障。如图 2.2.1 所示为电源模块实物图。

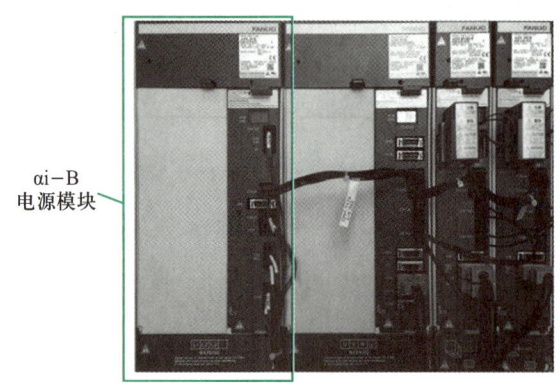

图 2.2.1　电源模块实物图

【任务目标】

1. 知识目标

（1）学习电源模块上电时序基本知识。

（2）学习电源模块供电电路分析基本知识。

（3）学习电源模块故障排查基本知识。

2. 能力目标

（1）能进行电源模块故障排查。

（2）掌握电源模块故障排查的步骤。

3. 素养目标

（1）通过学习电源模块上电时序内容,提高逻辑思维能力。

（2）通过对电源模块故障排查,锻炼分析问题、解决问题的能力。

【任务分析】

αi 系列电源模块具有节能且功率大的特性,它采用能源再生技术,把电动机的再生能源送回电源,利用最新的低功率损耗电气元件,在节能的同时进一步提高功率。电源模块主要给伺服模块单元与主轴驱动单元供电。αi-B 系列的电源模块是独立结构,与伺服模块单元、主轴驱动单元分开,其规格信息可以通过电源模块的实物进行查看,主要是查看电源模块上方的铭牌,如图 2.2.2 所示为 αi-B 电源模块图。

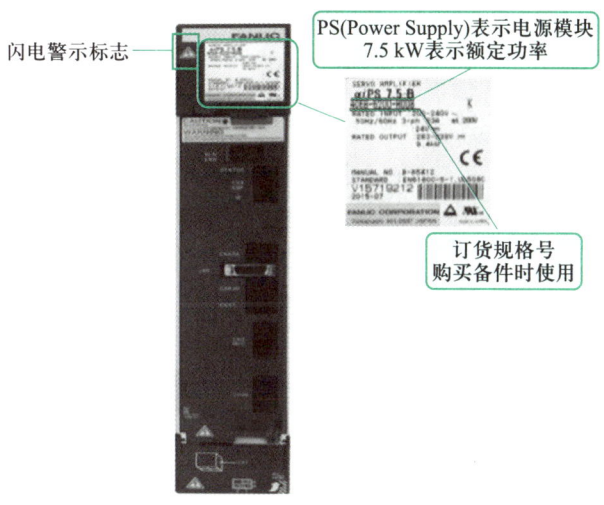

图 2.2.2　αi-B 电源模块图

【知识衔接】

电源单元
上电时序

2.2.1　电源模块上电时序

1. 电源模块电源接口

电源模块电源接口(以 FANUC 0i-F 数控系统配置 αi-B 系列为例)。αi-B 系列有独立电源模块,各电源接口如图 2.2.3 所示,各电源接口的作用见表 2.2.1。

2. 数控系统电源接通、切断顺序

(1) 数控系统各模块电源接通,即上电时序关系如图 2.2.4 所示。

① 机械设备整体的电源上电(AC 输入);

② 伺服模块控制电源上电(24 VDC 输入);

③ I/O 接口上所连接的从控 I/O 设备、分离型检测器 I/F 单元电源(24 VDC)、控制单元的电源(24 VDC)、分离型检测器(量尺)电源上电。

(2) 数控系统各模块电源切断,即断电时序关系如图 2.2.5 所示。

① I/O 接口上所连接的从控 I/O 设备、分离型检测器 I/F 单元的电源(24 VDC)、控制单元电源(24 VDC)切断;

② 伺服模块控制电源(24 VDC 输入)、分离型检测器(量尺)电源切断;

③ 机械整体的电源(AC 输入)。

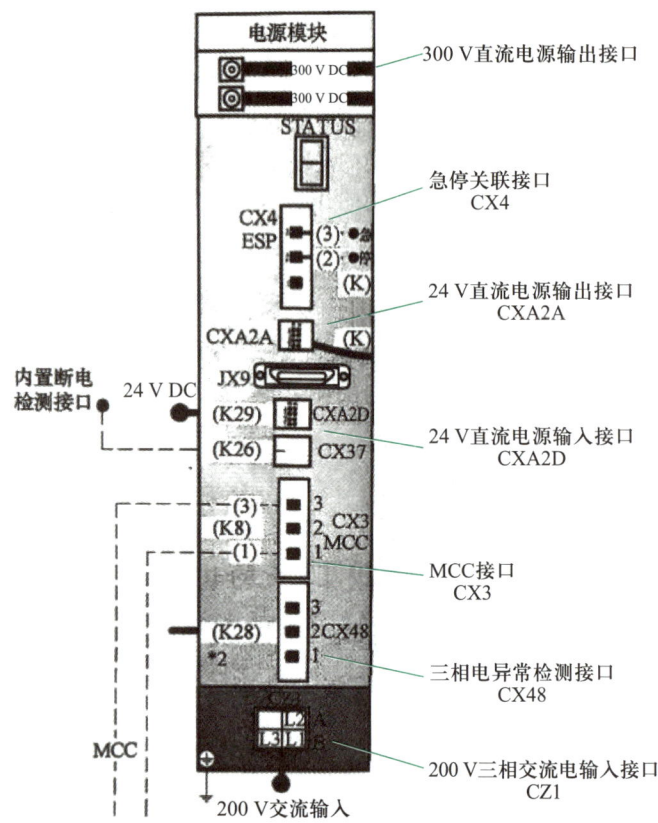

图 2.2.3 电源模块各电源接口

表 2.2.1 电源模块各电源接口的作用

序号	接口名称	接口作用
1	CZ1	电源模块 200 V 三相交流电输入接口,经过电源模块整流为 300 V 直流电源输出
2	直流母线（DC Link）	300 V 直流电源输出接口,200 V 三相交流电经过电源模块整流为 300 V 直流,通过直流母线给主轴模块、伺服模块供电
3	CXA2D	24 V 直流电源输入接口,是电源模块 PCB 工作电源输入接口
4	CXA2A	24 V 直流电源输出接口,为主轴模块、伺服模块 PCB 提供工作电源
5	CX3(MCC)	数控系统伺服就绪信号内部检测(MCC)接口
6	CX4(ESP)	数控系统外围设备安全检测(ESP)接口
7	CX48	三相交流电异常检测接口

2.2.2 电源模块供电电路分析

1. 总电源电路分析

数控机床总电源,取自用户提供的 380 V 交流电,经过设备总漏电断路器,配送到机床

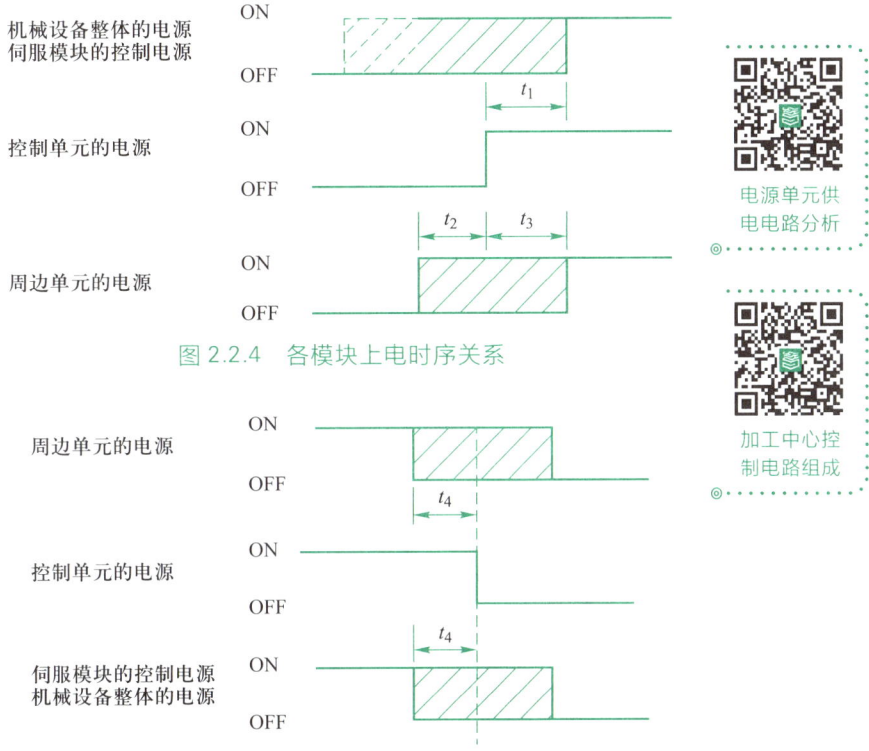

图 2.2.4　各模块上电时序关系

图 2.2.5　各模块断电时序关系

电气柜。数控机床总电源电路如图 2.2.6 所示。

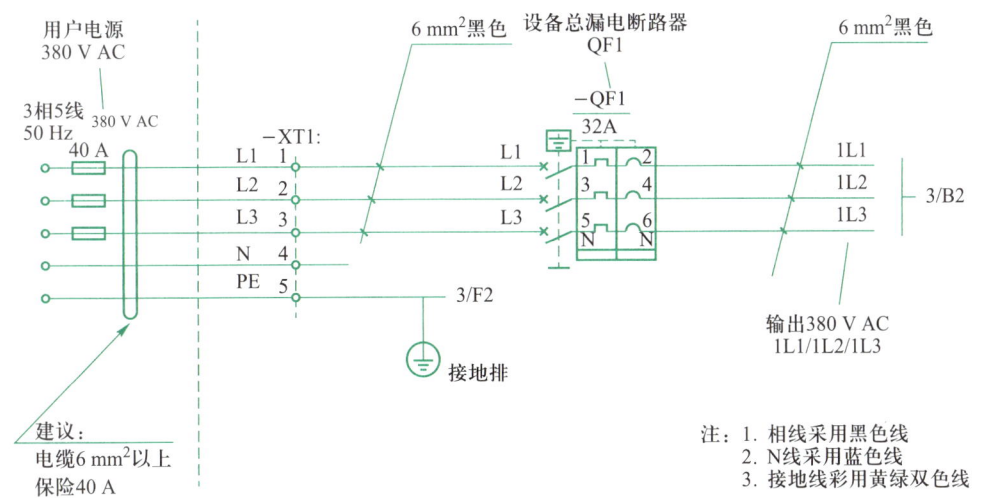

图 2.2.6　数控机床总电源电路

2. 伺服主电源电路分析

来自设备总漏电断路器 QF1 的 380 V 交流电,经过变压器 TM1 变为 210 V 交流电,满足 FANUC 伺服模块对输入电源电压的要求。伺服主电源电路如图 2.2.7 所示。

3. 电源模块三相交流电输入电路分析

电源模块三相交流电输入电路如图 2.2.8 所示。

加工中心主电路组成

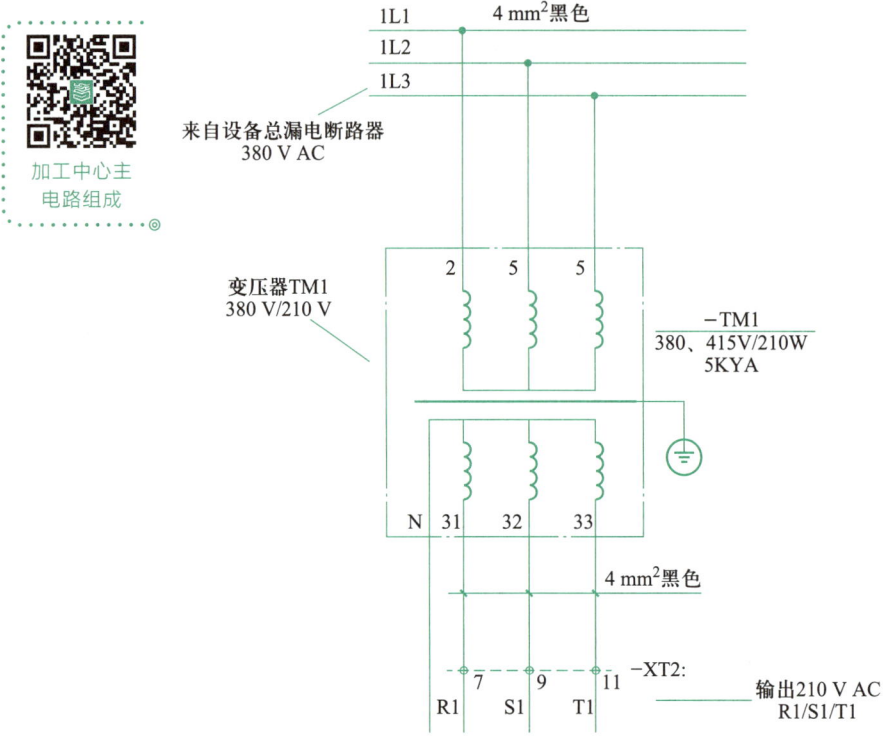

图 2.2.7 伺服主电源电路

（1）电源模块输入接口（CZ1）。电源模块 200 V 三相交流电通过底端接口 CZ1 输入。电源传输路径如下：来自变压器 TM1 输出端的 R1/S1/T1 200 V 三相交流电→电源模块断路器 QF2→交流接触器 KM1 常开触点→电抗器 L1→电源模块输入接口 CZ1。

（2）三相交流电异常检测接口（CX48）。CX48 要求电源输入相序与 CZ1 完全相同。电源传输路径如下：来自变压器 TM1 输出端的 R1/S1/T1 200V 三相交流电→相序检测接口断路器 QF3→三相交流电异常检测接口 CX48。

4. 系统 24V 直流电源电路分析

数控系统 CNC 模块、I/O 模块、MDI 面板和电源模块等都需要 24 V 直流电源供电。开关电源 GS1 将 220 V 交流电整流为 24 V 直流电，为各个模块供电。24 V 直流电源电路如图 2.2.9所示。

5. CX3（MCC）电路分析

（1）CX3 接口。CX3（MCC）接口是电源模块或一体化放大器上的一个内部继电器接口，当系统的上电放大器准备就绪后，内部继电器 CX3 常开触点导通，为伺服上电做准备。只有在伺服准备就绪后才能给伺服模块提供 AC200 V 交流电源。

（2）CX3 管脚。CX3 内部继电器管脚如图 2.2.10 所示。交流接触器线圈通过交流电源与 CX3 的 1、3 管脚相连，当 CX3 常开触点闭合后，交流接触器线圈导通，通过交流接触器常开触点控制电源模块动力电源接通。

（3）CX3 电路，CX3 电路如图 2.2.11 所示。200 V 交流电源、交流接触器线圈 KM1 和 CX3 接口构成一个回路，当伺服准备就绪后，CX3 闭合，交流接触器线圈 KM1 得电，其常开

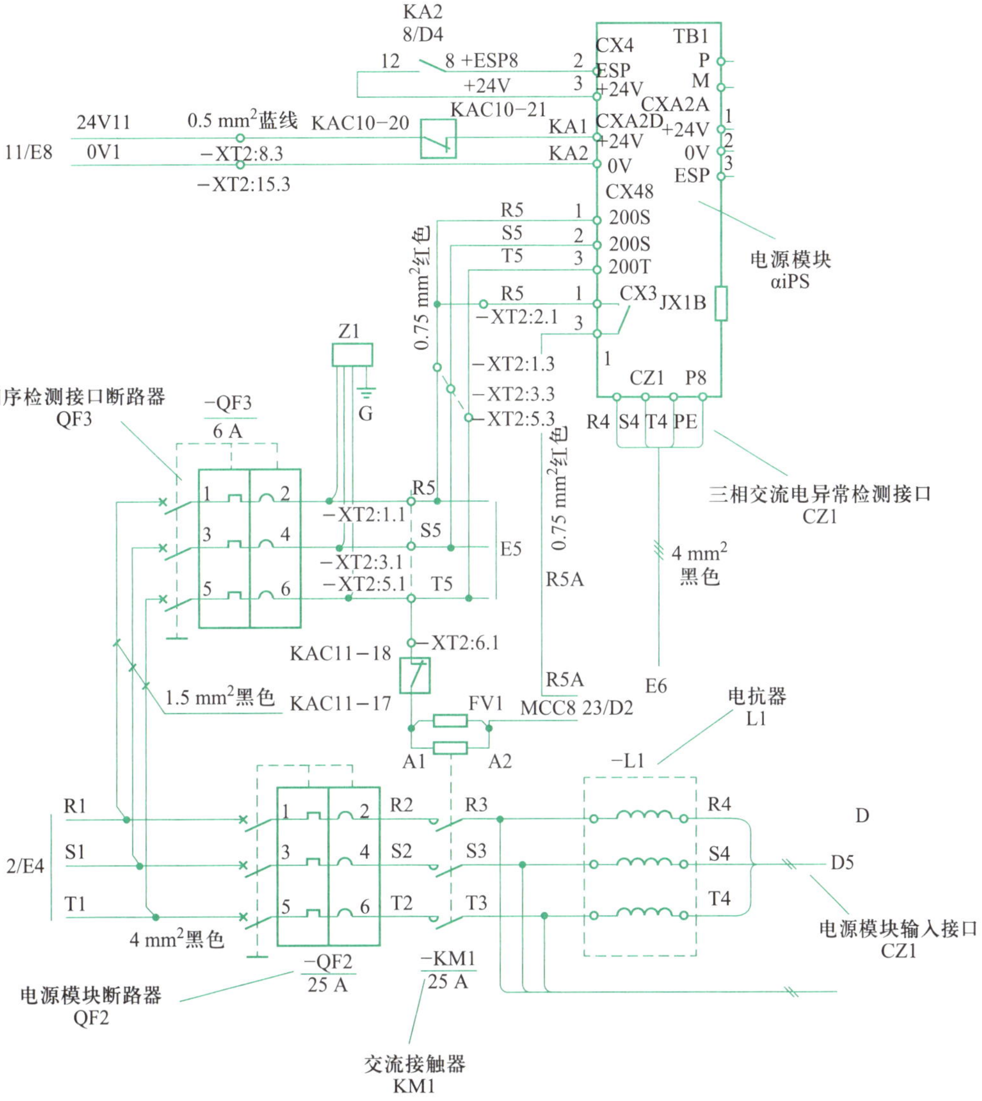

图 2.2.8 电源模块三相交流电输入电路

触点闭合,电源模块接口 CZ1 接通 200 V 三相交流电。

6. CX4(ESP)电路分析

(1) CX4 管脚。CX4 接口用于伺服模块判断数控系统是否有外部故障。CX4 管脚接线如图 2.2.12 所示。当未按下急停按钮时,CX4 两个管脚 2、3 处于短接状态;如果按下急停按钮,CX4 两个管脚 2、3 处于断开状态,表明数控系统有外部故障。

(2) 急停电路。急停电路如图 2.2.13 所示。当未按急停按钮时,急停中间继电器 KA2 线圈得电,常开触点闭合;当按下急停按钮时,急停中间继电器 KA2 线圈失电,常开触点断开。KA2 常开触点接至电源模块 CX4 管脚上。

(3) CX4 电路。CX4 电路如图 2.2.14 所示,KA2 常开触点接至 CX4 的 2、3 管脚上,只要这两个管脚处于短接状态,就表明没有故障。

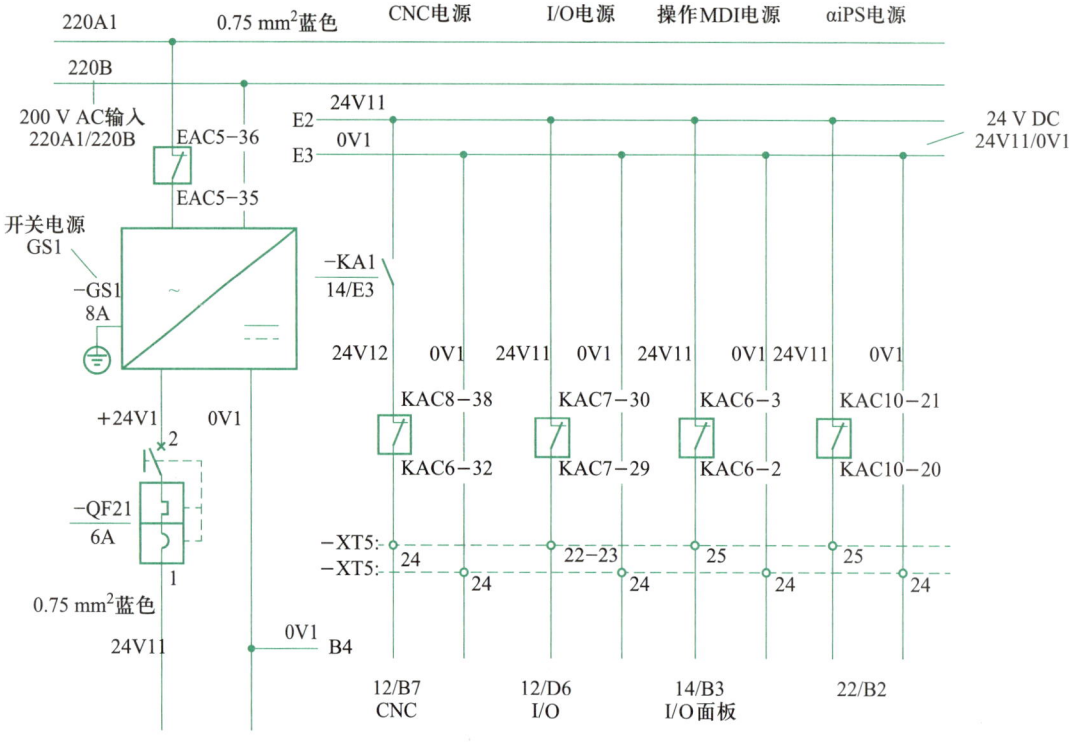

图 2.2.9　24 V 直流电源电路

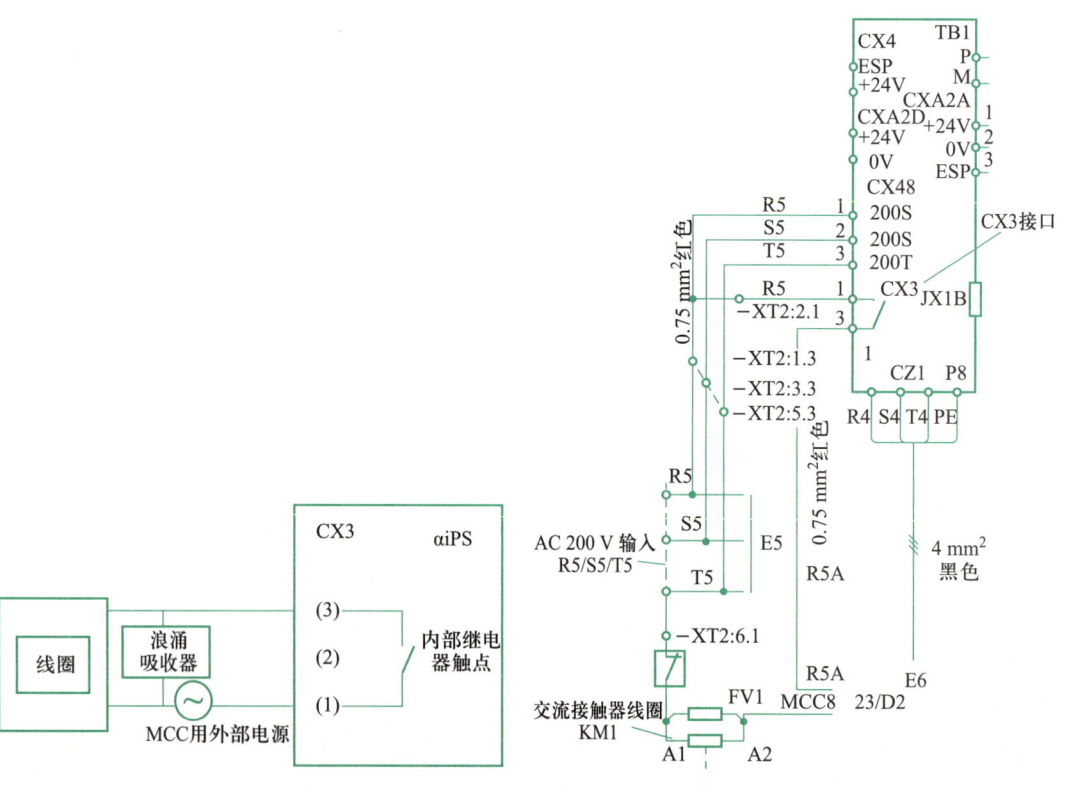

图 2.2.10　CX3 内部继电器管脚

图 2.2.11　CX3 电路

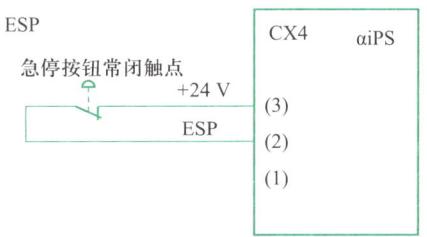

图 2.2.12　CX4 管脚接线

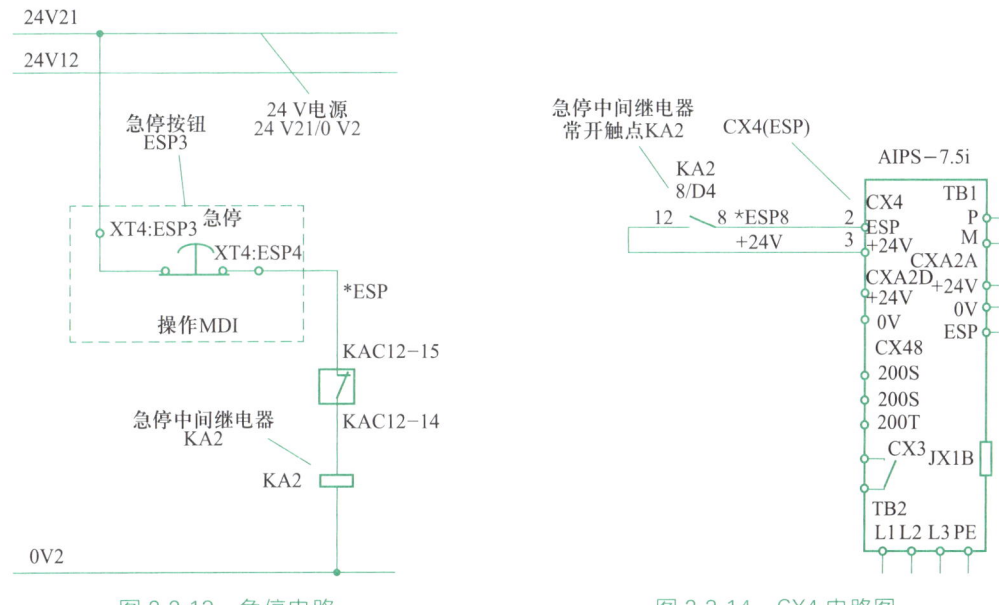

图 2.2.13　急停电路　　　　　　图 2.2.14　CX4 电路图

2.2.3　电源模块故障排查

1. 电源模块状态显示 LED 指示灯未亮的故障排查

（1）故障现象：数控系统上电后，电源模块状态显示 LED 指示灯未亮，同时数控系统显示页面"SV1067 FSSB 配置错误（软件）""SP1999 主轴控制错误"报警，如图 2.2.15 所示。

图 2.2.15　报警页面

（2）故障排查：LED 指示灯不亮，数控系统显示伺服、主轴通信报警，如果从数控系统显示报警分析，涉及故障原因很多，但从 LED 指示灯不亮角度看，通信故障多为电源故障导致，如表 2.2.2 所示。

表 2.2.2 数控系统报警、电源模块 LED 指示灯不亮故障可能原因

故障	电源模块 LED 指示灯不亮	SV1067	SP1987
可能原因	（1）尚未接通控制电源 （2）控制电源电路不良	（1）发生了 FSSB 配置错误 （2）所连接的放大器类型与 FSSB 设定值存在差异	CNC 端 SIC-LSI 不良

① 确认电源模块状态。αi-B 系列伺服模块需要的直流电由外部开关电源通过接口 CXA2D 提供，其管脚接线如图 2.2.16 所示，这时应该检查 CXA2D 插头输入电压的大小及极性。

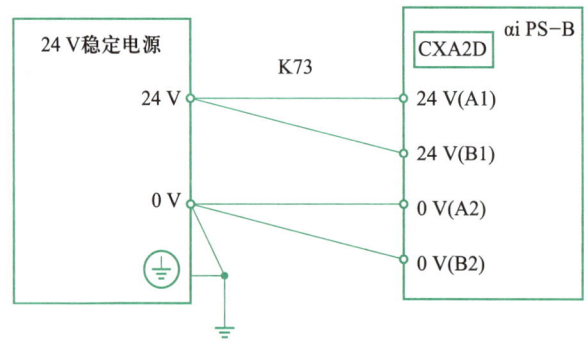

图 2.2.16 CXA2D 管脚接线

② 确认电源模块保险状态。按住电源模块侧板上下锁扣，将线路板从电源模块罩壳中抽出来，检查保险 FU1 的通断状态，如图 2.2.17 所示。

③ 确认电源模块外围电路短路还是本体电源回路故障。拆卸电源模块所有外部连线，只保留 CXA2D 的 24 VDC 电源连线，确认 LED 显示是否正常。如果 LED 点亮，说明是外部故障；如果 LED 不亮，说明是电源模块本身的故障。电源模块排除法接线示意图如图 2.2.18 所示。

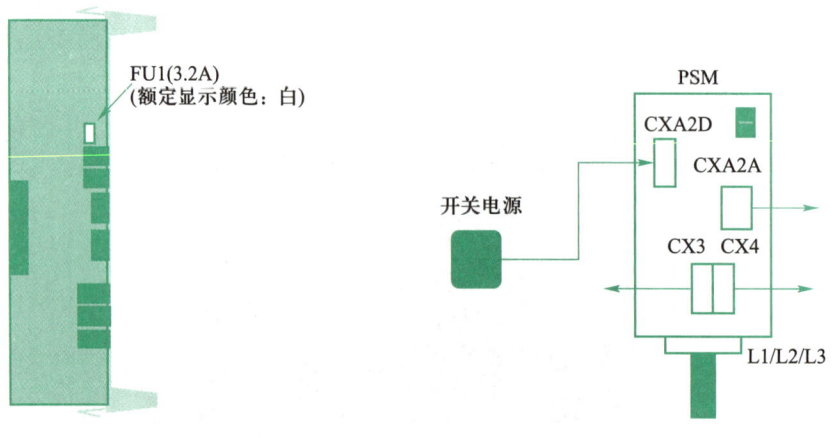

图 2.2.17 电源模块侧板图　　图 2.2.18 电源模块排除法接线示意图

④ 如果为外部故障,则分别插接电缆,判断短路点;如果为内部短路,则应更换电源模块。

2. 电源模块数码管显示为"6"的故障排查

(1) 故障现象:电源模块数码管显示为"6",故障原因指向控制电源电压下降,同时数控系统显示"SV432 转换器控制电流低电压""SP9111 转换器控制电流低电压"报警。

CNC 黑屏故障排查

(2) 故障排查:"6"表示全轴报警,首先检查电源模块,正常情况下,电源模块电压值应≥22.8 V,低于该值就会出现报警。这时应检查提供 24 V 直流电压的开关电源至电源模块 CXA2D 接口的整个回路连接情况和电压值。

(3) 如果是外部电源异常,应更换外部电源,反之,应更换电源模块。

3. 电源模块数码管显示为"1"的故障排查

(1) 故障现象:电源模块数码管显示为"1",故障原因指向主电路电源模件(IPM)出现异常,同时数控系统显示"SV437 转换器输入电路过电流""SP030 转换器输入电路过电流"报警。

(2) 故障排查:

① 测量交流接触器前端三相交流电压是否在正常范围,三相间是否平衡。

② 检查交流接触器是否良好,并尝试更换。

③ 测量电抗器绕组间阻值是否正常、平衡,并尝试更换。

④ 以上没有问题,则应更换电源模块。

4. 电源模块数码管显示为"5"的故障排查

(1) 故障现象:电源模块数码管显示为"5",故障原因指向 DC 链路短路、充电电流限制电阻故障,同时数控系统显示"SV442 转换器 DC 链路充电异常""SP9033 转换器 DC 链路充电异常"报警。

(2) 故障排查:

① 断电情况下,检测 CX48 与 R1/S2/T3 之间是否连接良好且相序一致。

② 测量交流接触器前端电压是否正常。

③ 检查交流接触器线圈回路是否存在除 CX3 之外的触点,并确认其状态。

④ 尝试更换电源模块。

⑤ 如通过以上步骤仍未解决故障,则应判断故障是否为直流母线回路短路所引起,确认连接的伺服或主轴单元是否良好。

⑥ CX48 管脚示意图如图 2.2.19 所示。

5. 电源模块数码管显示为"4"的故障排查

(1) 故障现象:电源模块数码管显示为"4",故障原因指向主电路电源切断,同时数控系统显示"SV433 转换器 DC 链路低电压""SP9051 转换器 DC 链路低电压"报警。此时电源模块和主轴模块数码管显示如图 2.2.20 所示。

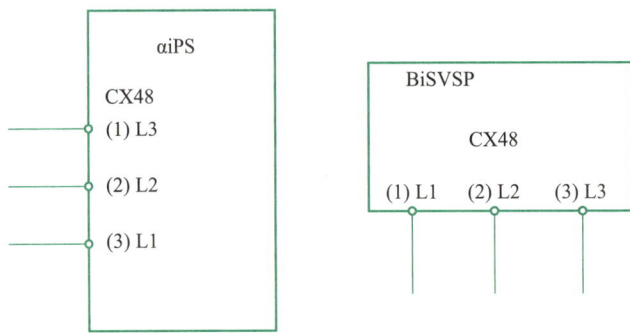

图 2.2.19 CX48 管脚示意图

图 2.2.20 电源模块、主轴模块数码管显示图

（2）故障排查：
① 确认三相交流输入电压以及接触器线圈控制回路是否正常。
② 尝试更换电源模块。
③ 如果在运动中出现该故障,请动态监测输入电源以及交流接触器吸合状态。

6. 电源模块数码管显示为"2/A"的故障排查

（1）故障现象：电源模块数码管显示 LED 指示为"2/A"时,数控系统也同时显示伺服报警和主轴报警,其数控系统显示报警见表 2.2.3,从故障描述可以看出,电源模块数码管、主轴、伺服报警全部指向风扇故障。

表 2.2.3 电源模块数码管显示为"2/A"时的数控系统显示报警

电源模块数码管显示报警	数控系统显示报警
2:控制电路的冷却风扇停止	SV443:转换器、冷却风扇停止
A:外部冷却散热片的冷却风扇停止	SV606:转换器、散热器冷却风扇停止

风扇电动机有三根线,两根是电源线,提供电动机旋转动力;另外一根是风扇转速模拟检测信号线,连接到控制器的主板上的,正常旋转时是+5 V电压,允许误差范围是±5%。如果风扇扇叶脏了,转速下降造成模拟电压值低于 4.75 V,就会出现风扇报警。

(2)故障排查:
① 首先确认外部风扇报警。
② 确认风扇扇叶是否附着油污,尝试清洁风扇。
③ 更换风扇。
④ 更换电源模块。

数控装置风扇故障诊断

数控装置故障报警诊断

【任务实施】

某加工中心采用 FANUC 0i-MF 数控系统,配置 αi-B 系列放大器,数控系统上电后,显示"SV433 变频器 DC LINK 电压低""SP9051 DC LINK 电压低"报警,查看电源模块数码管显示为"4",分析故障原因并对故障进行排查。

步骤1:故障分析。根据报警提示及前面分析可以确定,电源模块故障原因是伺服主电路电源切断。下面排查具体故障点。

步骤2:伺服主电源电路分析。

(1)如图 2.2.21 所示为某数控机床电源模块 200 VAC 伺服主电源接线图,电路图中主要电气元件的名称、规格及作用见表 2.2.4,其中变压器 TM1 位于数控机床电气控制柜外。

为了方便阅读,伺服主电源电路接线图中标注了电气连接顺序号。主电源回路连接顺序如下:

设备总漏电断路器 QF1 输出 AC 380V→1L1/1L2/1L3→端子排 XT2:1/XT2:3/XT2:5,1L1/1L2/1L3→伺服主电源变压器输入端→伺服主电源变压器输出端 R1/S1/T1→端子排 XT2:7/XT2:9/XT2:11,R1/S1/T1→电源模块断路器 QF2 输入端,电源模块断路器 QF2 输出端 R2/S2/T2→电源模块交流接触器 KM1 常开触点输入端,电源模块交流接触器 KM1 常开触点输出端 R3/S3/T3→电抗器输入端,电抗器输出端 R4/S4/T4→αiPS 电源模块电源输入接口 CZ1。

(2)伺服主电源控制电路分析。伺服主电源控制电路接线图如图 2.2.22 所示,主要是 CX3(MCC)控制回路。回路取断路器 QF3 单相 200 V 交流电输出电压,为了方便阅读,伺服主电源控制电路接线图中标注了电气连接顺序号,CX3(MCC)控制回路连接顺序如下:

QF3 接线端子 R5→CX3 R5 经 CX3 内部继电器常开触点(管脚 1、3)R5A→交流接触器线圈接线端 A2→交流接触器 KM1 线圈接线端 A1→QF3 接线端子 T5。

步骤3:故障排查。分两种情况进行排查,即交流接触器 KM1 吸合时和未吸合时。

(1)交流接触器 KM1 吸合时的电气线路检查。如果交流接触器 KM1 吸合,说明 CX3(MCC)控制回路没有问题,故障出现在伺服主电源电路,在系统上电的情况下,使用万用表交流电压挡进行检查,电压挡位值范围大于 380 VAC,采用分段检查的方式。

① 测量 KM1 常开触点进线相电压。KM1 进线端子两两测量,如果电压不正确或者缺相,说明故障在 KM1 之前,这时沿着路径设备总漏电断路器 QF1 输出 380 VAC,1L1/1L2/1L3→端

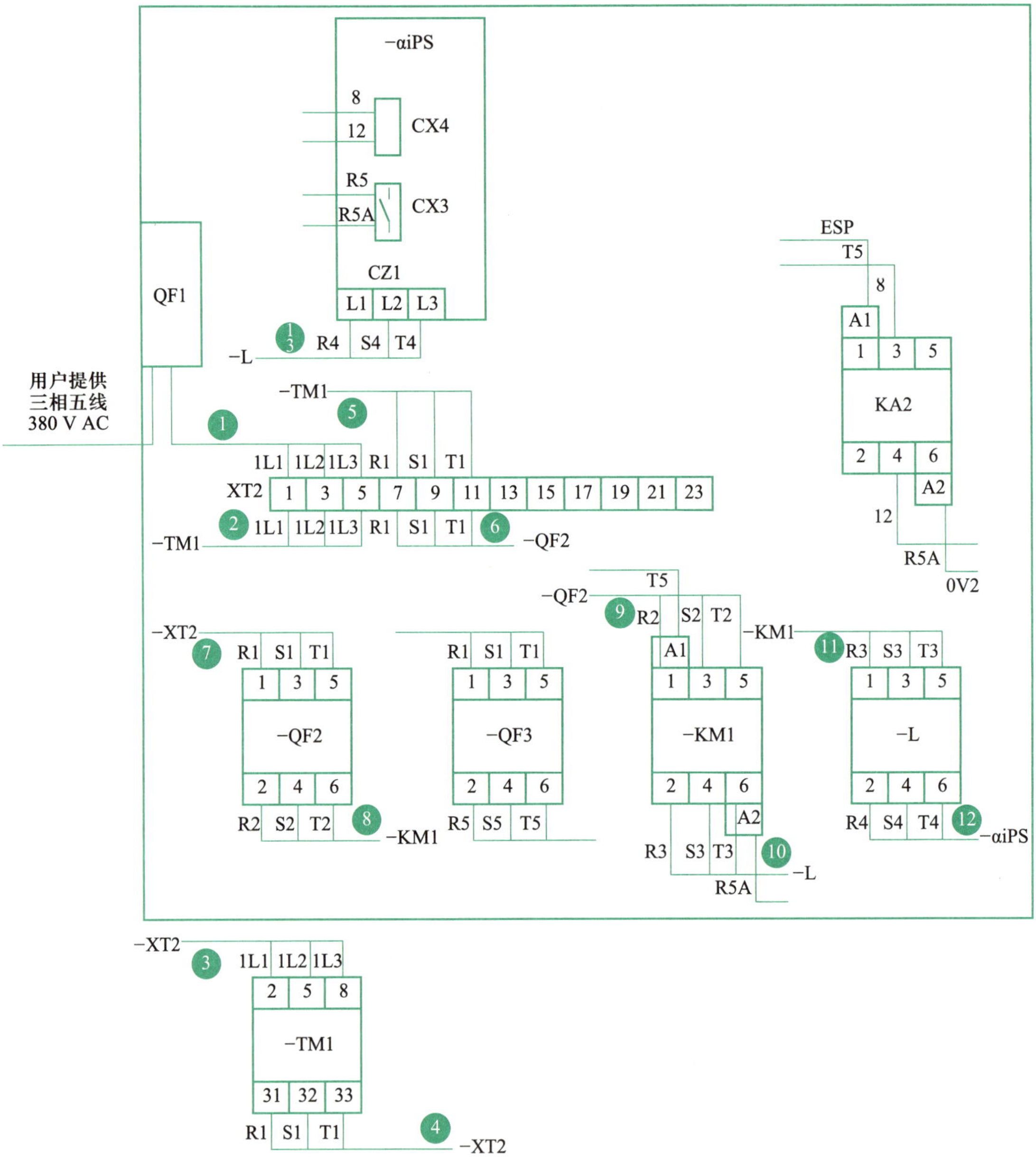

图 2.2.21 伺服主电源接线图

表 2.2.4 主要电气元件的名称、规格及作用

序号	电气元件名称	规格	作用
1	QF1	32A	设备总漏电断路器
2	QF2	25A	电源模块断路器
3	QF3	6A	相序检测接口断路器
4	TM1	380 V、415 V/210 V,5 kV·A	伺服主电路变压器

续表

序号	电气元件名称	规格	作用
5	KM1	25A	交流接触器
6	L	—	电抗器
7	KA2	—	急停中间继电器
8	aiPS	aiPS-7.5i	电源模块

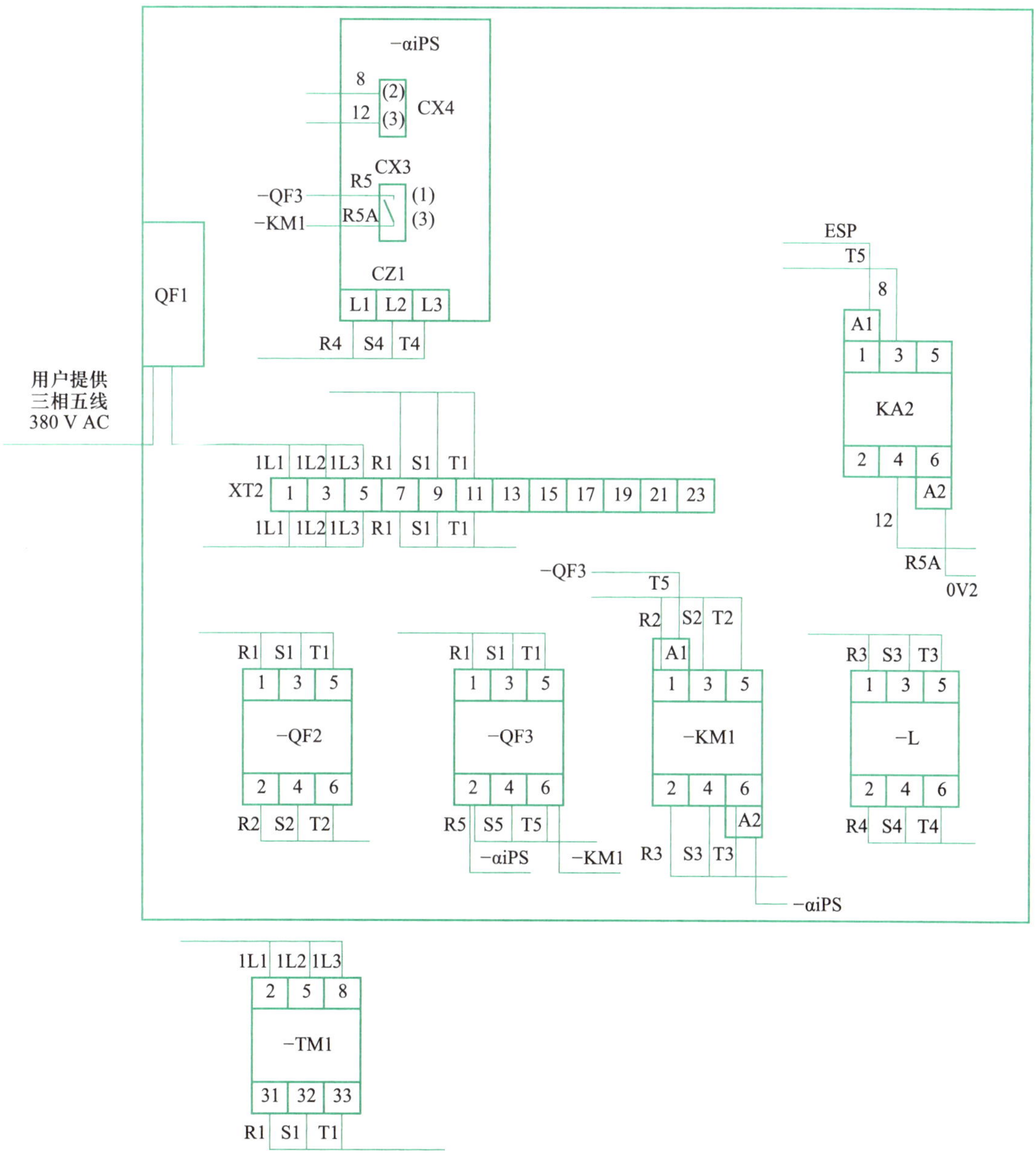

图 2.2.22　伺服主电源控制电路接线图

子排 XT2:1/XT2:3/XT2:5,1L1/1L2/1L3→伺服主电源变压器输入端→伺服主电源变压器输出端 R1/S1/T1→端子排 XT2:7/XT2:9/XT2:11,R1/S1/T1→电源模块断路器 QF2 输入端,电源模块断路器 QF2 输出端 R2/S2/T2→电源模块交流接触器 KM1 常开触点输入端"进行排查。

② 如果测量 KM1 常开触点进线相电压正确,说明故障出现在 KM1 常开触点接线端子之后,这时沿着路径"电源模块交流接触器 KM1 常开触点输出端 R3/S3/T3→电抗器输入端,电抗器输出端 R4/S4/T4-αiPS 电源模块电源输入接口 CZ1"进行排查。

(2) 交流接触器 KM1 没有吸合时电气线路检查。如果交流接触器 KM1 没有吸合,应该先检查 CX3(MCC)控制回路。使用万用表交流电压挡,若电压挡位值范围大于 200 VAC,则采用分段检查的方式。

① 检查断路器 QF2 输入相电压 R5~T5 的电压值,正常为 200 VAC。
② 检查交流接触器线圈 KM1 电压值,正常为 200 VAC。
③ 检查 CX3 内部触点电压值,正常为 0 V。

经过检查,发现故障是由于交流接触器 KM1 线圈击穿所致,更换同规格交流接触器,故障排除。

【任务评价】

根据本任务完成情况填写任务评价表。

任务评价表

小组			姓名			
序号	考核项目	考核内容	配分	自评	互评	师评
1	职业素养	行为符合规范	5			
2		遵守纪律	5			
3		工位整洁、设备清理干净、日常维护正确	10			
4	文明生产	按有关规定安全文明操作	10			
5	技能操作	故障分析	20			
6		伺服主电源电路分析	15			
7		伺服主电源控制电路分析	15			
8		故障排查	20			
		总计	100			

【任务拓展】

通过学习本任务,掌握 FANUC 数控系统电源模块故障排查的方法,下面学习华中 HNC-8 系列电源装置。

1. 数控装置电源接口

数控装置电源接口有两个:IPC 单元电源接口和面板电源接口,如图 2.2.23 所示。采用 AMP 的 5 芯电源插座:D-3100S-178295-2(弯)和 D-3100S-1-178315-2(直)。

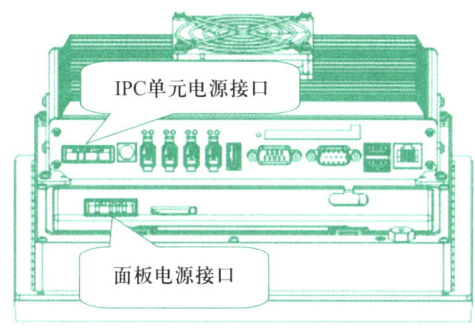

图 2.2.23 数控装置电源接口

2. 供电要求

(1) 数控装置(外部电源 11):24 VDC,50 W,具有 UPS 功能和掉电检测功能。

(2) 总线式 I/O 单元(外部电源 2):24 VDC,50 W。

(3) PLC 电路(外部电源 3):24 VDC,功率根据 PLC 外接开关量的数量及 PLC 有源器件确定。

(4) 电源线:采用屏蔽电缆,屏蔽层覆盖率不少于 80%。

(5) 外部电源 1:采用 HPW-145U 开关电源的 J4 或 J5 电源输出接口供电,具备不间断(UPS)和掉电检测功能。掉电检测电路在异常掉电后通知系统启动相关保护操作,此时,UPS 功能能够在一段时间内持续给数控装置供电,以便系统执行相关保护操作,保存当前数据;数控装置不与其他外部设备共用此路电源。

(6) 外部电源 2:采用 HPW-145U 开关电源的 J2 或 J3,可为电源输出接口供电。

(7) 外部电源 3:用普通开关电源供电;电源地必须与总线式 I/O 单元输入/输出子模块(HIO-1011N、HIO-1011P、HIO-1021N)的 GND 端子可靠连接。

外部电源 1 经过数控装置内部开关电源变换后,由 XS8 向手持单元上的元器件提供 24 VDC 和 5 VDC 电源;由 IPC 单元的 NCUC 总线接口(PORT0~PORT3)和 HNC-8B 系列数控装置面板上的 NCUC 总线接口 XS6 向外部提供 24 VDC 电源(请勿超过 12 W);其余的总线接口不提供 24 VDC 电源。

UPS 开关电源能够通过以上接口提供的电源容量最大为:24 VDC,6 A;若超过上述容量,请增加额外电源,同时断开接口电缆内通过相应接口供电的线路,而采用额外电源供电。

3. UPS 开关电源

UPS 开关电源(HPW-145U)是 HNC-8 系列数控系统所需的开关电源,该开关电源具有掉电检测及 UPS 功能。共有 6 路额定输出电压+24 VDC,总额定输出电流为 6 A,额定功率为 145 W，具有短路保护、过电流保护，UPS 开关电源的接口示意图及含义如图 2.2.24 所示。

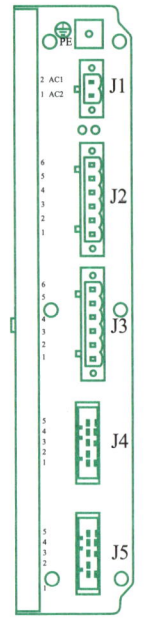

信号名	说明
PE	保护地

J1：交流电输入端口

信号名	说明
AC1	220 V 交流输入
AC2	220 V 交流输入

J2、J3：24 V DC 输出端口

信号名	说明
+24 V	24 V DC 输出
GND	电源地
PE	保护地

J4、J5：带UPS功能的24 V DC 输出端口

信号名	说明
+24 VUPS	带UPS功能的 24 V DC 输出
GND	电源地
SGND	信号地
ACFail	掉电检测信号输出
PE	保护地

图 2.2.24　UPS 开关电源的接口示意图及含义

【任务自测】

一、单选题

1. 电源模块 CXA2D 接口的含义是_____。
   A. 24 V 直流电源输入接口　　　　B. 24 V 直流电源输出接口
   C. 数控系统伺服就绪信号内部检测接口　D. 三相交流电异常检测接口

2. 职业道德对企业起到_____的作用。
   A. 增强员工独立意　　　　　　　B. 模糊企业上级与员工关系
   C. 使员工规规矩矩做事情　　　　D. 增强企业凝聚力

3. 电源模块 CXA2A 接口的含义是_____。
   A. 24 V 直流电源输入接口　　　　B. 24 V 直流电源输出接口
   C. 数控系统伺服就绪信号内部检测接口　D. 三相交流电异常检测接口

二、判断题

1. CX4 接口用于伺服模块判断数控系统是否有外部故障。（　　）
2. 通常应将接触器的辅助触点接在主电路中。（　　）

三、简答题

1. 简述 CX3 接口功能。
2. 简述电源模块数码管显示为"5"的故障排查。

项目三　交流伺服模块装置故障诊断与维修

任务 3.1　FANUC αi 系列伺服模块的连接

【任务导入】

如图 3.1.1 所示为 FANUC αi-B 系列模块连接图。αi 系列伺服模块的连接主要有与主轴模块电源线 CXA2A-CXA2B 串联供电和 COP10A-COP10B 与 CNC 装置通信两种。

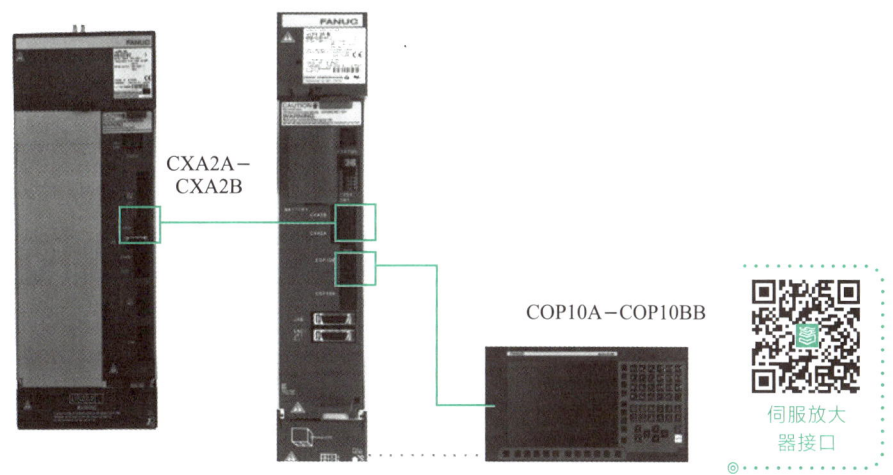

图 3.1.1　FANUC αi-B 系列模块连接图

【任务目标】

1. 知识目标

（1）学习 FANUC αi 系列伺服模块连接的基本知识。

（2）学习 FANUC αi 系列伺服模块的基本组成。

2. 能力目标

（1）能进行 FANUC αi 系列伺服模块的连接。

（2）掌握 FANUC αi 系列伺服模块各组成部件的作用。

3. 素养目标

（1）通过学习 FANUC αi 系列伺服模块的连接，提高实践能力。
（2）培养逻辑思维能力与合理解决问题的能力。

【任务分析】

FANUC αi 系列伺服模块按照电源主电路输入电压的高低分为三相 400 V 高压伺服模块和三相 200 V 低压伺服模块两种类型，两者除了电源规格不同外，其余伺服模块控制原理与电气元件是相同的，本任务以低压伺服模块为例进行介绍。

【知识衔接】

3.1.1 伺服模块的硬件组成

从硬件结构上分，主要有四个组成部分：

（1）轴卡：就是数字伺服轴控制卡。在目前广泛使用的全数字伺服控制中，包括三菱和西门子数控产品，已经将伺服控制的调节方式、数学模型甚至脉宽调制以软件的形式融入系统软件中，而硬件支撑采用专用的 CPU 或 DSP 等，并最终集成在轴卡或轴控制芯片上，轴卡的主要作用是速度控制和位置控制。

（2）放大器：接收轴卡输入的脉宽调制信号，经过前级放大驱动大功率绝缘栅双极型晶体管（IGBT）输出电动机电流。

（3）电动机：伺服电动机或主轴电动机。放大器输出的驱动电流产生旋转磁场，驱动转子旋转。

（4）反馈装置：由电动机轴直连的脉冲编码器作为半闭环反馈装置。它们的相互关系是轴卡接口 COP10A-1 输出脉宽调制指令，并通过 FSSB（FANUC Serial Servo Bus，FANUC 串行伺服总线）光缆与伺服模块接口 COP10B 相连，经伺服模块放大器整形放大后，通过动力线输出驱动电流到伺服电动机，伺服电动机转动后，同轴的编码器将速度反馈和位置反馈送到 FSSB 总线上，最终回到轴卡上进行处理。

3.1.2 伺服模块硬件连接

1. αi 系列伺服模块

αi 系列模块由 PSM（Power Supply Module）电源模块、SPM（Spindleamplifier Module）主轴模块、SVM（Servo Amplifier Module）伺服模块三部分组成。伺服电源连接如图 3.1.2 所示，αi 系列伺服控制硬件配置如图 2.1.3 所示。

PSM：是为主轴和伺服模块提供逆变直流电源的模块，三相 200 V 电输入后经 PSM 模块处理后，向直流母排输送 300 VDC 电压，供主轴和伺服模块放大器用。另外 PSM 模块中有输入保护电路，通过外部急停信号或内部继电器控制 MCC 主接触器，起到输入保护作用。

SPM：接收 CNC 数控系统发出的串行主轴指令，该指令格式是 FANUC 主轴产品通信协

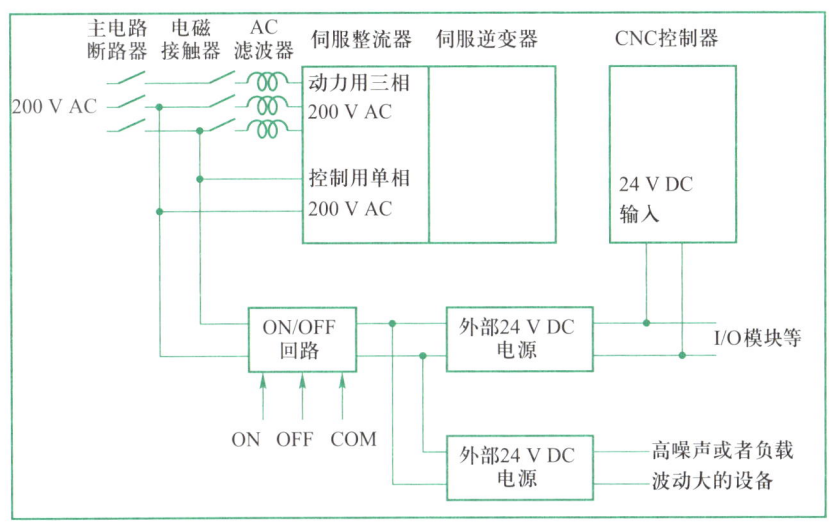

图 3.1.2　伺服电源连接

伺服驱动器硬件连接

议,所以又被称为 FANUC 数字主轴,与其他公司产品没有兼容性。该主轴模块经过变频调速控制向 FANUC 主轴电动机输出电流。该放大器的 JY2 和 JY4 接口分别接收主轴速度反馈信号和主轴位置编码器信号。

SVM:接收通过 FSSB 输入的 CNC 轴控制指令,驱动伺服电动机按照指令运转,同时 JFn 接口接收伺服电动机编码器反馈信号,并将位置信息通过 FSSB 光缆传输到 CNC 中,SVM 模块最多可以驱动 3 个伺服电动机。

2. 电源模块的作用

(1)强电输入与整流:电源模块通过 CZ1/TB1 接口输入 200 V 三相交流电,经过内部整流电路转换成直流电,为主轴模块和伺服模块提供 300V 直流电源(该直流回路也称为 DC LINK 回路)。在运动指令控制下,主轴模块和伺服模块经过由 IGBT 模块组成的三相逆变回路输出三相变频交流电,控制主轴电动机和伺服电动机按照指令要求的动作运行,并且在电动机制动时,将电动机制动的能量经过转换泄放回电网。

(2)提供控制电源:电源模块通过 CXA2D/CXA2C 接口输入 24 V 直流电源,通过 CXA2A-CXA2B 方式为主轴模块、伺服模块提供 24 V 直流控制电源。

(3)安全保护:通过 CX3(MCC)接口检查伺服模块就绪信号;通过 CX4(ESP)接口检查急停关联信号。只有在急停解除且伺服模块就绪的情况下才能够给电源模块输入 200 V 交流电,保证主轴模块、伺服模块安全工作。

3.1.3　FANUC αi-B 与 αi 系列模块接口特点

新增电源模块控制电压(CXA2D)接口,如图 3.1.3 所示。
三相电异常检测(CX48)接口,如图 3.1.4 所示。
主轴通信接口(COP10B),如图 3.1.5 所示。

主轴放大器接口

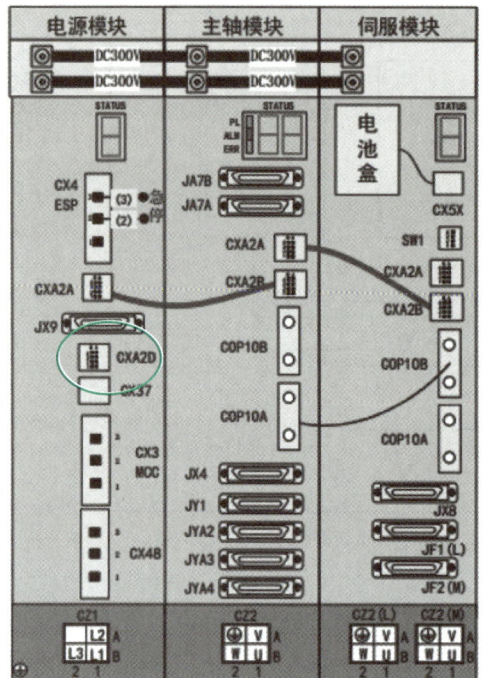

电源模块控制电压(变更)：

·接口名：CX1A更换为CXA2D
·电压值：220 V变更为24 V

图 3.1.3　新增电源模块控制电压（CXA2D）接口

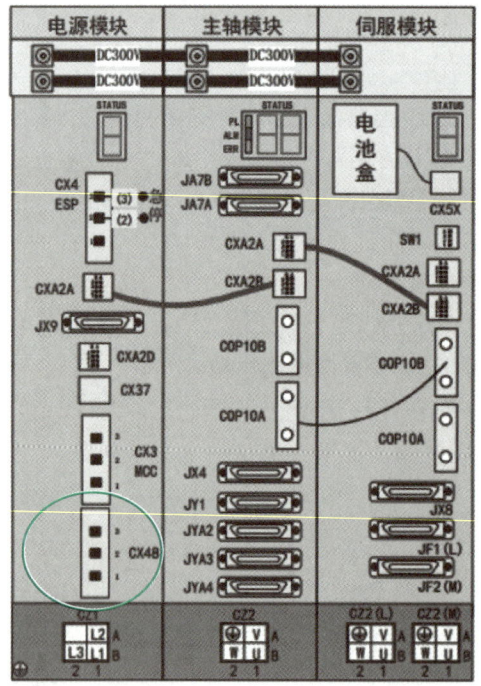

三相电异常检测(增加)：

·要求：接口与L1/L2/L3一一对应
·注意：CX48未接或者相序错误，将产生SV442报警

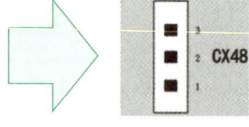

图 3.1.4　三相电异常检测（CX48）接口

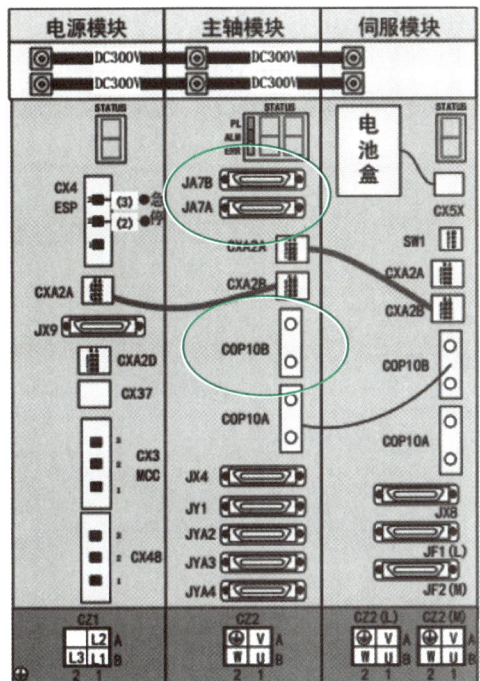

主轴通信接口(增加)：
· 接口：增加光缆通信接口COP 10B
· 说明：0i-F系统主轴控制支持电缆和光缆两种方式

图 3.1.5　主轴通信接口(COP10B)

如图 3.1.6 所示为 βi-B 系列放大器硬件连接差异。

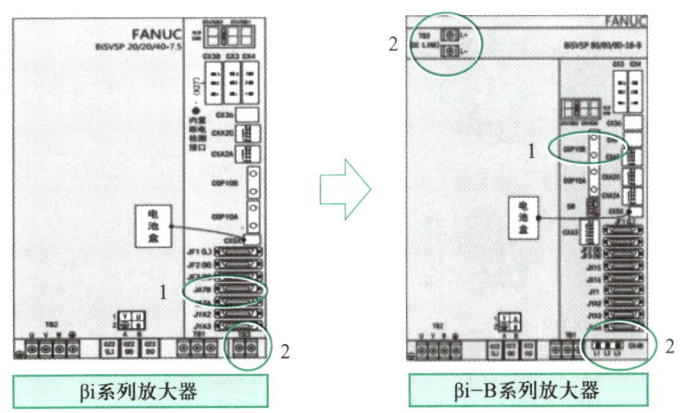

图 3.1.6　βi-B 系列放大器硬件连接差异

如图 3.1.7 所示为 βi-B 系列放大器新增主轴光缆通信接口(COP10B)。
如图 3.1.8 所示为 βi-B 系列放大器变更轴拓展动力线接头。
如图 3.1.9 所示为变更便捷风扇拆卸结构。

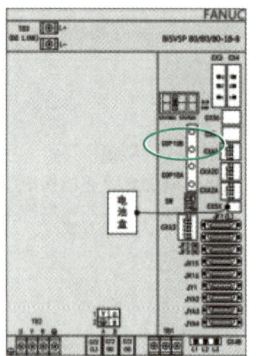

图 3.1.7　βi-B 系列放大器新增主轴光缆通信接口（COP10B）

主轴通信接口(变更)：
- 原βi放大器COP 10B接口不包含主轴通信
- βi-B放大器光缆通信接口COP 10B拓展至主轴
- βi-B放大器不再支持电缆通信

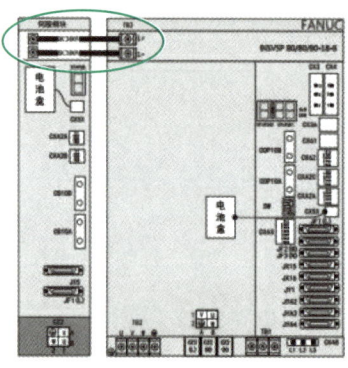

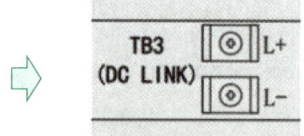

轴拓展动力线接头(变更)：
- TB3动力线接头由右下角的电缆接口变更为左上角铜棒接头
- 增加四轴时，接法示例如左图

图 3.1.8　βi-B 系列放大器变更轴拓展动力线接头

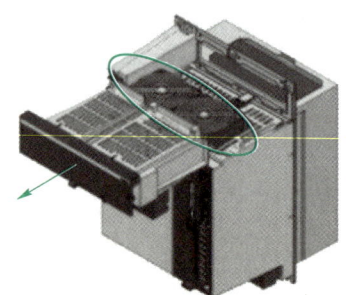

可拆卸风扇结构设计(变更)：
- 安装快捷
- 无需外部供电，减少布线
- 更换简便，无须拆卸放大器

图 3.1.9　变更便捷风扇拆卸结构

【任务实施】

（1）观察电源模块从上电待机状态到伺服模块就绪状态数码管显示的变化。

给数控系统及电源模块上电，电源模块及数控系统处于待机状态。此时电源模块对输入控制电源电压、内部 MCC 状态、外部 ESP 进行开机诊断，数码管显示为"-"，当伺服模块准备就绪后，电源模块数码管显示为"0"，表明处于正常工作状态。

（2）数控机床配置 αi 系列伺服模块，数控系统上电后，显示器出现"SV434 变频器控制

> 伺服驱动器数码管显示及报警代码检索

电源低电压"报警,通过说明书检索故障原因。

① 查看电源模块及伺服模块数码管显示,当显示 SV434 报警时,查看电源模块 PSM 数码管显示为"6"。

② 检索 PSM 故障原因,查阅维修说明书,目录中对应电源模块报警号"6"的章节是"3.1.6",进入章节找到对应报警号可能的报警原因,写出 PSM 故障代码"6"报警原因检索结果。伺服模块连接实验记录表见表 3.1.1。

表 3.1.1 伺服模块连接实验记录表

项目内容	步骤	结果
伺服模块上电		
SV434 故障检查		

【任务评价】

根据本任务完成情况填写任务评价表。

任务评价表

小组				姓名			
序号	考核项目	考核内容	配分	自评	互评	师评	
1	职业素养	行为符合规范	5				
2		遵守纪律	5				
3		工位整洁、设备清理干净、日常维护正确	10				
4	文明生产	按有关规定安全文明操作	10				
5	技能操作	数控系统及电源模块上电	10				
6		通过维修说明书检索故障原因	20				
7		查看电源模块及伺服模块数码管显示	20				
8		检索 PSM 故障原因	20				
		总计	100				

【任务拓展】

通过本任务的学习,掌握 αi 系列伺服模块的连接方法。下面讲解华中数控 HNC-8HSV-180US-075 驱动器的连接方法。

3.1.4 驱动器接线图

如图 3.1.10 所示为典型华中数控系统电气原理图。

机床常用电器认知

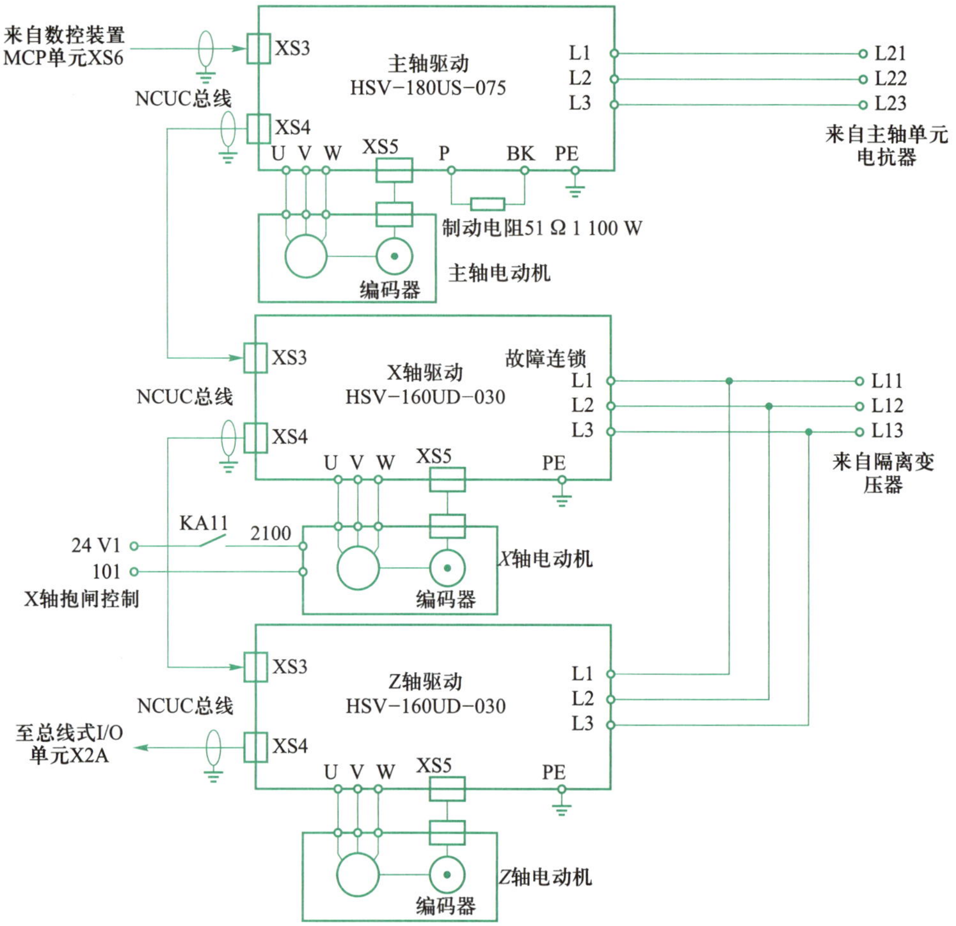

项目三 交流伺服模块装置故障诊断与维修

图 3.1.10 典型华中数控系统电气原理图

📖 【任务自测】

一、单选题

1. 以下对 αi-B 系列驱动器主电源输入电压要求描述正确的是_____。
   A. 200 VAC−15% ~ 200 VAC+10%　　B. 200 VAC−15% ~ 240 VAC+10%
   C. 220 VAC−15% ~ 220 VAC+10%　　D. 240 VAC−15% ~ 240 VAC+10%
2. 以下对 αi-B 系列驱动器主轴模块安装描述正确的是_____。
   A. 可在驱动器的任意位置安装　　　B. 必须紧邻电源模块安装
   C. 必须安装在伺服模块的右侧　　　D. 第二主轴模块的安装位置无要求
3. 以下对 αi-B 系列驱动器伺服模块安装描述正确的是_____。
   A. X/Y/Z 轴模块必须依次安装　　　B. 模块可在驱动器的任意位置安装
   C. 模块必须紧邻电源模块安装　　　D. 安装在主轴模块的右侧
4. 以下对 FANUC-βi 伺服/主轴集成驱动器电源输入描述正确的是_____。

A. 主电源只能为 3~200 VAC   B. 主电源可选择 3~400 VAC
C. 控制电源输入为 12 VDC   D. 控制电源输入为 200 VAC

5. 关于 FSSB 的说法正确的是_____。

A. 只有 αi 系列放大器使用了 FSSB 连接
B. FSSB 的作用是连接各个 I/O 模块的通信
C. FSSB 是光缆线连接
D. FSSB 是电缆线连接

二、判断题

1. 主轴模块接收 CNC 数控系统发出的串行主轴指令。（   ）
2. 反馈装置由电动机轴直连的脉冲编码器作为全闭环反馈装置。（   ）

三、简答题

1. 简述 SVM 的功能。
2. 简述 αi 系列伺服模块的组成。

任务 3.2 伺服模块初始化参数设定

【任务导入】

在维修中更换不同的伺服电动机后，需要进行伺服系统参数初始化；或者维修时当怀疑系统参数设定出现问题时，也可以进行伺服系统参数初始化。有些故障排查，比如电动机运行发生过载或振动时，也可以通过伺服参数初始化和调整来帮助分析故障原因，通过故障现象是否消除来判断是伺服参数故障还是电气、机械等其他故障。如图 3.2.1 所示为 FANUC 伺服模块调试流程图。

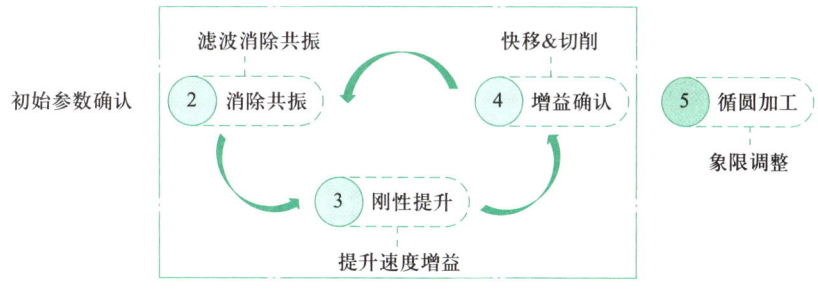

图 3.2.1　FANUC 伺服模块调试流程图

【任务目标】

1. 知识目标

（1）学习伺服系统初始化相关的参数及其含义。

(2)学习数控车床的基本组成与结构。

2. 能力目标

(1)掌握伺服系统初始化设定页面的进入方法。

(2)熟悉伺服系统初始化相关的参数、含义及计算方法。

(3)掌握伺服系统初始化设定的步骤,能够对伺服系统设定页面进行正确的设定。

3. 素养目标

(1)通过学习伺服模块初始化参数设定,提高动手能力。

(2)养成解决参数调试问题的能力。

【任务分析】

由于伺服系统参数存在 S-RAM 中,有易失性,所以系统参数丢失或存储器电路板维修后,需要很快地恢复伺服数据。另外,在日常的维修工作中,如遇全闭环改半闭环实验,或者恢复调乱的伺服系统参数,都需要进行伺服系统参数初始化页面的设定与调整。如图 3.2.2 所示为伺服轴数及相关初始化参数图。

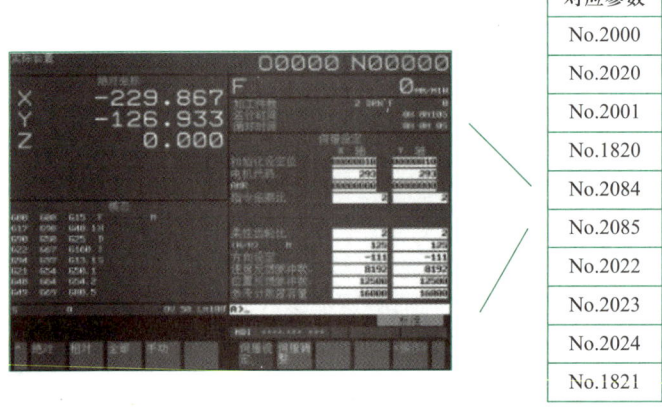

图 3.2.2 伺服轴数及相关初始化参数图

【知识衔接】

3.2.1 FSSB 伺服通道设定

1. FSSB 伺服通道设定的目的

伺服放大器 FSSB 设定

FSSB 总线是 FANUC 高速串行总线的简称。FSSB 总线是用一条光纤串联起数控装置、伺服模块以及光栅尺等装置,是三者之间进行数据传输的桥梁。最新 FANUC 0i-F Plus 数控系统中,主轴模块也纳入了 FSSB 伺服通道中,因此在进行 FSSB 设定时,也需对主轴设定。因此,FSSB 伺服通道设定的目的就是建立起进给轴、主轴和实际驱动放大器、检测装置的对应关系。

2. FSSB 伺服通道的设定方法

使用 FSSB 总线时,为建立 CNC 与驱动放大器的通道,需要设定 FSSB 相关的参数,伺服通道的设定见表 3.2.1。

表 3.2.1 伺服通道的设定

参数号	代号	作用	说明
1023		伺服轴号设定	伺服模块在驱动器的位置序号
1902#1	ASE	FSSB 的自动设定	0:尚未完成;1:已经完成
2013#0	HRV3	是否使用 HRV3 控制	0:不使用;1:予以使用
3716#0	A/Ss	主轴电动机的种类	0:模拟主轴;1:串行主轴
3717		主轴模块号	0:放大器未连接;1:最大控制数-按实际填写
11802#4	KSVx	使能伺服轴	0:有效;1:无效
24000~23095			相对于各 FSSB 线路的从控装置的 ART 值
24096~24103			各分离型检测器接口单元的连接器编号

设定这些参数的方法如下:

(1) 手动设定 1:通过参数 1023、参数 3717 的设定进行默认的轴设定,无须设定参数 24000~24095 和参数 24096~24102。

(2) 自动设定:在 FSSB 设定页面上,通过输入相关信息,自动设定 FSSB 的参数。

(3) 手动设定 2:直接输入 FSSB 相关参数。

通过上述方法设定了参数后,在发生报警时,应将参数 11549#0 设定为"1",为了解除报警,还应自动将参数 2557 或者 4657、参数 11549#0 恢复为"0"。

3. FSSB(SV)设定步骤

(1) 按下【SYSTEM】功能键,进入参数设置页面,将光标移至 FSSB(SV) 设定上,依次按下【操作】→【选择】软键,进入 FSSB(SV) 设定页面,如图 3.2.3 所示。

图中各设置项说明如下:

① HRV:电流控制周期,显示 FSSB 自动设定时的电流控制周期。"2"表示伺服 HRV2 控制,"3"表示伺服 HRV3 控制。

② 号(NO.):从控装置编号。根据从控装置在 FSSB 线路中的连接顺序,系统自动进行编号,

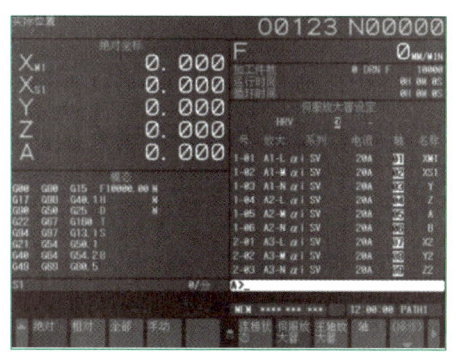

图 3.2.3 FSSB(SV)设定页面

每一个线路的最大从控装置为32个。

③ 放大(AMP):放大器类型。在表示伺服模块开头字符的"A"后面,从靠近CNC一侧起显示出表示第几台伺服模块的数字和表示伺服模块中第几轴的字母("L"表示第1轴,"M"表示第2轴,"N"表示第3轴)。

④ 系列:伺服模块的种类、系列。

⑤ 电流:伺服电动机的最大电流值。

⑥ 轴:控制轴编号。显示分配给伺服模块的控制轴编号。发生了与FSSB相关的报警时,或者尚未分配控制轴编号时,显示为"0"。

⑦ 名称:进给轴名称。显示对应于控制轴编号参数(NO.1020)的进给轴名称。轴编号为"0"时不予显示。

(2) FSSB(SP)设定:在参数设置页面,将光标移至FSSB(SP)设定上,依次按下【操作】→【选择】软键,进入FSSB(SP)设定页面,如图3.2.4所示。

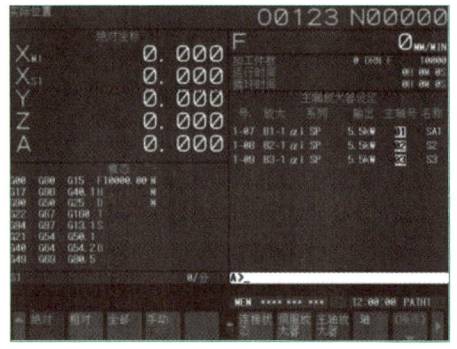

图3.2.4 FSSB(SP)设定页面

图中各设置项说明如下:

① 号(NO.):从控装置编号。根据主轴模块在FSSB线路中的连接顺序,系统自动进行编号,每一个线路的最大从控装置为32个。

② 放大(AMP):放大器类型。在表示伺服模块开头字符的"B"后面,从靠近CNC一侧起显示出表示第几台伺服模块的数字和表示主轴模块中第几轴的字母("1"表示第1主轴)。

③ 系列:主轴模块的种类、系列。

④ 电流:主轴电动机的最大扭矩输出值。

⑤ 主轴号:主轴编号。显示分配给主轴模块的控制轴编号。发生了与FSSB相关的报警时,或者尚未分配控制轴编号时,显示为"0"。

⑥ 名称:进给轴名称。显示对应于控制轴编号的参数(NO.1020)的进给轴名称。轴编号为"0"时不予显示。

(3) FSSB(轴)设定:在参数设置页面,将光标移至FSSB(轴)设定上,依次按下【操作】→【选择】软键,进入FSSB(轴)设定页面,如图3.2.5所示。

① 轴:控制轴编号,按照NC的控制轴顺序显示。

② 名称:各轴的程序轴名称。

③ 放大器:连接在各轴上的伺服模块的FSSB线路编号和放大器类型。

M1/M2/M3/M4:第n台分离型检测器接口单元的连接器编号。

④ Cs:Cs轮廓控制轴,显示FSSB自动设定

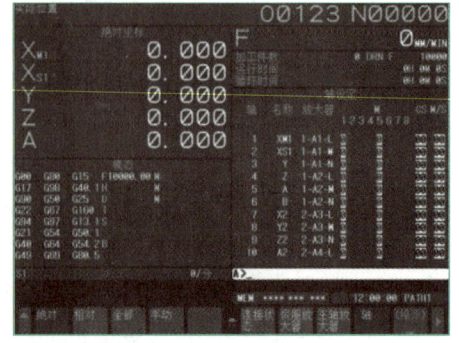

图3.2.5 FSSB(轴)设定页面

时的 Cs 轮廓控制轴编号。

⑤ M/S：主动轴/从动轴（从动轴/虚拟轴）。

3.2.2 伺服参数初始化设定

FANUC 数控系统存放了所有 FANUC 电动机型号的标准规格参数，在安装完电动机后，需要将这些型号的电动机控制参数从 FROM 中取出来，存放到 SRAM 中，为此数控系统提供设置方法，这就是伺服参数初始化的过程。伺服参数初始化设定内容如图 3.2.6 所示。

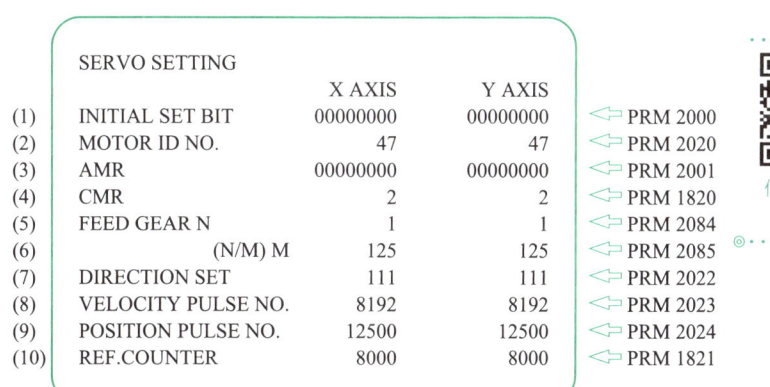

图 3.2.6 伺服参数初始化设定内容

1. 初始化设定位

图 3.2.6 中的 INITIAL SET BIT 用于初始化设定位的设置，它是 8 位数据（等同于 2000# 参数），设定说明见表 3.2.2。

表 3.2.2 2000# 参数设定说明

参数	#7	#6	#5	#4	#3	#2	#1	#0
2000					PRMCAL		DGPRM	PLC01

（1）#1（DGPRM）设为"0"表示进行数字伺服参数的初始化设定；"1"表示不进行数字伺服参数的初始化设定。

（2）#0（PLC01）设为"0"表示使用 PRM 2023（速度脉冲数）、2024 的值（位置脉冲数）；"1"表示在内部把 PRM 2023、2024 的值乘 10 倍。

2. 电动机 ID 号

如前所述，FROM 中写有很多种电动机数据，按照电动机型号和规格号（中间 4 位为 A06B-××××-B×××），填入电动机 ID 号（MOTOR ID NO.）中。

3. 先进精简指令集成器（AMR）

等同于 2001# 参数，FANUC 默认设定为"00000000"。

4. CMR（指令倍乘比）

等同于 1820# 参数，设定说明见表 3.2.3。

表 3.2.3　1820#参数设定说明

PRM 1820	指令倍乘比	
	CMR 为 1/2~1/27	CMR 为 0.5~48
	设定值 = $\dfrac{1}{\text{CMR}}$ + 100	设定值 = 1×CMR

系统要求"指令当量=反馈当量",也就说发出的脉冲数应和反馈的脉冲数相匹配。因此,CMR(指令倍乘比)与 DMR(N/M)就是调整指令当量和反馈当量的参数,通俗地讲它是一个"凑数"的过程,使指令与反馈的脉冲数建立合理的关系。

通常,指令单位=检测单位(CMR=1),因此该值设为 2。

5. DMR(检测倍率)

检测倍率也称进给齿轮比 N/M(F.FG),设定说明见表 3.2.4。

表 3.2.4　进给齿轮比 N/M 参数设定说明

PRM 2084	柔性进给齿轮的 N
PRM 2085	柔性进给齿轮的 M
设定半闭环 αi 脉冲编码器	
$\dfrac{\text{F.FG 分子}(\leqslant 32\,767)}{\text{F.FG 分母}(\leqslant 32\,767)} = \dfrac{\text{电动机每转所需的位置反馈脉冲}}{1\,000\,000}$	
（计算结果不能约分为小数）	

注意:

(1) 对分子和分母,最大设定值(约分后)是 32 767。

(2) 对柔性齿轮比,αi 脉冲编码器电动机每转 1 000 000 个脉冲,如果计算电动机转数时使用了 π 值,比如使用齿轮和齿条,假定 π 值近似为 355/113,则实际简化后公式为:

$$\dfrac{N}{M} = \dfrac{\text{电动机每转所需的位置脉冲数的最小公约数}}{1\,000\,000}$$

6. 移动方向(DIRECTION SET)

等同于 2022 参数,设定说明见表 3.2.5。

表 3.2.5　2022 参数设定说明

PRM 2022	电动机回转方向
	+111 正向,-111 负向

7. 速度脉冲数及位置脉冲数

速度脉冲数及位置脉冲数,设定说明见表 3.2.6。

闭环时,也要设定 PRM 2002#3 = 1,#4 = 0。

表 3.2.6 速度脉冲数及位置脉冲数设定说明

参数号		设定单位 1/1 000 mm		设定单位 1/10 000 mm	
		闭环	半闭环	闭环	半闭环
高分辨率设定	2000	×××××××0		×××××××1	
分离型检测器	1815	00100010	00100000	00100010	00100000
速度反馈脉冲	2023	4×2028=8112		819	
位置反馈脉冲	2024	NS	12500	NS/10	1250

注:NS 为电动机一转的位置反馈脉冲数(4 倍后)。

8. 参考计数器容量

等同于 1821 参数,设定说明见表 3.2.7。

表 3.2.7 1821 参数设定说明

PRM1821	各轴的参考计数器容量

参考计数器容量设定值是指电动机转一转所需的(位置反馈)脉冲数,或者设定为该数能够被整数除尽的分数,也可以理解为返回参考点的栅格间隔。

所以,参考计数器容量=栅格间隔/检测单位;栅格间隔=脉冲编码器每转的移动量。

所有设置完成后,将电源关闭,然后再接通,完成伺服初始化设定。

【任务实施】

(1)将机床工作方式调整为 MDI 方式,并打开参数保护开关。

(2)按下 MDI 面板上的【SYSTEM】功能键,进入参数设置页面,修改参数 3111#0=1,显示伺服设定页面;或按下 MDI 面板上的【SYSTEM】功能键若干次,直至显示伺服设定页面,如图 3.2.7 所示。

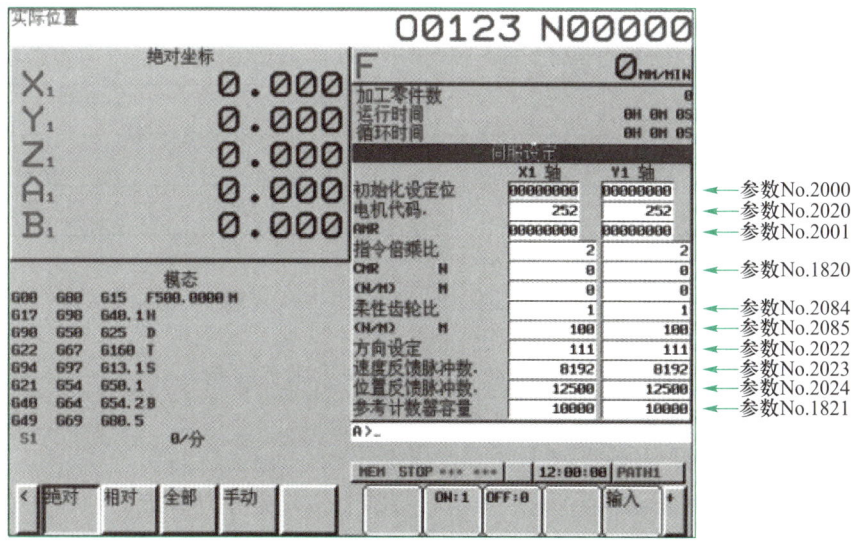

图 3.2.7 伺服设定页面

（3）移动光标到"伺服设定"，依次按下【操作】→【选择】软键，或者在第二种方式下直接按下【SV 设定】软键，进入伺服设定页面。

（4）如需查看其他轴，依次按下【操作】→【轴改变】软键，可以进入到其他轴的伺服设定。

（5）将光标移动至目标轴"标准参数读入"栏，此时标准参数读入参数为 1，表示参数初始化已经完成。设置该参数为"0"，系统提示 P/S，请关断电源再开机，该轴初始化完成。其他轴可以按照上述方法完成参数初始化操作。

实际上初始化设置时，仅修改参数 2000#1（DGPRM）为"0"，此时数控系统立即显示"000"号报警，说明修改了重要参数需要断电再上电。

注意：在进行伺服参数初始设定时，直接进入伺服页面初始化设定位即可，不必再在 2000# 中修改。

【任务评价】

根据本任务完成情况填写任务评价表。

任务评价表

小组			姓名			
序号	考核项目	考核内容	配分	自评	互评	师评
1	职业素养	行为符合规范	10			
2		遵守纪律	10			
3		工位整洁、设备清理干净、日常维护正确	10			
4	文明生产	按有关规定安全文明操作	10			
5	技能操作	打开参数保护开关	10			
6		修改参数 3111#0＝1	10			
7		进入伺服设定页面操作	10			
8		轴改变操作	15			
9		参数初始化操作	15			
		总计	100			

【任务拓展】

通过学习本任务，理解了初始化参数设定的方法。下面讲解华中 HSV-180AD 系列交流伺服模块单元参数设置。

1. 参数分组说明

HSV-180AD 有各种参数，通过这些参数可以调整或设定驱动单元的性能和功能，了解这些参数对使用和操作驱动单元是至关重要的。HSV-180AD 参数分为四类：运动参数、扩展运动参数、控制参数和扩展控制参数,分别对应运动参数模式、扩展运动参数模式、控制参数模式和扩展控制参数模式,可以通过驱动模块面板按键来查看、设定和调整,参数分组说明见表 3.2.8。

表 3.2.8 参数分组说明

类别	显示	参数号	简要说明
运动参数模式	PA	0~44	可设置各种特性调节,控制运行方式及电动机相关参数
扩展运动参数模式	Pb	0~62	可设置第二增益,I/O 接口功能,陷波器,电动机额定电流、转速等
控制参数模式	StA	0~15	可以选择报警屏蔽功能,内部控制功能选择方式等
扩展控制参数模式	Stb	0~15	可以选择各种控制功能的使能或禁止等

2. 参数操作说明

HSV-180AD 提供了 45 种运动参数,其中,P 表示位置控制方式;S 表示速度方式;T 表示转矩方式。

在 PA 运动参数中选择 PA 为"34",将其数值设为 2003,即可打开扩展运动参数模式(PB 参数模式),HSV-180AD 共有 63 个扩展运动控制参数。

另外,HSV-180AD 提供了两组 16 种状态位控制参数,所有控制参数修改后必须保存并重新上电才有效。

【任务自测】

一、单选题

1. 职业纪律是企业员工应该共同遵守的行为准则,它包括的内容有_____。
   A. 交往规则　　　B. 操作程序　　　C. 群众观念　　　D. 外事纪律
2. 以下对柔性齿轮比参数设定理解正确的是_____。
   A. 使实际进给速度和指令一致　　　B. 使实际移动距离和指令一致
   C. 出于回参考点运动的需要　　　　D. 改变伺服电动机每转的移动量
3. 出行伺服调整页面位置环增益参数设定时,对于数控加工中心 X、Y、Z 轴设定时有什么要求_____。
   A. 要求所有轴设定值都不相同　　　B. 要求所有轴设定值都相同
   C. 没有要求,根据使用要求进行设定　D. 各轴设定时可以相同也可以不相同

二、判断题

1. FANUC 数控系统存放了所有 FANUC 电动机型号的标准规格参数。(　　)
2. 参考计数器容量设定值是指电动机转一转所需的(速度反馈)脉冲数。(　　)

三、简答题

1. 伺服参数的初始化设定主要包括什么？
2. 在设定伺服参数之前,需要准备的数据有哪些？

任务 3.3 进给伺服系统调试与优化

【任务导入】

为了提高数控设备加工精度、加工效率等,需要对数控机床进行伺服系统调整与优化。常用的伺服调整参数是指在机床使用维修过程中需要修改调整的参数,如伺服参数 1825#(位置环增益),在全闭环振荡时调整非常有效。当机床出现 410-#、411#等误差过大报警时,需要修改调整 1826#~1829#(到位宽度)伺服参数。另外在维修中如果希望屏蔽某一个轴时,也需要通过参数设置,来抑制轴的指令输出。如图 3.3.1 所示为高精度加工图。

图 3.3.1 高精度加工图

【任务目标】

伺服驱动方式分类

1. 知识目标
（1）学习进给伺服系统常用伺服参数调试的作用。
（2）学习常用伺服参数的含义。

2. 能力目标
（1）熟悉伺服监控页面的进入方法。
（2）掌握伺服监控页面各种状态信息的含义。
（3）能够结合伺服监控页面的信息进行故障分析和诊断。

3. 素养目标
（1）通过伺服系统调试与优化,培养动手能力,分析思考的能力。
（2）树立吃苦耐劳、严谨仔细的职业素养。

【任务分析】

伺服参数调试能够解决的故障,通常与产品精度、粗糙度、效率有关,但精细的调试需要具备伺服系统原理知识以及精密测量设备和软件,通过手动的参数调试,很难达到精细化的目的。维修中,可以通过一些参数调试解决或者判断常见的故障。在伺服监控页面下进行参数调试的好处是不需要记忆参数号,同时系统也将这些经常调试的参数整合在一起,便于用户进行快速设定。

对于产品精度以及机床停止时过冲振荡的调整,也可以借助位置增益进行改善,提高位置增益,减少跟随误差,提高精度。电动机定位停止时,观察电动机跟随误差的显示,确定是否过冲,通过降低位置增益也可以改善,尤其全闭环出现振动时,调整位置增益比较有效,但需注意,调整后的位置增益全轴需保持一致。如图 3.3.2 所示为伺服电动机运行状态监控页面。

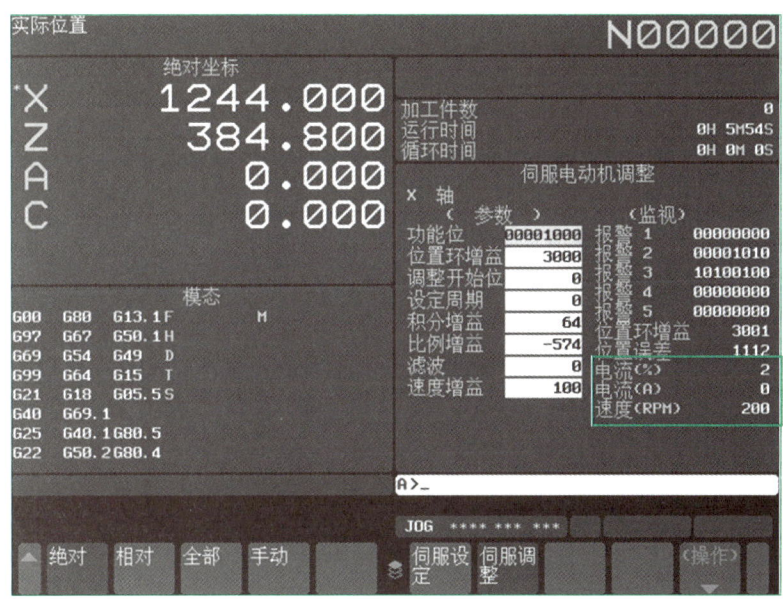

伺服监控
页面应用

图 3.3.2　伺服电动机运行状态监控页面

【知识衔接】

3.3.1　伺服调整页面(诊断号的含义)

伺服调整页面由伺服调整参数和伺服监控页面组成。如图 3.3.3 所示,进入伺服调整页面的方法有两种:

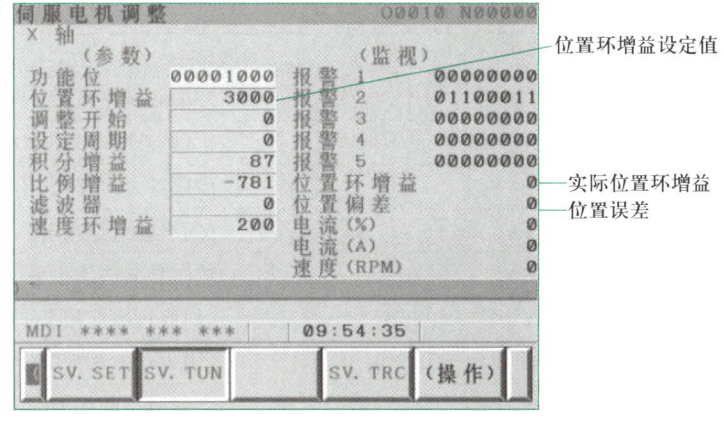

图 3.3.3　伺服调整页面

方法 1：按下【SYSTEM】功能键多次，进入参数设定页面，将光标移至"伺服调整"设定上，依次按下【操作】→【选择】软键，进入伺服调整页面。

方法 2：按下【SYSTEM】功能键，下翻页找到【SV 设定】，按下【SV 设定】→【伺服调整】软键，进入伺服调整页面。

1. 伺服系统参数调整

（1）伺服系统功能（参数 2003#）设定位，具体含义见表 3.3.1。

表 3.3.1　伺服系统功能（参数 2003#）设定位具体含义

参数号	代号	含义	说明
2003#1	TGAL	软件断线报警的检测水平	0：作为标准设定（以 1/32 转进行检测）；1：利用参数设定以 NO.2064/32 转进行检测
2003#2	OBEN	速度控制观测器功能	0：无效；1：有效
2003#3	PIEN	将速度控制方式设为	0：设定为 1-p 方式；1：设定为 PI 方式
2003#4	NPSP	N 脉冲抑制功能	0：无效；1：有效
2003#5	BLEN	反向间隙加速功能	0：无效；1：有效
2003#6	OVSC	超程补偿功能	0：无效；1：有效
2003#7	VOFS	VCMD 偏值功能	0：无效；1：有效

（2）调整开始位：未使用（在伺服系统自动调整中使用）。

（3）设定周期：未使用（在伺服系统自动调整中使用）。

（4）积分增益：速度环路的积分增益（PK1V）。

（5）比例增益：速度环路的比例增益（PK2V）。

（6）滤波器：扭矩指令滤波器的采样周期。

（7）速度增益：速度环路增益（PK4V），设置值与负载惯性有关。

2. 伺服系统监控

（1）报警 1（诊断号 200），具体含义见表 3.3.2。

表 3.3.2　报警 1（诊断号 200）具体含义

诊断号	代号	含义
200#0	OFA	伺服溢出报警
200#1	FBA	伺服断线报警
200#2	DCA	伺服放电电路报警
200#3	HVA	伺服高电压报警
200#4	HCA	伺服异常电流报警
200#5	OVC	伺服过电流报警
200#6	LV	伺服低电压报警
200#7	OVL	伺服过载报警

（2）报警2（诊断号201），通过诊断号201#7和诊断号201#4诊断信号状态的变化，可以进行伺服过载和伺服断线报警，其存储器数据的分类见表3.3.3。

表3.3.3 报警2（诊断号201）存储器数据的分类

报警内容	诊断号201#7	诊断号201#4	报警信息
过载报警	0	—	放大器过热
	1	—	伺服电动机过热
断线报警	1	0	内装编码器断线报警（硬件）
	1	0	分离型检测装置断线报警（硬件）
	0	0	检测装置断线报警（软件）

（3）报警号3（诊断号202），具体含义见表3.3.4。

表3.3.4 报警号3（诊断号202）具体含义

诊断号	代号	含义
202#0	SPH	串行脉冲编码器不良或反馈电缆异常，反馈信号的计数出错
202#1	CKA	串行脉冲编码器不良
202#2	BZA	电池电压为零，需更换电池，设定参考点
202#3	RCA	脉冲编码器出现计数报警
202#4	PHA	串行脉冲编码器接触不良或反馈电缆异常，反馈信号的技术错误
202#5	BLA	电池电压不足（警告）
202#6	CSA	串行脉冲编码器的硬件异常

（4）报警号4（诊断号203），具体含义见表3.3.5。

表3.3.5 报警号4（诊断号203）具体含义

诊断号	代号	含义
203#4	PRM	数字脉伺服冲检测的参数不正确
203#5	STB	串行脉冲编码器通信异常，传送的数据有错，停止位错误报警
203#6	CRC	串行脉冲编码器通信异常，传送的数据有错
203#7	DTE	串行脉冲编码器通信异常，通信没有应答

（5）报警号5（诊断号204），具体含义见表3.3.6。

表3.3.6 报警号5（诊断号204）具体含义

诊断号	代号	含义
204#3	PMS	脉冲编码器或反馈电缆异常，使反馈脉冲不正确

续表

诊断号	代号	含义
204#4	LDM	脉冲编码器的 LED 异常
204#5	BLA	伺服模块的电磁开关触点熔断
204#6	CSA	数字伺服电流值的 A-D 转换异常

（6）环路增益：表示实际环路增益。

（7）位置误差：表示实际位置误差值（诊断号 300）。

（8）实际电流（%）：以相对于电流额定值的百分比表示电流值（参数 2014#5 = 0）。负载（%）：以相对于电动机额定负载值的百分比表示输出值（参数 2014#5 = 1）。

伺服参数设定

（9）实际电流（A）：以 A（峰值）表示实际电流。

（10）实际速度：表示电动机的实际转速。

（11）内置 PMC 功能：负责逻辑控制。

（12）LCD/MDI 功能：显示及手动数据输入。

3.3.2 与伺服系统有关的参数

FANUC 数控系统中有几个参数与伺服误差报警相关。当伺服轴误差过大时会出现 SV410/SV411 报警，系统会立即停止运行。

1. 参数 1825

该参数为各轴的伺服环增益。参与直线或者圆弧插补的所有进给轴，都必须为相同轴。如果轴的功能用于定位，则可以设定不同值。伺服环增益越大，机床控制的响应越快，但是设定值过大，会影响到伺服系统的稳定性。若位置环增益过低，则会引起低频振动或动作摇晃。

位置偏差量（误差寄存器内累积的脉冲量）和进给速度的关系如下：

$$位置偏差量 = \frac{进给速度}{环路增益 \times 60}$$

位置开环增益是伺服控制系统的时间常数本身。两者的关系如下：

$$伺服时间常数(s) = \frac{1}{位置增益/s}$$

例如：若位置环增益设置为 3 000，则伺服时间常数为 0.033 s，在进行轴动作的定位时，具有 33 ms 的延迟。

2. 参数 1826

该参数为各轴的到位宽度。当机械位置和指令位置的偏离（位置偏差量的绝对值）比到位宽度还小时，视为机械已经到达指令位置。位置偏差量的绝对值存在诊断号 300 中。

若该值设置得过大，则轴可能没有完全停止就进入动作区，如图 3.3.4 所示。

3. 参数 1827

该参数为各轴设定切削进给时的到位宽度，即机床执行 G01/G02/G03 等切削指令时，

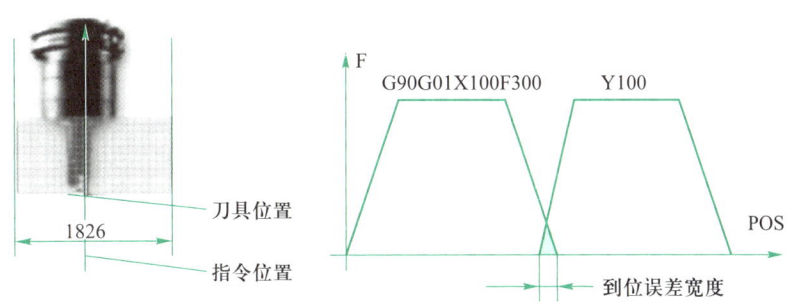

图 3.3.4　参数 1826

才判断机械位置与指令位置的差值是否小于到位宽度。参数 1801#4 = 1 时,该参数生效,如图 3.3.5 所示。

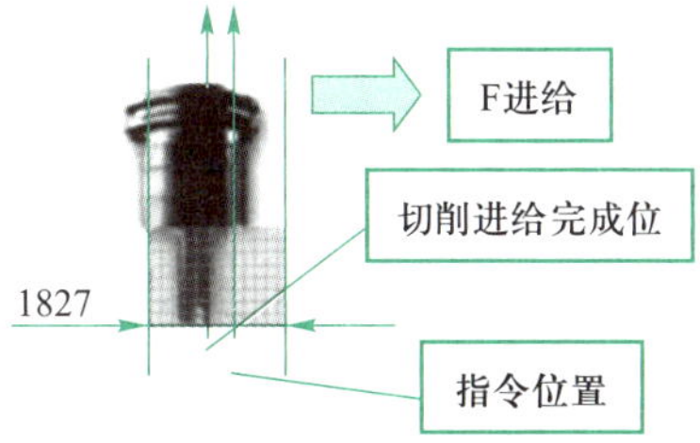

4. 参数 1828

该参数为伺服轴在移动过程中,指令值和刀具实际位移(反馈数据)的最大允差值。当刀具位置(实际位置反馈值)与指令位置的差值超过 1828 中设定的允差值,发出 411#、421#、4n1# 报警,提示"移动时误差过大",并立刻停止运行(MCC 信号变为 OFF)。

图 3.3.5　参数 1827

5. 参数 1829

该参数为各轴在停止时的位置偏差极限值,停止时位置偏差量超过位置偏差量极限值,发出 SV410 报警,提示"停止时误差太大"。

6. 参数 1830

当伺服轴需要卡紧时,如鼠齿盘定位,数控分度定位后,均需要在机械卡紧后,关断伺服电动机,否则会过热或者过载。该参数是设定各轴伺服关断时的位置偏差量极限值。

当伺服关断时的位置偏差量超过位置偏差量的极限值时,会发出 410#、420#、4n0# 报警,并立刻停止运行(MCC 信号变为 OFF)。

7. 参数 1851

各轴反向间隙补偿量。

3.3.3　加减速控制参数

伺服系统的加减速控制是伺服响应指数调整的重要手段。FANUC 数控系统在切削进给和手动方式下提供了直线型、指数函数型和钟型加减速控制方式。

(1)参数 1610#0,切削进给或切削进给时空运行加/减速方式。0 表示指数函数型加/减速;1 表示直线型加/减速。

(2)参数 1610#1,切削进给或切削进给时空运行加/减速方式。0 表示指数函数型或者直线型加减速;1 表示钟型加减速。

以上两个参数的关系见表 3.3.7。

表 3.3.7　加减速控制参数关系

1610#1	1610#0	加/减速
0	0	指数函数型加/减速
0	1	插补后直线型加/减速
1	0	插补后钟型加/减速

（3）参数 1610#4，JOG 进给的加/减速方式。0 表示指数函数型加/减速；1 表示与切削进给相同的加减速。

（4）参数 1620，各轴的快速移动直线加/减速的时间常数（T）；各轴的快速移动钟型加/减速的时间常数（T1），如图 3.3.6 所示。

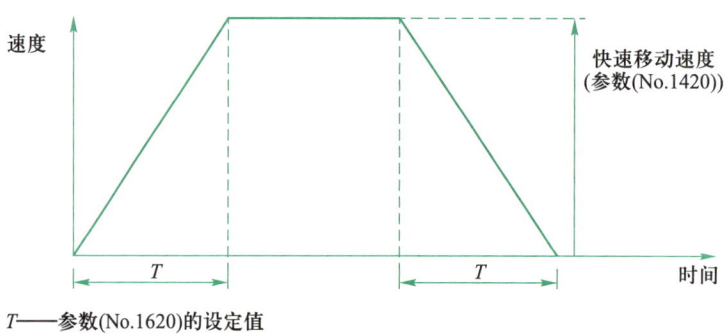

图 3.3.6　参数 1620

（5）参数 1621，各轴快速移动的钟型加/减速时间常数（T2），如图 3.3.7 所示。

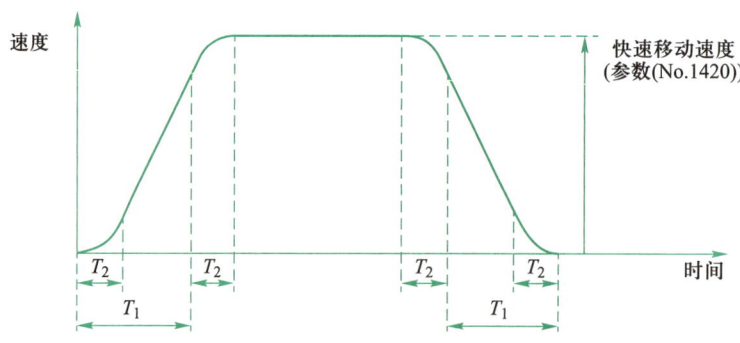

图 3.3.7　参数 1621

（6）参数 1622，各轴的切削进给加/减速时间常数。

此参数为各轴设定切削进给的指数函数型加/减速、插补后钟型加/减速或插补后直线型加/减速时间常数。用参数 1610#0，#1 来选择使用哪个类型。此参数除了特殊用途外，不用为所有轴设定相同的时间常数,否则得不到正确的直线或圆弧形状。

(7) 参数 1624,各轴的 JOG 进给加/减速时间常数。

【任务实施】

操作步骤如下:

(1) 开机。调整数控机床处于正常状态。

(2) 在伺服调整页面,观察当前机床各个参数状态并记录。

(3) 设定伺服参数故障并排除,记录排除过程。

伺服调整记录单见表 3.3.8。

表 3.3.8 伺服调整记录单

伺服参数号	主要功能	调整记录	调整效果

【任务评价】

根据本任务完成情况填写任务评价表。

任务评价表

小组			姓名			
序号	考核项目	考核内容	配分	自评	互评	师评
1	职业素养	行为符合规范	10			
2		遵守纪律	10			
3		工位整洁、设备清理干净、日常维护正确	10			
4	文明生产	按有关规定安全文明操作	10			
5	技能操作	数控机床开机	20			
6		在伺服调整页面下,观察当前机床各个参数状态	20			
7		设定伺服参数故障并排除	20			
		总计	100			

【任务拓展】

通过学习本任务,理解了进给伺服系统调试与优化的方法。下面讲解华中 HSV-180AD 系列交流伺服模块参数优化设置。

3.3.4 基本增益设置

1. 速度控制

（1）速度比例增益（运动参数 PA—2）设定值：此设定值越大，增益越高，刚度越大。参数数值应根据具体的伺服模块单元型号和负载情况确定。在不发生振荡的条件下，尽量设置较大的值。一般情况下，负载惯量越大，速度比例增益的设定值越大。

（2）速度积分时间常数（运动参数 PA—3）设定值：此设定值越小，积分速度越快。根据给定的条件，应尽量设置较小的值。速度积分时间常数设定的值小，响应速度会提高，但是容易产生振荡。因此，在不发生振荡的条件下，应尽量设置较小的值。速度积分时间常数设定太大时，在负载变动的情况下，速度将变动较大。一般情况下，负载惯量越大，速度积分时间常数的设定值越大。

2. 位置控制

先按上面方法，设置合适的速度比例增益和速度积分时间常数，然后设置位置前馈增益（运动参数 PA—1），此参数值越大，系统的高速响应特性越高，但会使系统的位置不稳定，容易产生振荡。一般设置为 0。位置比例增益（运动参数 PA—0）设定值越大，增益越高，刚度越大，相同频率指令脉冲条件下，位置滞后量越小。参数数值应根据具体的伺服模块单元型号和负载情况确定。在稳定范围内，尽量设置较大的值。位置比例增益设置的太大时，位置指令的跟踪特性好，滞后误差小，但是在定位完成时，容易产生振荡。

如果要求位置跟踪特性特别高时，可以增加位置前馈增益设定值。但如果太大，会引起超调和振荡。位置比例增益的设定值可以参考表 3.3.9。

表 3.3.9　位置比例增益参考值

刚度	位置比例增益
低刚度	500～1 000
中刚度	1 000～2 000
高刚度	2 000～3 000

3.3.5 单元电子齿轮设置

在位置控制方式下，通过位置指令脉冲分频分子（运动参数 PA—13）和位置指令脉冲分频分母（运动参数 PA—14），可以方便地与控制器相匹配，以达到用户理想的位置控制分辨率。

位置分辨率（一个脉冲行程 Δl）决定于伺服电动机每转行程 ΔS 与编码器每转反馈脉冲 P_t，可以用下式表示：

$$\Delta l = \frac{\Delta S}{P_t}$$

式中，Δl——一个脉冲行程/mm；
　　　ΔS——伺服电动机每转行程/(mm/转)；
　　　P_t——编码器每转反馈脉冲数/(脉冲/转)。

P_t 值。

① 增量式光电编码器 $P_t = 4C$，C 为编码器线数。

② EQN1325 绝对式编码器的 $P_t = 131\,072$。

指令脉冲要乘上电子齿轮比 G 后才转化为位置控制脉冲，所以一个指令脉冲行程 Δl^* 表示为：

$$\Delta l^* = \frac{\Delta S}{P_t} \times G$$

式中，$G = \dfrac{\text{位置指令脉冲分频分子}}{\text{位置指令脉冲分频分母}}$。

3.3.6 启停特性调整

伺服系统启停特性即加减速时间，由负载惯量及启动、停止频率决定，也受伺服模块单元和伺服电动机性能的限制。频繁的启停、过短的加减速时间、负载惯量太大会导致驱动单元和电动机过热、主电路过电压等报警，必须根据实际情况进行调整。

1. 负载惯量与启停频率

用于启动、停止频率高的场合，要事先确认是否在允许的频率范围内。允许的频率范围随电动机种类、容量、负载惯量、电动机转速的不同而不同。在负载惯量为 m 倍电动机惯量的条件下，伺服电动机所允许的启停频率及推荐加减速时间（运动参数 PA—6 及 PA—38）见表 3.3.10（仅在速度运行模式下）。

表 3.3.10　负载惯量倍数与允许的启停频率

负载惯量倍数	允许的启停频率
$m \leq 3$	>100 次/min：加减速时间 100 ms 或更少
$m \leq 5$	50~100 次/min：加减速时间 200 ms 或更少

2. 伺服电动机的影响

不同型号伺服电动机所允许的启停频率及加减时间随负载条件、运行时间、占载率和环境温度等因素而不同，请参考电动机说明书、根据具体情况进行调整，避免因过热而报警或影响使用寿命。

3. 调整方法

一般负载惯量应在电动机转子惯量 5 倍以内，在大负载惯量下使用，可能发生减速时主电路过电压或制动异常的情况，这时可以采用下面方法处理：

增大加减速时间常数（运动参数 PA—6 及 PA—38），可以先设得大一点，再逐步降低至合适值（只在驱动单元工作的速度控制方式下有效）。

减小最大力矩输出设置值（运动参数 PA—5），降低电流限制值。降低电动机最高速度限制(运动参数 PA—17)。

安装外加的再生制动装置。更换功率、惯量大一点的电动机(注意与驱动单元相匹配)。

【任务自测】

一、单选题

1. 下列哪个参数为每个轴的到位宽度_____。
A. 1 824　　　　B. 1 826　　　　C. 1 834　　　　D. 1 836

2. _____,设置值与负载惯性有关。
A. 积分增益　　B. 速度增益　　C. 比例增益　　D. 滤波器

3. 参数 1610#0,切削进给或切削进给时_____加/减速方式。
A. 空运行　　　B. 试运行　　　C. 单段运行　　D. 连续运行

二、判断题

1. 控制伺服电动机的功能为数字伺服控制卡功能。(　　)
2. JA41 接口为高速跳转、模拟输出用功能接口。(　　)

三、简答题

1. 请解释参数 1825 的功能。
2. 伺服系统的调整原则是什么?

任务 3.4　伺服位置检测器

【任务导入】

位置检测装置是数控机床闭环进给伺服系统的重要组成部分,其作用是在线实时检测执行部件的直线位移或角位移,并发送位移反馈信号,以构成闭环位置控制,其位置控制原理如图 3.4.1 所示。

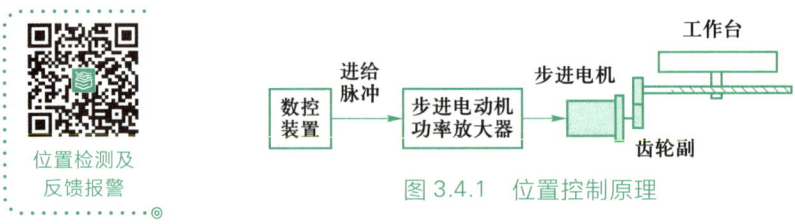

图 3.4.1　位置控制原理

【任务目标】

1. 知识目标

(1) 学习位置检测器原理。

(2) 学习内置编码器与伺服模块的连接。

(3) 了解光栅尺的结构和工作原理。

2. 能力目标

(1) 能够判断伺服编码器的常见报警原因。

(2) 能够排除光栅尺故障。

3. 素养目标

(1) 能够团队协助,具备进行伺服位置检测器诊断的能力。

(2) 养成安全生产意识,具备阅读技术资料并进行分析的能力。

(3) 树立精益求精、踏实严谨的工匠精神。

【任务分析】

数控机床能够实现高精度的零件加工,其最主要的原因是通过位置检测装置对移动部件的实际位置进行精准反馈。因此,进行位置检测装置的学习很有必要。如图 3.4.2 所示为分离型位置检测器。

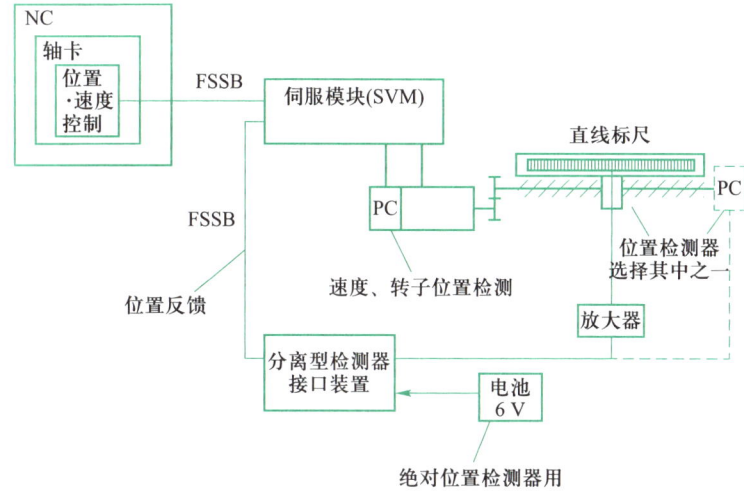

图 3.4.2 分离型位置检测器

【知识衔接】

3.4.1 位置检测器

位置检测器的主要作用是采集机床机械移动的位置信息和速度信息,并将这些信息反馈至数控系统控制器的轴卡中进行控制,其种类根据反馈形式和对位置的记忆功能有所不同。按安装的位置不同可分为内置编码器和外置编码器,本任务主要讲解内置编码器。

1. 内置编码器

内置编码器是一种旋转式的角位移检测元件,通常装在被检测的轴上。FANUC 内置编码器的内部器件与外形如图 3.4.3 所示。根据内部结构和检测方式的不同,编码器可以分为接触式、光电式和电磁式 3 种。光电式的精度与可靠性都优于其他两种,因此在数控机床中的应用较为广泛。

伺服位置检测装置

图 3.4.3　FANUC 内置编码器的内部器件与外形

内置编码器是用来检测伺服电动机旋转精度的检测仪器,安装在电动机后方,包括了位置检测、速度检测和磁极位置检测。由于其安装在伺服电动机上,处于进给传动系统的中间,它检测不到由于丝杠的螺距误差和齿轮间隙引起的运动误差,属于半闭环控制,但可对这类误差进行补偿,因而仍可获得满意的精度,如图 3.4.4 所示。

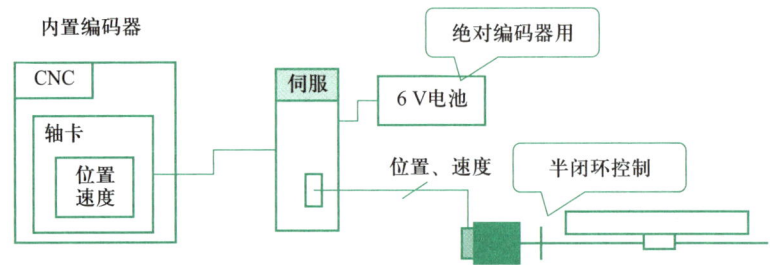

图 3.4.4　内置编码器及半闭环控制

如图 3.4.5 所示为光电式编码器的工作原理。光电式编码器由光学系统、码盘、检测光栅、光电转换电路等组成;当码盘随着工作轴一起转动时,在光源的照射下,透过码盘和检测光栅就会产生忽明忽暗的光信号,该光信号由光电检测器件读取后,由光敏元件转换成电信号,通过转换电路的整形、放大、分频和计数后输出。光电式编码器利用光电转换原理通常输出 3 组方波脉冲 A、B 和 Z 相。

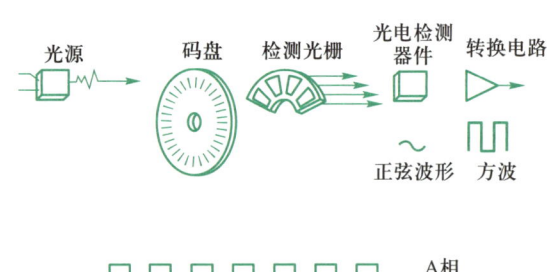

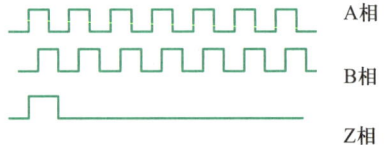

图 3.4.5　光电式编码器的工作原理

2. 接近开关

接近开关又称无触点行程开关,当有物体移向接近开关并到一定距离时,接近开关就能动作,其主要作用是完成位置检测,如图 3.4.6 所示。

图 3.4.6　接近开关

(1) 电感式接近开关:由 LC 振荡电路、信号触发器和开关放大器组成。LC 振荡电路的线圈产生高频变磁场,该磁场经由传感器的感应面释放。当金属材料靠近感应面时,如果是非磁性金属,则产生旋涡电流;如果是磁性金属,会产生滞后现象及涡流损耗,这些损失使 LC 振荡电路能量减少从而降低振荡,当信号触发器检测到减少现象时,便会把它转换成开关信号。

(2) 电容式接近开关:这种开关通常是在其内部构成电容器的一个极板,而另一个极板是开关的外壳。这个外壳在测量过程中通常是接地或与设备的机壳相连接。当有物体移向接近开关时,不论它是否为导体,由于它的接近,总要使电容的介电常数发生变化,从而使电容量发生变化,使得和测量头相连的电路状态也随之发生变化,由此便可控制开关的接通或断开。这种接近开关检测的对象,不限于导体,也可以是绝缘的液体或粉状物等。

(3) 光电式接近开关:光电开关是光电式接近开关的简称,它是利用被检测物对光束的遮挡或反射,由同步回路接通电路,从而检测物体的有无。物体不限于金属,所有能反射光线(或者对光线有遮挡作用)的物体均可以被检测。光电开关将输入电流在发射器上转换为光信号射出,接收器再根据接收到的光线强弱或有无对目标物体进行探测。安防系统中常见的光电开关烟雾报警器,在工业中经常用它来累计机械臂的运动次数。

(4) 霍尔接近开关:当一块通有电流的金属或半导体薄片垂直地放在磁场中时,薄片的两端就会产生电位差,这种现象就称为霍尔效应。两端具有的电位差值称为霍尔电势 U,其表达式为 $U=K \cdot I \cdot B/d$,其中 K 为霍尔系数,I 为薄片中通过的电流,B 为外加磁场(洛伦兹力)的磁感应强度,d 是薄片的厚度。

3. 光栅尺

光栅尺也称为直线尺,是一种高精度的直线位移传感器。光栅尺通常由标尺光栅(主光栅)和光栅读数头(指示光栅)两部分构成,长的是标尺光栅(主光栅),安装在数控机床的固定部件上,与行程等长;短的是光栅读数头(指示光栅),安装在数控机床的移动部件上,如图 3.4.7 所示。

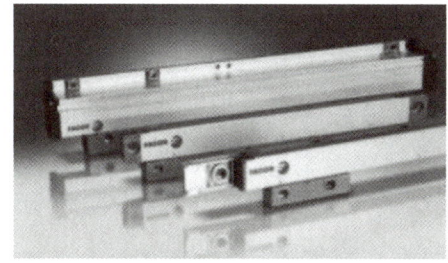

图 3.4.7　光栅尺

3.4.2 内置编码器与放大器的连接

以 FANUC αi-B 为例,分析内置编码器与伺服模块的硬件连接,如图 3.4.8 所示。其中,JF1、JF2、JF3 为电动机反馈线接口,CX5X 为驱动器内置电池接口(+6 V)。

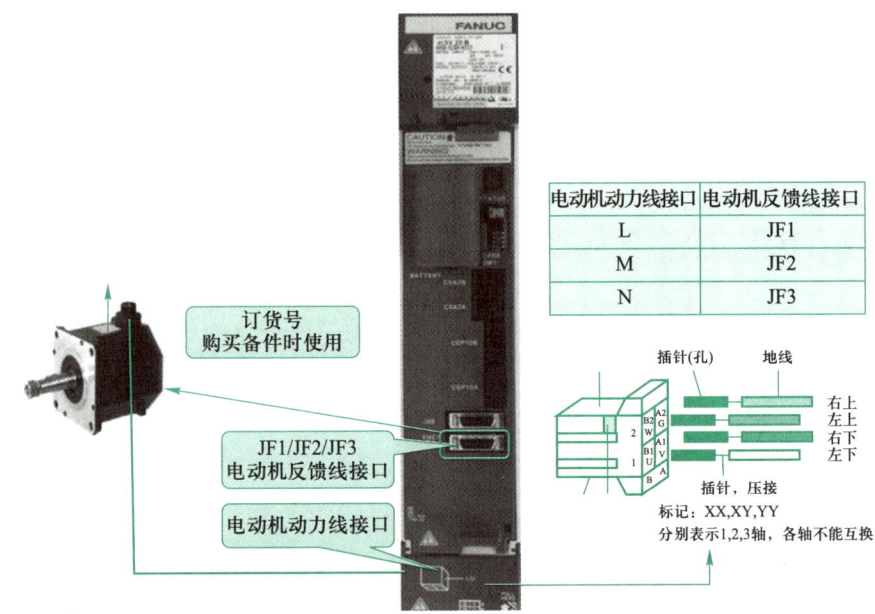

图 3.4.8 内置编码器与伺服模块的硬件连接

对于不同型号电动机,JF、JF2、JF3 与内置编码器传输的信号也不同,主要分为两大类:
第一类是 αiF、αiS 系列伺服电动机、βiS 系列伺服电动机(βiS 0.4/5000～βiS 22/2000),如图 3.4.9(a)所示。
第二类是 βiS 系列伺服电动机(βiS 0.2/5000、βiS 0.3/5000),如图 3.4.9(b)所示。

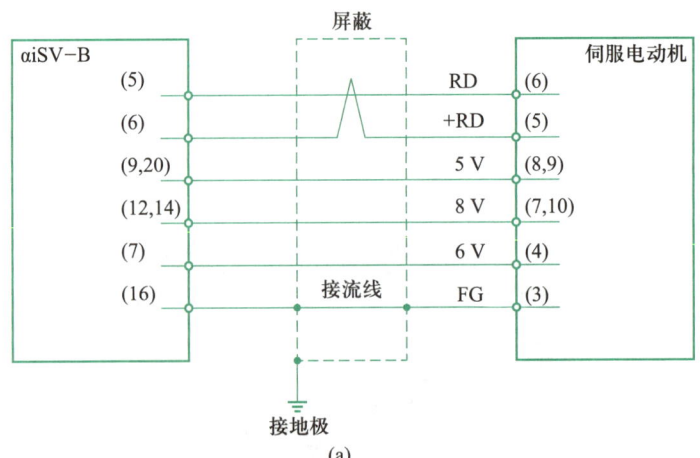

(a)

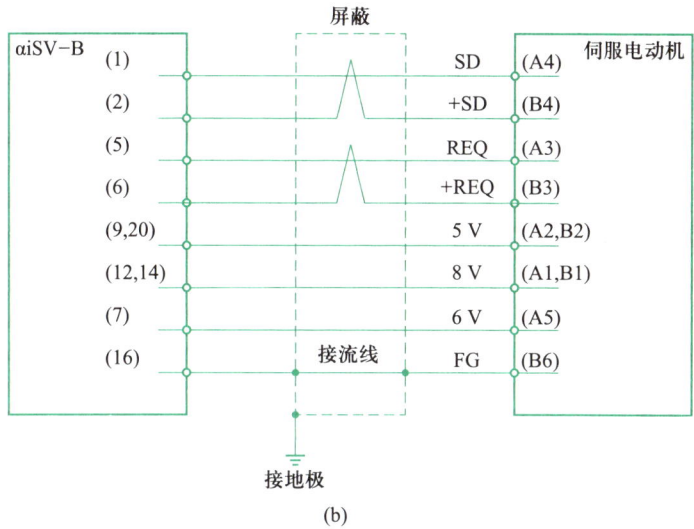

(b)

图 3.4.9　电动机反馈线接口连线

【任务实施】

数控机床检测反馈装置认识:

(1) 内置编码器认知:查找半闭环机床的位置检测元件,画出连接线路图。

(2) 接近开关认知:查找数控车床立式四工位电动刀架的到位检测元件,画出连接线路图。

(3) 光栅尺认识:查找全闭环机床的直线检测光栅尺,画出连接线路图,数控机床检测反馈装置认知记录表见表 3.4.1。

表 3.4.1　数控机床检测反馈装置认知记录表

检测元件名称	位置作用	连接线路图

【任务评价】

根据本任务完成情况填写任务评价表。

任务评价表

小组				姓名			
序号	考核项目	考核内容		配分	自评	互评	师评
1	职业素养	行为符合规范		10			
2		遵守纪律		10			
3		工位整洁,设备清理干净,日常维护正确		10			

续表

序号	考核项目	考核内容	配分	自评	互评	师评
4	文明生产	按有关规定安全文明操作	10			
5	技能操作	光栅尺认识	20			
6		编码器认知	20			
7		接近开关认知	20			
		总计	100			

【任务拓展】

主轴位置检测装置类型

通过学习本任务,理解了伺服位置检测器的功能,下面讲解智能传感器基本知识。

智能传感器是具有信息处理功能的传感器,它带有微处理器,具有采集、处理、交换信息的能力,是传感器集成化与微处理器相结合的产物。智能制造把智能传感器引入工业生产中,利用它独有的数据采集优势打造高度自动化的生产模式。

1. 传感器

传感器是智能传感器的基础单元,它的作用主要是感受和测量被测量物,将采集量按一定规律转换成有用输出,即将非电量转换为电量。传感器的组成原理如图 3.4.10 所示。

图 3.4.10 传感器的组成原理

其中,敏感元件是传感器的重要组成部分,其作用是感受物理世界的信息(非电量)并将其转变为电信息(电量),完成非电量的预变换。

变换器是将感受到的非电量变换为电量的器件。例如电阻变换器和电感变换器,可将位移量直接变换为电容值、电阻值及电感值。变换器也是传感器不可缺少的重要组成部分。

在具体实现非电量到电量的变换时,并非所有的非电量都能利用现有的手段直接变换为电量,有些必须进行预变换,将待测的非电量变为易于转换成电量的另一种非电量。

2. 智能传感器的结构

智能传感器中的微处理器可以对传感器的测量数据进行计算、存储和处理,也可以通过反馈回路对传感器进行调节。不仅如此,微处理器还可以使智能传感器具有双向通信功能,能通过工业以太网接口或无线接口,将测量的数据上传至传感器网络或现场工业网络中,从而实现数据的远端监控和校准等功能。

3. 智能传感器的特点

智能传感器与传统传感器相比较具有如下特点:

(1) 自动补偿能力:通过微处理器的软件计算,对传感器的非线性、温度漂移、时间漂移和响应时间等方面的不足进行自动补偿。

(2) 在线校准:操作者输入零值或某一标准量值后,自动校准软件可以对传感器进行在线校准。

(3) 自诊断:接通电源后,可对传感器进行自检,检查传感器各部分是否正常,并可诊断是否存在发生故障的部件。

(4) 数值处理:可以利用内部程序自动处理数据,如进行统计处理、剔除异常值等。

(5) 双向通信:微处理器与传统传感器之间构成闭环,微处理器不但接收、处理传感器的数据,还可将信息反馈至传感器,对测量过程进行调节和控制。

(6) 信息存储和记忆:存储传感器的特征数据和组态信息。

(7) 数字量输出:输出数字通信信号,可方便地和计算机或现场线路相连。

4. 智能传感器的实现

智能传感器的实现方式包括:

(1) 非集成化实现,是将传统传感器、信号调理电路以及具有数据总线接口的微处理器组合为一个整体的智能传感器系统。非集成化智能传感器是对传统传感器的二次包装和开发。

(2) 集成化实现,是指借助半导体技术,将传感器部分与信号放大调理电路、接口电路和微处理器单元等制作在一块芯片上,因此又可称为集成智能传感器。

(3) 混合实现,是指根据需要,将系统各个集成化环节,如敏感单元、信号调理电路、微处理器单元和数字总线接口等,以不同的组合方式集成在两块或三块芯片上。混合实现方式的结构如图 3.4.11 所示。

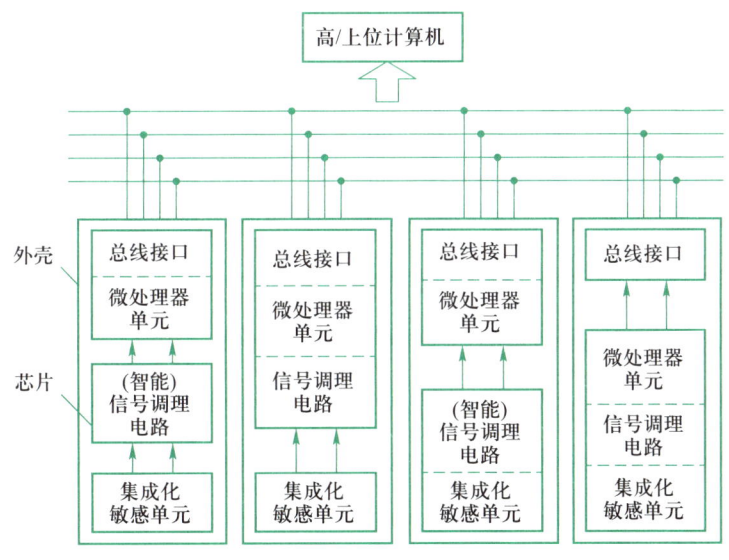

图 3.4.11 混合实现方式的结构

5. 应用

近年来,智能传感器已经广泛应用在航天、航空、国防、科技和工农业生产等各个领域中。特别是高科技的发展使智能传感器备受青睐。例如,智能传感器在智能机器人领域就有着广阔的应用前景,智能传感器如同人的五官,可以使机器人具备各种人类感知功能。

新一代的高级智能传感器将成为工业自动化的心脏。以机器人行业为例,发展机器智能对人机交互技术、机器视觉技术都提出了更高的要求,这些必须依靠传感器技术来实现。传感器技术的革新和进步,势必会为机器人和其他自动化行业带来相应进步。

相对于传统制造业,以智能工厂为代表的未来制造业是一种理想的生产系统,能够智能地得到产品特性、成本、物流管理、安全、时间以及可持续性等要素。将智能传感器应用于智能生产线和工业机器人,并将其采集到的实时生产数据、生产设备状态等上传至智能制造系统,可以有效监控生产线正常运作,减少人工干预,提高生产效率。作为现代信息技术重要支柱之一的智能传感器技术,必将成为工业领域在高新技术发展方面争夺的一个制高点。

【任务自测】

一、单选题

1. 如果采用绝对位置编码器,需要设置_____参数。
   A. 1005#1 = 0　　　　　　　　　　B. 1005#1 = 1
   C. 1815#5 = 0　　　　　　　　　　D. 1815#5 = 1

2. 下面报警号有可能是内置编码器故障的是_____。
   A. SV410　　　　　　　　　　　　B. SV384
   C. SV361　　　　　　　　　　　　D. SV1067

3. 传感器的输出量通常为_____。
   A. 非电量信号　　　　　　　　　　B. 电量信号
   C. 位移信号　　　　　　　　　　　D. 光信号

二、判断题

1. 光栅尺也称为直线尺,是一种高精度的直线位移传感器。(　　)
2. 内置编码器是一种旋转式的角位移检测元件,通常装在被检测的轴上。(　　)

三、简答题

1. 简述霍尔接近开关的功能。
2. 简述光电式编码器的工作原理。

任务 3.5　参考点的建立与调整

【任务导入】

本任务通过对数控机床参考点的分类,以及参考点类型认知的学习,了解不同参考点的特点,在生产场景中可以结合数控机床种类,识别参考点的类型,完成参考点的建立与调整及常见故障诊断。如图 3.5.1 所示为数控机床参考点图。

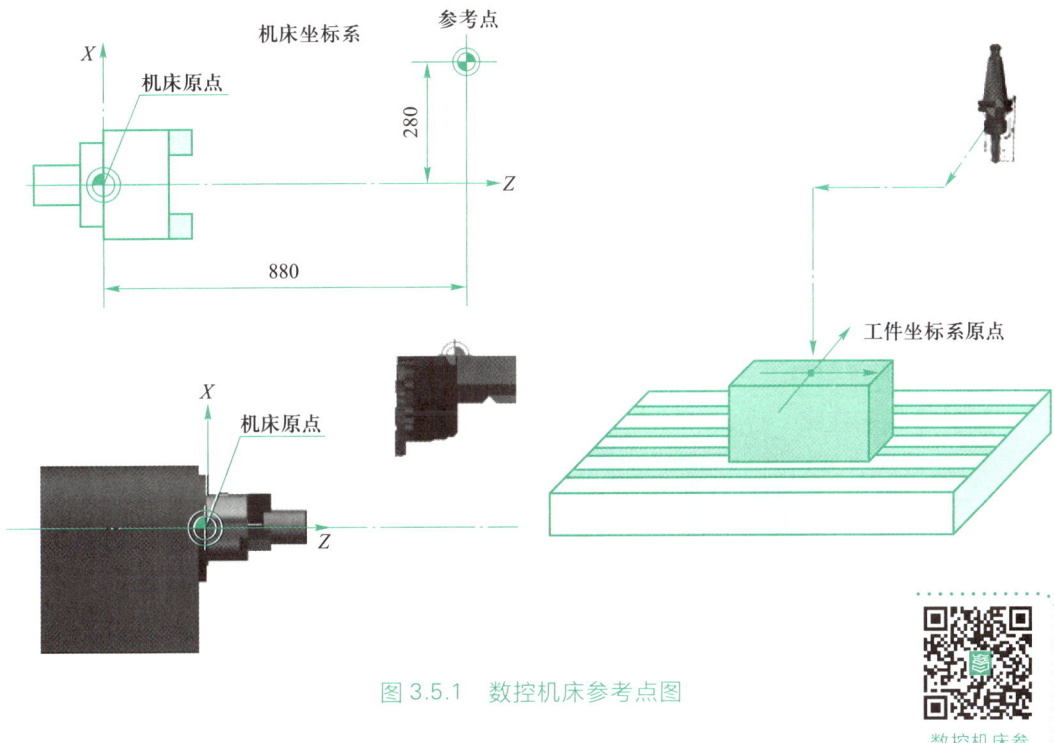

图 3.5.1　数控机床参考点图

【任务目标】

1. 知识目标

（1）学习数控机床参考点的种类及特点。

（2）学习数控参考点的建立、调整的方法。

2. 能力目标

（1）能进行数控机床参考点的分类。

（2）能进行数控机床参考点的建立、调整。

3. 素养目标

（1）通过学习数控机床参考点的建立，培养逻辑和创新思维的能力。

（2）通过对数控机床参考点的调整，提高迁移学习的能力。

【任务分析】

增量式编码器回参考点（又称为回零）在传统的数控机床上使用最为普遍，但故障率比较高，维修中遇到的主要问题有回参考点时不减速，直至超程；有减速但找不到参考点（零点），出现90#报警；回零位置偶尔差一个螺距等。本任务将结合案例讨论典型故障现象及解决方案。

所谓绝对回参考点，就是采用绝对式编码器建立机床参考点，并且一旦参考点建立，无须每次上电回参考点，即使系统关断电源，断电后的机床位置偏移（绝对式编码器转角）也会通过伺服模块上的电池供电，来支持保存电动机编码器 SRAM 中的数据。

更换电动机或伺服模块后,由于将反馈线与电动机航空插头脱开,或电动机反馈线与伺服模块脱开,必将导致编码器电路与电池断开,SRAM 中的位置信息即刻丢失。再开机后会出现 300#报警,需要重新建立参考点。如图 3.5.2 所示为立式加工中心 Z 轴参考点示意图。

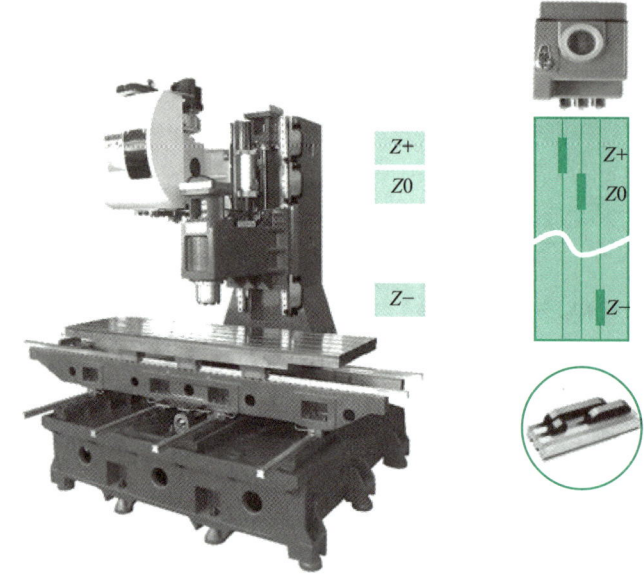

图 3.5.2　立式加工中心 Z 轴参考点示意图

【知识衔接】

3.5.1　数控机床参考点的认知

1. 建立参考点的目的

在数控机床上进行零件的自动加工,必须建立机床坐标系,需要有专门的定位基准,这一定位基准就是参考点。数控机床搜索各进给轴原点的过程称为机床回参考点。FANUC 数控机床的回参考点既可手动操作,也可用回零指令 G28 进行。一般在维护调试过程中,为了安全起见,采用手动方式回参考点。

2. 回参考点的方式

数控机床回参考点的方式有两种,使用磁感应开关的磁开关法或使用内置编码器的栅格法。由于磁感应开关会发生定位偏移现象,因此很少使用,多数机床采用的是栅格法回参考点。栅格法是基于编码器的 1 转信号的电气晶格(栅格)来确定参考点的,栅格的长度就是编码器 1 转所对应的机床位移。

由于编码器分为增量式和绝对式两类,所以就有不同的回参考点操作方式。采用增量式编码器回参考点时,一般采用减速挡块作为机床参考点位置,每次系统开机后,机床必须回参考点重新记忆参考点位置。采用绝对式编码器回参考点时,由于编码器电池的存在,一般不采用减速挡块作为参考点位置,因此数控机床只需在第一次开机调试时进行回参考点操作,数控系统就会记录参考点位置,不必每次开机都执行回参考点操作,参考点设定方式见表 3.5.1。

表 3.5.1　参考点设定方式

回参考点方法	减速挡块	增量式编码器	绝对式编码器	绝对光栅尺
有挡块回参考点	必须	建议采用	可以采用	可以采用
无挡块回参考点	不需要	不能使用	必须采用	不推荐使用

3.5.2　数控机床回参考点的参数及信号

1. 回参考点相关的参数

FANUC 0i 数控系统回参考点的相关参数见表 3.5.2。

表 3.5.2　FANUC 0i 数控系统回参考点的相关参数

参数号	代号	意义	说明
0002#7	SJZ	若参数 1005#3 被设定为有效的轴,手动回参考点	0:若参考点尚未建立,则借助减速挡块执行回参考点操作;若参考点已经建立,则以参数中设定的速度定位到参考点 1:始终借助减速挡块执行回参考点操作
1002#0	JAX	手动回参考点同时控制的轴数	0:1 轴 1:3 轴
1002#3	AZR	参考点尚未建立时将执行 G28 指令	0:执行与手动回参考点相同的,借助减速挡块的参考点返回操作 1:发出报警(PS304)
1005#0	ZRNx	使用参考点功能,未返回参考点自动运行	0:发出报警(PS224)"请返回参考点"的移动指令 1:不发出报警,直接运行
1005#1	DLZx	无挡块参考点设定功能	0:无效 1:有效
1005#3	HJZx	如果已经建立参考点,则手动回参考点	0:借助减速挡块执行回参考点操作 1:通过参数 2#7 进行选择,可以无须减速挡块,以快进方式定位至参考点或者借助减速挡块执行回参考点操作
1006#5	ZMIx	手动回参考点的方向	0:正方向 1:负方向

续表

参数号	代号	意义	说明
1008#4	SFDx	在执行基于栅格方式的回参考点操作时,参考点位移功能	0:无效 1:有效
1401#0	RPD	通电后回参考点操作完成之前,设定手动快速进给	0:无效(称为JOG进给) 1:有效
1425		每个轴的手动回参考点的FL速度	
1428		每个轴的回参考点速度	0:不使用 1:使用
1815#1	OPTx	是否使用分离式位置检测器	
1815#4	APZx	使用绝对式编码器作为位置检测器时,机械位置与绝对位置检测器之间的位置对应关系	0:尚未建立 1:已经建立
1815#5	APCx	位置检测器	0:绝对脉冲编码器以外的检测器 1:绝对脉冲编码器
1821		各轴的参考计数器容量	
1850		各轴的栅格偏移量/参考点偏移量	
3003#5	DEC	用于回参考点操作的减速信号	0:在信号为"0"下减速 1:在信号为"1"下减速
3006#0	GDC	回参考点用减速信号DEC	0:使用(X0009)信号 1:使用(G196)信号

2. 回参考点相关的信号

FANUC 0i 数控系统回参考点的相关信号见表 3.5.3。

表 3.5.3 FANUC 0i 数控系统回参考点的相关信号

地址	代号	意义	说明
G43.7	ZRN	手动回参考点工作方式	激活系统回参考点工作方式
G100.3-G100.0	+Jn	回参考点的正向运动方向	
G102.3-G102.0	-Jn	回参考点的负向运动方向	
X9.3-X9.0	*DEC	回参考点的减速信号	

续表

地址	代号	意义	说明
F4.5	MREF	手动回参考点方式生效	当回零工作方式生效后，F4.5自动变成1
F94.3—F94.0	ZPn	回参考点完成信号	轴每次完成回参考点操作，定位到参考点时自动变成1
F120.3—F120.0	ZRFn	参考点建立信号	建立参考点后自动变成1

3.5.3 数控机床回参考点的建立与调整

1. 有挡块回参考点方式

（1）工作原理：有挡块回参考点工作方式通常应用于配有增量式编码器的进给伺服系统中，减速开关安装在床身上的某一固定点上，挡块安装在工作台上，通过工作台运动带动挡块碰压减速开关来确定参考点的位置，其工作原理如图3.5.3所示。

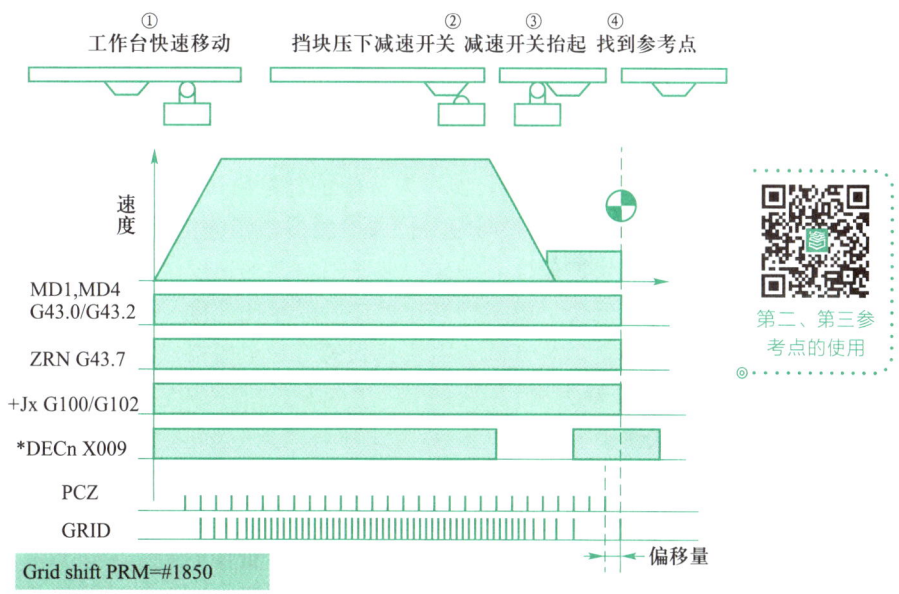

图 3.5.3 有挡块回参考点工作原理

① 将机床工作方式调整为回参考点方式，选择需要回参考点的轴，并按下方向键，该轴以高速移向参考点。

② 机床触碰到减速挡块之前，轴先快速运动回参考点，触碰到减速挡块之后，轴降低到回参考点 FL 速度。

③ 机床脱开减速挡块后，寻找编码器的第一个栅格信号，当该栅格信号出现后，机床停止运动，停止位置和第一个栅格信号位置相距的栅格偏离量由参数 1850 决定。

④ 当机床回到参考点以后，参考点返回信号 ZPn 变成高电平，表明该轴回参考点成功。

当所有轴都回到参考点位置,回参考点过程结束。

(2) 相关参数。

① P1005#1=0:采用有挡块回参考点方式。

② P1006#5:确定参考点搜索方向。0 表示向正向搜索,1 表示向负向搜索。

③ P3003#5:减速开关的有效状态。0 表示触碰减速开关时信号由 1 变成 0,1 表示触碰减速开关时信号由 0 变成 1。

④ P1424:回参考点快速速度。触碰到减速挡块前的速度。

⑤ P1425:回参考点低速。触碰到减速挡块后降至此速度。

⑥ P1850:栅格偏移量。脱开减速挡块找到的第一个栅格点,伺服轴的偏移量。

(3) 建立步骤。

① 设定挡块式回参考点相关参数。

② 若工作台已经触碰减速挡块,则手动移动工作台远离挡块一段距离,选择回参考点方式,按下回参考点轴选项及方向键,工作台以 P1424 设定的回参考点快速速度靠近挡块。

2. 无挡块回参考点方式

(1) 工作原理:无挡块回参考点方式通常应用于配有绝对式编码器的进给伺服系统中,是将绝对式编码器的 1 转信号的电气栅格位置作为机床参考点。因此,无须设置减速挡块作为参考点,可将机床的任意位置作为机床的参考点进行设定。

(2) 相关参数。

① P1005#1=0:采用有挡块回参考点方式。

② P1006#5:确定参考点搜索方向。0 表示向正向搜索,1 表示向负向搜索。

③ P1815#5=1:采用绝对式编码器作为机床位置检测器。

④ P1815#4=1:机床机械位置与绝对位置检测器之间的位置对应关系已经建立。

⑤ P1424:回参考点快速速度。触碰到减速挡块前的速度。

⑥ P1425:回参考点低速。触碰到减速挡块后降至此速度。

⑦ P1850:栅格偏移量。脱开减速挡块找到的第一个栅格点,伺服轴的偏移量。

(3) 建立步骤(以 X 轴为例)。

① 设定无挡块式回参考点相关参数(除 P1815#4)。

② 手动移动 X 轴,使电动机旋转 1 圈以上,系统记录栅格 1 转信号,断电重启。

③ 开机,手动移动 X 轴,使坐标轴移动到目标参考点位置。

④ 设定 P1815#4=1,重启后,参考点建立,同时 F120.0 为 1。

⑤ 手动移动 X 轴远离设定的参考点,执行手动回参考点,验证参考点是否设定成功。

(4) 调整方式。

① 改变参数 1850 的值,可以使参考点在一个螺距范围内进行偏移。

② 重新按照上述方式调整机床参考点,可以使参考点在整个机床行程内进行设置。

3.5.4 数控机床参考点的报警及排查

1. 机床回参考点时发生位置偏移

(1) 故障现象:机床在有挡块回参考点时,回参考点位置不准,偶尔会偏差一个螺距。

（2）故障原因：参考点用的接近开关位置不当，机床脱离接近开关的位置在编码器栅格点附近时，由于不能保证减速挡块弹起的速度恒定，如果脱离挡块的位置在栅格点前，则正常回参考点。若脱离挡块位置在栅格点后，机床必须搜到下一个栅格点才能停止，导致相差一个螺距。

（3）故障处理：重新调整挡块安装位置。

2. APC 报警，须回参考点

参考点报警与故障排查

（1）故障现象：FANUC 数控机床在开机后显示 DS0300 报警，表示 X 轴须回参考点；DS0306 报警，表示电池电压低。

（2）故障原因：APC 报警和机床参考点有关。通常情况下，DS0300 报警是由于机床的实际位置和编码器的栅格位置没有建立起联系而产生，编码器电池已经下降到无法保存数据的低水平。DS0306 报警是由于绝对式编码器电池电压降低，这两个报警一般都是成对出现。

（3）故障处理。

① 开机一段时间后，重新建立参考点，然后多次开关机后报警消失。这是由于机床长期不用导致编码器电池电量低，机床运行一段时间，可以为电池充电。

② 更换编码器电池。若机床每次开机都出现该报警，则表示编码器电池损耗严重，需要更换电池，并建立参考点。

③ 若更换编码器电池后，机床仍然发生报警，则故障原因不是编码器电池造成，需要检查编码器反馈线以及编码器质量。

④ 若编码器反馈线和编码器均完好无损，则有可能是伺服模块故障，需要更换伺服模块。

【任务实施】

采用无挡块回参考点方式建立机床参考点。

（1）置 PRM 1815#4 = 0。（前提条件 1815#5 = 1，采用绝对位置编码器）设定说明，见表 3.5.4。

表 3.5.4　1815#设定说明

参数	#7	#6	#5	#4	#3	#2	#1	#0
1815			APCx	APZx			OPTx	

APCx 位置检测器为：0 表示非绝对位置编码器；1 表示绝对位置编码器。

（2）用手动操作使轴移动电动机转 1 转以上的距离，在该位置先切断、再接上 CNC 电源。（对绝对位置检测器，第 1 次供电时必须进行这一操作）。此时的进给速度和移动方向不受限制，使伺服电动机转 1 转以上，是为了在脉冲编码器内检测到 1 转信号。

（3）用手动操作将轴移动到靠近参考点（约数毫米前）的位置。

（4）选择"ZERO RETURN"方式。

（5）按进给轴方向选择信号"+"或"-"按钮后，向下 1 个 GRID 位置移动，当找到栅格位置后，系统回参考点完成，轴移动停止，该位置即作为参考点。

需要说明的是绝对位置零点建立时,寻找到的栅格是电气栅格,即在编码器的物理栅格基础上通过1850#参数偏置后的栅格。

【任务评价】

根据本任务完成情况填写任务评价表。

任务评价表

小组			姓名			
序号	考核项目	考核内容	配分	自评	互评	师评
1	职业素养	行为符合规范	5			
2		遵守纪律	5			
3		工位整洁,设备清理干净,日常维护正确	10			
4	文明生产	按有关规定安全文明操作	10			
5	技能操作	置 PRM 1815# b4 = 0	10			
6		手动操作使轴移动电动机转 1 转以上的距离	20			
7		手动操作将轴移动到靠近参考点(约数毫米前)的位置	20			
8		按进给轴方向选择信号"+"或"-"按钮	20			
		总计	100			

【任务拓展】

通过学习本任务,理解了参考点的建立与调整的方法。下面讲解华中 HNC-8 数控系统回参考点设置。

1. 回参考点模式

HNC-8 数控系统的回参考点模式见表 3.5.5。

表 3.5.5　回参考点模式

参数编号	100010	缺省数值	2
参数名称	回参考点模式	访问级别	机床厂
数据类型	INT4	生效方式	保存生效
数值范围	0~5	车/铣生效	车/铣

HNC-8 数控系统回参考点模式分为以下几种:

0:绝对编码。当编码器通电时就可立即得到位置值并提供给数控系统。数控系统电源切断时,机床当前位置不丢失,因此系统无须移动机床轴去找参考点位置,机床可立即运行。

2：+-。从当前位置,按回参考点方向,以回参考点高速移向参考点开关,在压下参考点开关后以回参考点低速反向移动,直到系统检测到第一个 Z 脉冲位置,再按"Parm100013"回参考点后的偏移量设定值继续移动一定距离后,回参考点完成。

3：+-+。从当前位置,按回参考点方向,以回参考点高速移向参考点开关,在压下参考点开关后反向移动离开参考点开关,然后再次反向以回参考点低速搜索 Z 脉冲,直到系统检测到第一个 Z 脉冲位置,再按"Parm100013"回参考点后的偏移量设定值继续移动一定距离后,回参考点完成。

4：距离码回零方式 1。当 CNC 配备带距离编码光栅尺时,机床只需要移动很短的距离即能找到参考点,建立坐标系,当光栅尺反馈与回参考点方向相同时填 4。

5：距离码回零方式 2。当 CNC 配备带距离编码光栅尺时,机床只需要移动很短的距离即能找到参考点,建立坐标系,当光栅尺反馈与回参考点方向相反时填 5。

根据各机床轴所采用的反馈元件类型来决定回参考点方式。在机床开机后,建立坐标系才能自动运行程序。如果某轴使用的是增量式位移测量反馈系统,则该轴必须先回参考点。

2. 回参考点方向

HNC-8 数控系统的回参考点方向见表 3.5.6。

表 3.5.6 回参考点方向

参数编号	100011	默认数值	1
参数名称	回参考点方向	访问级别	机床厂
数据类型	INT4	生效方式	复位生效
数值范围	-1~1	车/铣生效	车/铣

该参数用于设置坐标轴回参考点时的初始移动方向。

1 表示正方向;-1 表示负方向;0 表示不指定回参考点方向(用于距离码回参考点)。

该参数的设置与机床参考点开关的安装位置有关。设置不正确的回参考点方向可能导致回参考点失败。在使用此回参考点方式时,必须将设备参数中轴的工作模式设置为1,即选择增量式编码器类型。由于距离码回参考点的方向由 PLC 控制,当采用距离码回参考点时该参数必须设置为 0。

【任务自测】

一、单选题

1. 以下对数控机床坐标轴参考点理解正确的是_____。
   A. 就是机床坐标系原点　　B. 只是确定机床坐标原点的基准
   C. 就是工件坐标系原点　　D. 参考点减速信号

2. 在选用增量式编码器的机床上优先采用的回参考点方式是_____。
   A. 减速开关回参考点　　B. 无减速开关回参考点
   C. 机械碰撞式回参考点　　D. 绝对零点回参考点

3. 数控编程时，应首先设定_____。
A. 机床原点　　　B. 固定参考点　　　C. 机床坐标系　　　D. 工件坐标系

二、判断题

1. 将机床工作方式调整为回参考点方式，选择所需返回参考点轴，并按下方向键，该轴以回参考点高速移向参考点。（　　）
2. 无挡块回参考点方式通常应用于配有绝对式编码器的进给伺服系统中。（　　）

三、简答题

1. 请解释建立参考点的目的。
2. 简述有挡块回参考点方式的工作原理。

任务 3.6　软限位与硬限位的调整

【任务导入】

数控机床是机械制造装备中的精密机械，为了保障机床的安全运行，通常在机床上设置行程限位，当机床超过行程限位时，就会显示超程报警。在 FANUC 数控系统上，行程限位可以通过设置系统参数或者加装硬件限位开关两种方式来实现，当机床行程限位设置不合适或者设置错误时，会给机床造成巨大的安全隐患。如图 3.6.1 所示为机床的坐标与限位图。

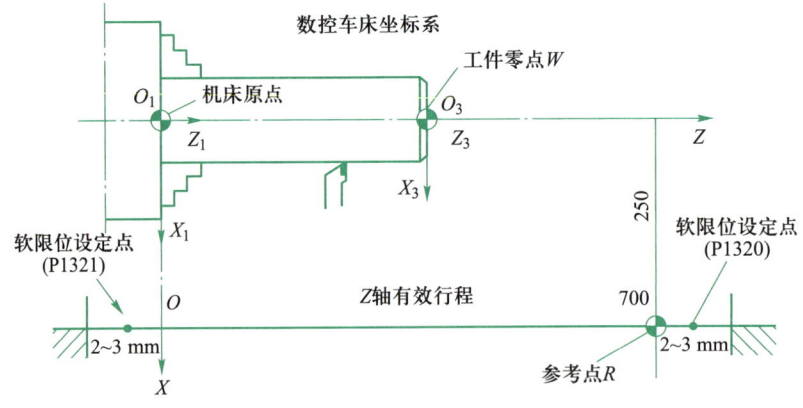

图 3.6.1　机床的坐标与限位图

【任务目标】

1. 知识目标

（1）学习数控机床软限位和硬限位的基本知识。
（2）学习数控机床软硬限位相关参数的意义。

2. 能力目标

（1）了解并掌握软限位和硬限位的调整设置方法。

（2）能够准确对软硬限位报警与故障进行排查。

3. 素养目标

（1）通过对软限位和硬限位的调试，提高团队协作能力。

（2）养成分析问题和解决问题的能力。

【任务分析】

数控机床的限位分为软限位和硬限位。如图 3.6.2 所示为软限位与硬限位示意图。不管是软限位报警或硬限位报警，都是为了保证数控机床的运行安全，数控机床直线轴的两端要进行限位控制，这是数控机床运动轴必备的安全保护措施之一，其主要功能是将数控机床进给运动限制在安全合理的范围内。

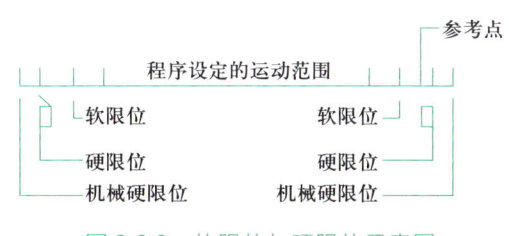

图 3.6.2　软限位与硬限位示意图

【知识衔接】

3.6.1　数控机床行程限位形式

1. 软限位

FANUC 数控系统软限位又称为存储极限检查，限制机床进给轴的移动范围，可用于程序的自动运行保护。当机床在手动或者自动方式运行时，机床位移超过设定的参数范围，机床会发出 OT501/OT502 报警。

通过数控系统 G 信号的控制，可以设置软限位的外侧为移动禁止区，位置可以通过参数进行调整。需要注意的是，输入到机床软限位的值为机床坐标值，并且不同品牌的数控系统，软限位的功能参数也不一致。

2. 硬限位

FANUC 数控系统硬限位可通过硬件控制电路和 PMC 程序实现行程保护功能，通常是在机床的两端加装接触式行程开关或者接近开关。硬限位是机床进给轴运行的最后一道屏障，当机床超过机械限位开关定的行程终点试图继续移动时，为防止撞上机床的机械限位，限位开关启动，机床减速后停止移动，机床会发出 OT506/OT507 报警。如图 3.6.3 所示为机床的硬限位图。

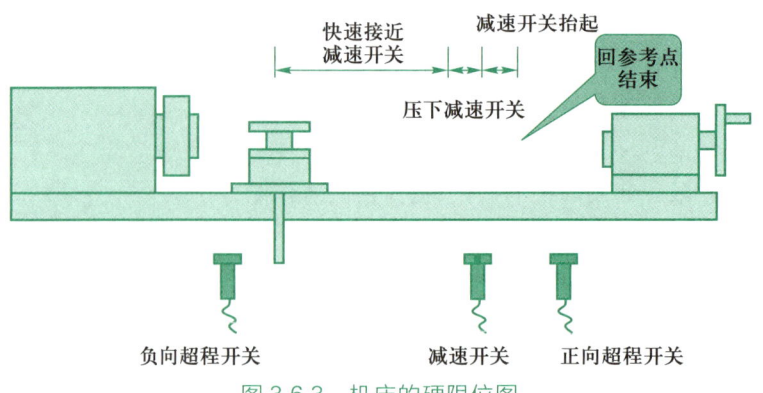

图 3.6.3　机床的硬限位图

3.6.2　软限位和硬限位的关系

软限位和硬限位是为了防止机床超程而设置的,合理地设置有利于机床的使用。在使用时,机床的软限位首先起作用,其次是硬限位。坐标轴上的硬限位和软限位的保护位置设定如图 3.6.2 所示,一般情况下,机床硬限位的行程范围应该以机床软限位范围大 5~10 mm。

3.6.3　数控机床行程限位的调整

1. 软限位的调整

软限位利用机床参数设定进给轴的极限位置。FANUC 数控机床中与存储行程检测相关的参数是 1320 和 1321,其中 1320 为各轴正向存储极限值参数,1321 为各轴负向存储行程极限值参数。若系统正向存储行程极限值设定范围为 0~99 999 999 系统检测单位,则设定为 99 999 999 就表示软件正向超程无效。若系统负向存储行程极限值设定范围为 0~ -99 999 999 系统检测单位,则设定为 -99 999 999 就表示软件负向超程无效。

（1）数控机床的软限位参数见表 3.6.1。

表 3.6.1　数控机床的软限位参数

参数号	代号	意义	说明
1300.1	NAL	出现软件限位时的处理	1：仅输出 +OTn/-OTn 信号 0：CNC 报警
1300.2	LMS	软件限位 1/软件限位 2 的转换	1：有效 0：无效
1320		软件限位 1 设定	软件限位 1 的正向位置
1321		软件限位 1 设定	软件限位 1 的负向位置
1326		软件限位 2 设定	软件限位 2 的正向位置
1327		软件限位 2 设定	软件限位 2 的负向位置

（2）数控系统参数中与软限位有关的信号地址见表3.6.2。

表3.6.2　数控系统参数中与软限位有关的信号地址

参数号	代号	意义	说明
G7.6	EXLM	软件限位1/软件限位2转换控制	0:软件限位1有效 1:软件限位2有效
G7.7	RISOT	软件限位1的保护功能撤销	0:保护功能有效 1:功能无效

（3）调整方法：伺服轴的软限位是以机床参考点为基准，因此数控机床的软限位调整必须在机床回参考点完成后进行，否则将无法完成设定，可按照以下步骤进行软限位调整。

① 将正向及负向限位存储参数1320和1321分别设置为999999和-999999，默认机床限位无效。

② 使用手动或手轮方式移动设定轴，使其靠近机床机械限位位置10~15 mm，将设定轴的机床坐标系位置写入机床正向或负向限位存储参数中。

③ 如机床有硬限位保护功能，可以触发机床硬限位报警，反向移动坐标轴5~10 mm，将报警轴机床坐标系的当前坐标，写入机床正向或负向限位存储参数中。

④ 重复以上动作，设定其他进给轴。设定完成后，移动机床至软限位报警位置，验证软限位是否有效。为了防止意外发生，移动机床过程中，注意观察机械坐标系位置，当超过设定位置机床没有产生报警，则需立即停止，检查原因。

2. 硬限位的调整

FANUC 0i数控系统提供了专门的G信号来实现硬件超程保护，其中G114(#0~#4)是正向超程信号，G116(#0~#4)是负向超程信号，硬超程信号均为低电平有效信号，这些G信号应在一级程序中编写。当然，也有厂家把限位的开关接入急停回路，提供更快的制动响应。

硬限位调整

FANUC 0i数控系统还需要设定参数3004#5，使硬超程信号功能有效。当该参数设定为0时，表示硬超程信号有效；当该参数设定为1时，表示硬超程信号无效，系统不检测硬超程报警。

（1）数控机床的硬限位参数见表3.6.3。

表3.6.3　数控机床的硬限位参数

参数号	代号	意义	说明
3004#5	OTH	硬件限位功能选择	0:有效 1:无效

（2）数控系统参数中与硬限位有关的信号地址见表3.6.4。

（3）调整方法：一般情况下，如机床同时存在硬限位和软限位保护，则硬限位应先于软限位设置。在完成参数设置和PMC编程后，可按照以下步骤进行硬限位调整。

① 机床回参考点。

表 3.6.4 数控系统参数中与硬限位有关的信号地址

参数号	代号	意义	说明
G114.0~G114.3	*+L	各坐标轴独立的正向硬件限位	0:超程 1:正常工作区
G116.0~G116.3	*-L	各坐标轴独立的负向硬件限位	0:超程 1:正常工作区

② 将参数 3004#5 设置为 1,使硬超程信号无效,即所有轴都不使用硬超程信号,避免当机床碰撞到限位挡块后出现报警。

③ 利用手动或者手轮移动限位轴至各轴限位位置附近,先以低速碰撞机械限位挡块,观察伺服运行电流,然后回退一定距离调整硬限位挡块,轻敲硬限位行程挡块位置,在 PMC 信号页面观察超程信号的变化情况,确保机床可以压住行程开关。

④ 修改参数 3004#5,将其设定为 0,使硬限位生效,用手触碰硬限位开关,查看机床是否发出硬超程报警。

⑤ 解除报警后,用手轮或者手动方式移动坐标轴至限位位置,观察机床是否报警,若没有报警,则需调整挡块位置。

3.6.4 数控机床行程限位的故障排查

在数控机床坐标轴的运行过程中,行程限位功能可以有效地预防机床碰撞事故的发生,因此合理的设置非常重要。通常情况下,当机床运行到极限位置时,先触发软限位报警,当软限位设置无效时,才会触发硬限位报警。无论触发哪种报警,坐标轴都会立即停止运动。

当机床发生限位报警时,正确判断报警类型是解除此类报警的关键,此时可以通过数控系统报警信息显示页面进行判断。

1. 软限位报警

当机床移动超过系统存储的行程极限值时会产生软限位报警,其中正向超程时报警信息页面显示 OT500 号报警,负向超程时显示 OT501 号报警。此时可将机床工作方式调整为手动或者手轮方式,使报警轴反向移动脱离报警区域,然后按下系统复位键,多数情况可以解除超程报警。

如果按下反向按钮后,机床不移动,则判断数控系统处于死机状态。可将参数 1320 和参数 1321 分别设定为 999 999 和 -999 999,使软限位超程无效,然后系统关机重新通电后进行回参考点操作,最后将参数 1320 和 1321 改为原始值;如果机床仍然出现报警或者死机状态,则需要清除所有系统参数并恢复。

2. 硬限位报警

当机床移动触碰到行程开关时会产生硬限位报警,其中正向硬限位超程时报警信息页面显示 OT506 号报警信息,负向硬限位超程显示 OT507 号报警信息。此时可将机床工作方式调整为手动或者手轮方式,按住控制面板的超程解除按钮,同时按下超程报警轴的反向按钮开关使机床反方向退出硬件超程范围,然后按下系统的复位键,多数情况都可以解除。如果机床由于速度过快,已经越过机床行程开关,应检查机床机械限位是否完好,在机械限位完好的情况下,首先将硬限位检测有效参数 3005#4 设定为 0,使硬限位检测无效,反向移动进给轴脱离报警区域后,再次设定参数 3005#4 为 1。

3. 行程开关故障

当机床在不移动的情况下发生硬件超程报警时,可以判断机床发生行程开关故障。此时应根据系统报警页面确定是哪个行程开关发生故障,并打开丝杠保护罩,查找故障行程开关,对其进行检修或者更换。

【任务实施】

设定机床的软限位,机床软限位设定记录表见表 3.6.5。

表 3.6.5　机床软限位设定记录表

步骤名称	步骤主要内容	配合的参数

【任务评价】

根据本任务完成情况填写任务评价表。

任务评价表

小组				姓名			
序号	考核项目	考核内容		配分	自评	互评	师评
1	职业素养	行为符合规范		10			
2		遵守纪律		10			
3		工位整洁,设备清理干净,日常维护正确		10			
4	文明生产	按有关规定安全文明操作		10			
5	技能操作	软限位报警		20			
6		硬限位报警		20			
7		行程开关故障		20			
		总计		100			

【任务拓展】

通过学习本任务,理解了软限位与硬限位调整的方法。下面讲解华中 HNC-8 数控系统正负软极限参数设置。

1. 正软极限坐标

正软极限坐标参数见表 3.6.6。

表 3.6.6 正软极限坐标参数

参数编号	100006	默认数值	2 000
参数名称	正软极限坐标	访问级别	车间管理员
数据单位	mm	生效方式	复位生效
数据类型	REAL	车/铣生效	车/铣
数值范围	−21474.0~21474.0		

2. 负软极限坐标

负软极限坐标参数见表 3.6.7。

表 3.6.7 负软极限坐标参数

参数编号	100007	默认数值	−2 000
参数名称	负软极限坐标	访问级别	车间管理员
数据单位	mm	生效方式	复位生效
数据类型	REAL	车/铣生效	车/铣
数值范围	−21 474.0~21 474.0		

CNC 软件规定的正软极限位置,如图 3.6.4 所示,移动轴或旋转轴移动范围不能超过此极限值。

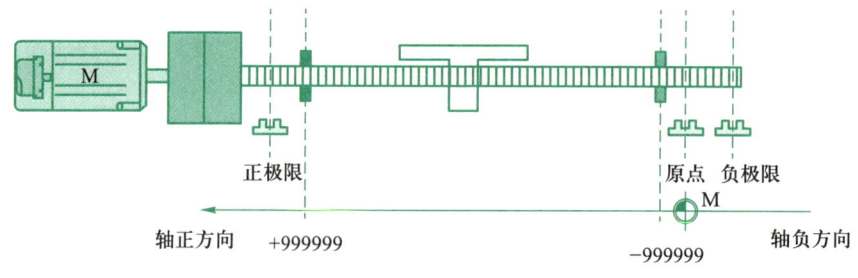

图 3.6.4 正负软极限位置

只有在机床回参考点后,此参数才有效。根据机床机械行程大小和加工工件大小设置适当的参数值。如设置过小,可能导致加工过程中多次软限位报警。

当 G((80×逻辑轴号)+1) 的第 3 位为 1 时,此正软极限坐标不生效,第 2 位正软极限坐标生效。

【任务自测】

一、单选题

1. 数控机床软限位超程报警号为_____。
   A. OT506/OT507　　　　　　　　B. OT505/OT506
   C. OT500/OT501　　　　　　　　D. OT501/OT503
2. 数控机床硬限位超程报警号为_____。
   A. OT506/OT507　　　　　　　　B. OT505/OT506
   C. OT500/OT501　　　　　　　　D. OT501/OT503
3. 以下 CNC 参数中属于非轴型参数的是_____。
   A. 参考点参数　　　　　　　　　B. 软件限位参数
   C. 进给速度参数　　　　　　　　D. I/O 接口参数
4. 以下对坐标轴行程保护设定理解正确的是_____。
   A. 硬限位应位于软限位之前　　　B. 硬限位应位于软限位之后
   C. 硬限位应位于超程急停之前　　D. 硬限位应位于超程急停之后
5. 如何将数控机床坐标轴行程范围设置足够大,大于硬限位开关位置_____。
   A. 参数 1320 设置为 1,参数 1321 设置为 -1
   B. 参数 1320 设置为 -1,参数 1321 设置为 1
   C. 参数 1320 设置为 999 999,参数 1321 设置为 -999 999
   D. 参数 1320 设置为 -999 999,参数 1321 设置为 999 999

二、判断题

1. 软限位是利用机床参数设定进给轴的极限位置。(　　)
2. FANUC 0i 数控系统提供了专门的 G 信号来实现硬件超程保护。(　　)

三、简答题

1. 简述硬限位的调整方法。
2. 简述硬限位报警排除方法。

项目四　主轴驱动装置故障诊断与维修

任务 4.1　伺服主轴的设定与调整

【任务导入】

主轴驱动装置是数控机床的大功率执行机构,其功能是接收数控系统的 S 码速度指令及 M 码辅助功能指令,驱动主轴进行切削加工。数控加工中心对主轴有较高的控制要求,首先要求在大力矩、强过载能力的基础上,实现宽范围无级变速,其次要求在自动换刀动作中实现定角度停止(即准停)。

主轴驱动装置任何一个环节出现问题,都会导致主轴停止旋转,有时并不出现报警。所以作为装调维修人员,了解主轴工作原理和控制过程是非常重要的。本任务主要介绍 FANUC 串行伺服主轴。如图 4.1.1 所示为 FANUC 0i-F 数控系统主轴驱动装置的光缆连接图。

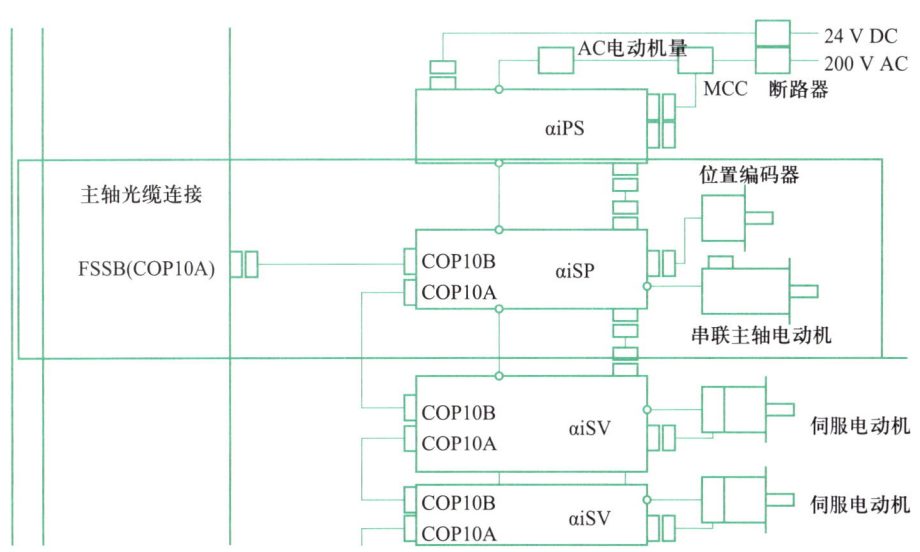

图 4.1.1　FANUC 0i-F 数控系统主轴驱动装置的光缆连接图

项目四 主轴驱动装置故障诊断与维修

【任务目标】

1. 知识目标

（1）学习数控机床主轴的速度控制参数。
（2）学习数控机床主轴的其他相关参数。

2. 能力目标

（1）能进行主轴设定及调整页面操作。
（2）掌握速度控制参数设定。

3. 素养目标

（1）树立认真仔细、严谨负责的职业道德观。
（2）在伺服主轴的设定与调试中，提高实践和分析思考的能力。

【任务分析】

主轴驱动装置是数控机床的执行机构，也是主轴驱动系统的一部分，通过接收数控系统的驱动指令（速度指令、辅助功能指令等），经放大指令信号转换为机械运动，驱动主轴电动机完成切削加工。数控机床主轴驱动装置分为模拟量主轴驱动装置和串行数字主轴驱动装置。本任务主要介绍串行数字主轴驱动装置故障诊断与维修，如图4.1.2所示为FANUC串行数字主轴电动机。

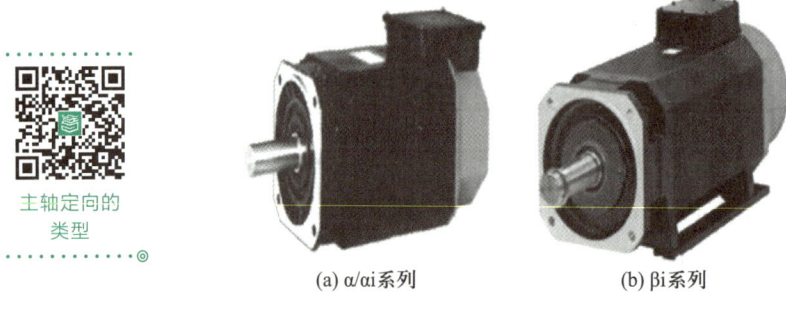

(a) α/αi系列　　　　　　　(b) βi系列

图4.1.2　FANUC串行数字主轴电动机

【知识衔接】

4.1.1 主轴设定及调整页面操作

使用主轴调整页面，可以进行主轴参数的调整以及主轴负载的监控。

（1）参数3111设定说明见表4.1.1，其中，#1:SPS 设为0表示不显示主轴调整页面；1表示显示主轴调整页面。

（2）按【SYSTEM】功能键 ，进入参数页面。

（3）按继续菜单键 ，显示如图4.1.3所示的软键。

任务 4.1 伺服主轴的设定与调整

表 4.1.1 参数 3111 设定说明

参数	#7	#6	#5	#4	#3	#2	#1	#0
3111							SPS	

（4）按下【SP.PARA】软键，进入主轴设定页面。这时，显示如图 4.1.4 所示的软键，根据需要按下相应软键选择页面。

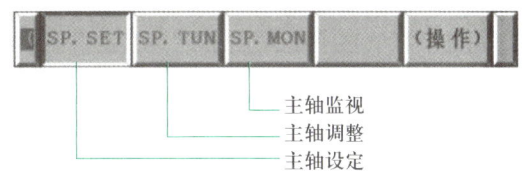

图 4.1.3 参数页面软键图   图 4.1.4 主轴设定页面软健图

（5）也可以通过翻页键 显示主轴的各个页面。

4.1.2 主轴设定及调整页面内容

主轴设定调整监控和信息页面如图 4.1.5～图 4.1.8 所示。

主轴页面的应用

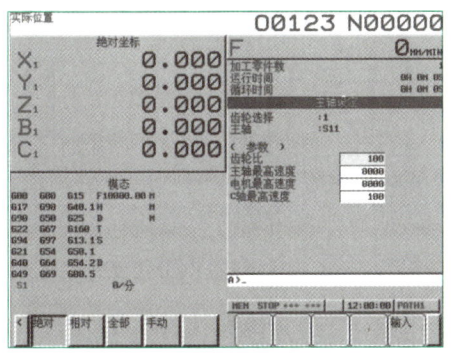

图 4.1.5 主轴设定页面

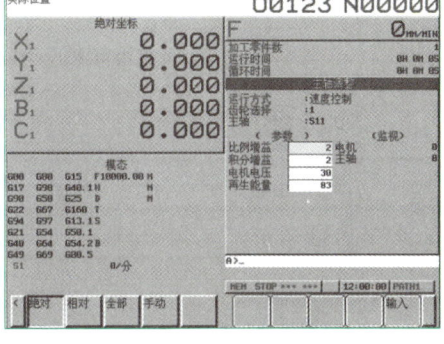

图 4.1.6 主轴调整页面

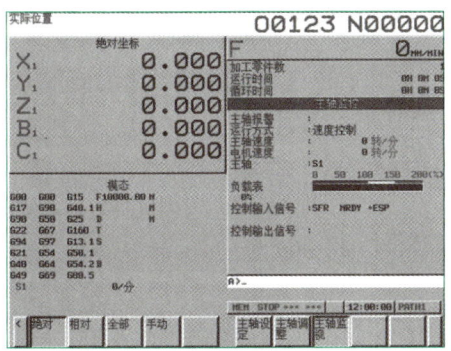

图 4.1.7 主轴监控页面

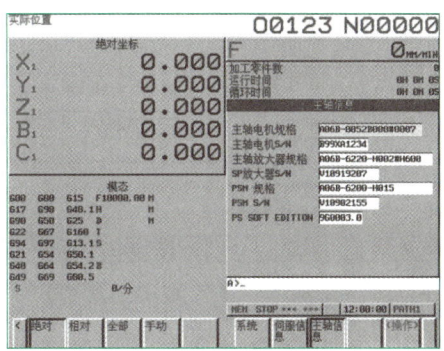

图 4.1.8 主轴信息页面

4.1.3 速度控制参数

主轴速度变换是通过参数设置,根据不同的速度区间执行换挡的(通过 PMC 控制换挡拨叉移动齿轮)。

在 NC 侧,以下面的参数设定值为基础,由指令的 S 代码(主轴转速)计算出对应电动机速度的指令。

对于铣床或加工中心的 M 型主轴换挡(此时参数 PRM 3706#4 = 0),又细分为两种:换挡方式 A 和 B。

换挡方式 A,FANUC 主轴电动机在各挡位的换挡速度区间是相同的,如指令为 S500 时换 2 挡,此时的含义是,机械主轴速度为 500 r/min,但电动机可能是在 800 r/min 的区间。当指令为 S2000 时换 3 挡,此时含义是,机械主轴速度为 2 000 r/min,但电动机仍然是 800 r/min 区间。

如图 4.1.9 所示,主轴换挡时,主轴电动机下限速度由 3735#参数决定,而主轴电动机上限速度由 3736#参数指定(1 挡到 2 挡、2 挡到 3 挡均如此)。而各挡的最高指令转速(S 代码)由 3741#、3742#、3743#设定。如上面的举例,可以设置 3741# = 500、3742# = 2000、3743# = 4500,说明指令速度分别在 500 r/min 和 2 000 r/min 换挡,3 挡的最高转速为 4 500 r/min。而换挡是通过电动机的速度区间设置的,即在#3735 和#3736 参数中设定,具体数值需要进行简单的计算。

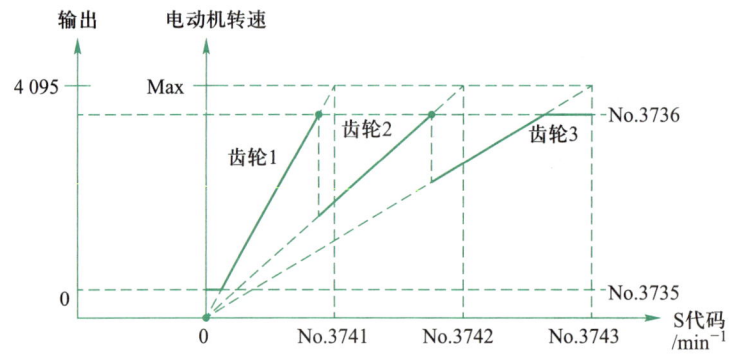

图 4.1.9　换挡方式 A(PRM 3705# b2 = 0)速度示意图

#3735 的设定:

$$设定值 = \frac{主轴电动机的下限转速}{主轴电动机的最高转速} \times 4\,095$$

#3736 的设定:

$$设定值 = \frac{主轴电动机的上限转速}{主轴电动机的最高转速} \times 4\,095$$

对于换挡方式 B,换挡时除了指令的速度不同外,主轴电动机在各换挡区间的上限速度也不同。不同换挡上限速度通过参数#3751、#3752、#3636 设定,其共同的下限速度仍然由#3735 设定。各挡位换挡时的主轴电动机上限速度计算方法同上述#3736 的设定。如图 4.1.10

所示为换挡方式 B(PRM 3705#2=1)速度示意图。

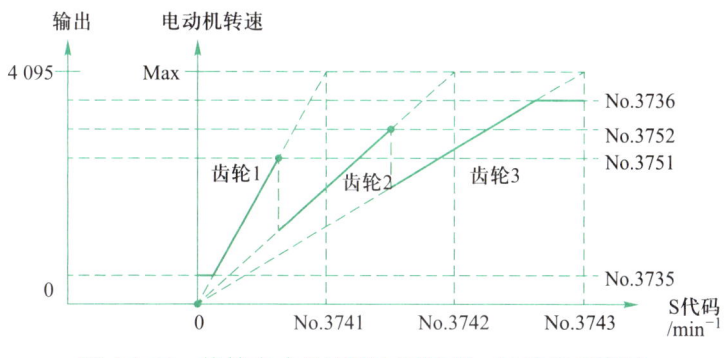

图 4.1.10　换挡方式 B(PRM 3705#2=1)速度示意图

4.1.4　伺服主轴相关参数汇总

伺服主轴相关参数见表 4.1.2。

表 4.1.2　伺服主轴相关参数

参数号	符号	意义	参数号	符号	意义
8133#5		使用串行主轴	3743		3 挡主轴最高速度
3701/1	ISI	串行主轴接口	3744		4 挡主轴最高速度
3701/4	SS2	设置路径内的主轴	3751		1 至 2 挡的切换速度
3708/0	SAR	检查主轴速度到达信号	3752		2 至 3 挡的切换速度
3708/1	SAT	螺纹切削开始检查 SAR	4019/7		主轴电动机初始化
3716		主轴电动机种类	4133		主轴电动机代码
3717		各主轴的主轴模块号	3772		主轴最大速度
3718		显示下标	4020		主轴电动机最高速度
3720		主轴脉冲编码器数	4031		主轴定向角度
3735		主轴最低钳制速度(M 系)	4038		主轴定向时速度
3736		主轴最高钳制速度(M 系)	4077		主轴定向时位置偏移量
3741		1 挡主轴最高速度	8135#4	NOR	主轴定向功能的选用
3742		2 挡主轴最高速度			

【任务实施】

(1) 按上述内容步骤,进行主轴设定等页面操作,见表 4.1.3。
(2) 根据实验室设备硬件连接,查找主轴电动机规格和代码,并填写表 4.1.4。

表 4.1.3　主轴设定等页面操作步骤

操作步骤名称	操作步骤内容	操作步骤结果

表 4.1.4　主轴电动机规格和代码记录表

轴名	主轴电动机规格	主轴电动机代码

【任务评价】

根据本任务完成情况填写任务评价表。

任务评价表

小组			姓名			
序号	考核项目	考核内容	配分	自评	互评	师评
1	职业素养	行为符合规范	5			
2		遵守纪律	5			
3		工位整洁,设备清理干净,日常维护正确	10			
4	文明生产	按有关规定安全文明操作	10			
5	技能操作	主轴设定及调整页面操作	15			
6		主轴设定及调整页面内容	15			
7		速度控制参数设置	10			
8		伺服主轴相关参数设置	15			
9		查找主轴电动机规格和代码	15			
		总计	100			

【任务拓展】

主轴是数控机床的关键部件,主轴的控制不能有丝毫松懈,通过学习本任务,理解了伺服主轴的设定与调整方法,下面讲解华中 HNC-8 系列主轴参数设置。

4.1.5 主轴 CS 切换的轴号

主轴有位置和速度两种模式,都用于旋转,区别在于速度模式可以调节转速,位置模式可以调节旋转的角度。主轴 CS 切换的轴号说明见表 4.1.5。

表 4.1.5 主轴 CS 切换的轴号说明

参数编号	100139	默认数值	0
参数名称	主轴 CS 切换的轴号	访问级别	机床厂
数据类型	INT4	生效方式	立即生效
数值范围	0~3	车/铣生效	车/铣

当主轴切换到位置模式时需要对应一个旋转轴来指定编程,此参数就是用于指定切换到 A 轴、B 轴还是 C 旋转轴的。

设为 0、3 表示默认切换到 C 轴上;1 表示默认切换到 A 轴上;2 表示默认切换到 B 轴上。

4.1.6 主轴输出模拟量

主轴输出模拟量说明见表 4.1.6。

表 4.1.6 主轴输出模拟量说明

参数编号	100156	默认数值	0
参数名称	主轴输出模拟量	访问级别	机床厂
数据类型	INT4	生效方式	复位生效
数值范围	0~1	车/铣生效	车/铣

此参数为主轴参数,用于设定主轴类型。设为 0 表示 NCUC 总线式主轴伺服;1 表示变频 DA 主轴。

4.1.7 主轴挡位传动比分母(主轴转速)

主轴挡位传动比分母(主轴转速)说明见表 4.1.7。

表 4.1.7 主轴挡位传动比分母(主轴转速)说明

参数编号	100162、100168、100174、100180	默认数值	1
参数名称	主轴挡位传动比分母(主轴转速)	访问级别	机床厂
数据类型	INT4	生效方式	复位生效
数值范围	-10 000~10 000	车/铣生效	车/铣

此参数为主轴参数,用于设定主轴该挡位传动比分母(主轴侧)。4 个参数分别代表主轴 1 挡传动比分母(主轴转速)、主轴 2 挡传动比分母(主轴转速)、主轴 3 挡传动比分母(主轴转速)、主轴 4 挡传动比分母(主轴转速)。

4.1.8 主轴换挡后重新回零

主轴换挡后重新回零说明见表 4.1.8。

表 4.1.8 主轴换挡后重新回零说明

参数编号	100188	默认数值	0
参数名称	主轴换挡后重新回零	访问级别	机床厂
数据类型	INT4	生效方式	复位生效
数值范围	0~1	车/铣生效	车/铣

此参数为主轴参数,用于在主轴换挡后设定,是否需要重新将主轴电动机实际反馈脉冲清零。设为 0 表示不需要重新回零;1 表示需要重新回零。

【任务自测】

一、单选题

1. 用于主轴定向准停控制的 M 代码是_____。
A. M05 　　　　　B. M19 　　　　　C. M29 　　　　　D. M09
2. 当 S 指令为 0 时,如主轴存在低速正转现象,CNC 应进行的调整是_____。
A. 增加主轴模拟量输出偏移参数
B. 减小主轴模拟量输出偏移参数
C. 增加主轴模拟量输出增益参数
D. 减小主轴模拟量输出增益参数
3. 用于设置主轴电动机种类的参数是_____。
A. 3716 　　　　　B. 3715 　　　　　C. 3713 　　　　　D. 3718
4. 用于设置主轴定向时位置偏移量的参数是_____。
A. 4077 　　　　　B. 4076 　　　　　C. 4079 　　　　　D. 4078
5. 用于设置显示主轴设定及调整页面的参数是_____。
A. 3111#7 　　　　B. 3111#1 　　　　C. 3111#2 　　　　D. 3111#6

二、判断题

1. 主轴换挡时的主轴电动机下限速度由 3736 参数决定。(　　)
2. 主轴换挡时的主轴最高钳制速度(M 系)由 3769 参数决定。(　　)

三、简答题

1. 什么是主轴的位置控制。
2. 简述主轴位置控制的分类。

任务 4.2 伺服主轴初始化

【任务导入】

串行主轴模块与 CNC 连接进行第 1 次运转时,串行主轴电动机的控制必须按电动机对应的参数进行设定。串行主轴模块内设有各电动机的标准参数,需要时可把这些参数传送到(装到)CNC 的参数区中。如图 4.2.1 所示为主轴电动机初始化图。

图 4.2.1 主轴电动机初始化图

【任务目标】

1. 知识目标
(1) 学习主轴初始化参数的含义。
(2) 学习主轴参数初始化的设定方法。

2. 能力目标
(1) 能进行主轴初始化页面的操作。
(2) 掌握主轴参数初始化的设定步骤。

3. 素养目标
(1) 学会团队协作,具备自主学习伺服主轴初始化的能力。
(2) 培养知识迁移、灵活运用的能力。

【任务分析】

FANUC 0i-F 数控系统与 FANUC 0i-D 数控系统的主轴参数初始化方法一致。串行主轴参数初始化仅仅是把主轴电动机配置的标准参数自动设置在 CNC 当中,而主轴电动机与主轴传动关系、主轴电动机最高转速和主轴最高转速等要求是不同的,主轴电动机速度传感器和位置传感器检测类型也不同。由于标准参数文件中所使用的参数与用户实际情况存在差异,需根据实际情况做出相应的设置,可通过手动进行调整。如果设定错误,主轴电动机将会异常运行。如图 4.2.2 所示为主轴初始化数据恢复。

图 4.2.2 主轴初始化数据恢复

主轴参数初始化

【知识衔接】

4.2.1 主轴参数初始化

主轴参数与伺服参数一样,可以通过初始化进行标准参数的设定,不同的是,主轴参数初始化是将存放在主轴驱动器上的参数载入到 NC 上,因此初始化时必须带着主轴驱动器。在串行主轴模块的 FLASH ROM 中装有各种电动机的标准参数,适合多种主轴电动机。串行主轴模块与 CNC 连接后进行第一次运转时,必须把具体使用的主轴电动机标准参数从串行主轴模块传送到数控系统的 SRAM 中,这就是串行主轴参数的初始化。

系统厂家为主轴电动机的标准参数定义了电动机代码,进行串行主轴参数初始化时,只要输入相应的电动机代码即可。主轴电动机规格很多,同样规格的在使用主轴模块规格不一样时,FANUC 规定的主轴电动机代码也不一样。

4.2.2 接口控制地址

如果要实现主轴换挡和运转,PMC 必须参与处理接口信号。主要的接口信号如下:

(1) CNC 向 PMC 发出换挡信号,参数 F0034 设定说明见表 4.2.1。

表 4.2.1 参数 F0034 设定说明

参数	#7	#6	#5	#4	#3	#2	#1	#0
F0034						GR30	GR20	GR10

当参数确定换挡指令速度和其他相关参数后,CNC 接到 S 代码后会自动向 PMC 发出换挡信号 GR30、GR20、GR10。PMC 根据 SF 信号选择挡位。挡位选择后发出完成信号 FIN。

用参数 3705 可设定输出 SFA 的条件,见表 4.2.2。

表 4.2.2 参数 3705 设定说明

参数	#7	#6	#5	#4	#3	#2	#1	#0
3705			SFA					

其中,#6(SFA)设为 0 表示只在切换挡位时输出 SF;1 表示执行 S 指令时输出 SF。

(2) PMC 通知 CNC 主轴停止信号(*SSTP),参数 G0029 设定说明见表 4.2.3。

表 4.2.3 参数 G0029 设定说明

参数	#7	#6	#5	#4	#3	#2	#1	#0
G0029			*SSTP					

此信号为 1 时,主轴速度指令输出到主轴模块;为 0 时限制主轴旋转,常用于门打开、卡盘松开等危险状态情况下停止主轴回转。

（3）主轴速度倍率（SOV）的参数 G0030 设定说明见表 4.2.4。

表 4.2.4　参数 G0030 设定说明

参数	#7	#6	#5	#4	#3	#2	#1	#0
G0030	SOV7	SOV6	SOV5	SOV4	SOV3	SOV2	SOV1	SOV0

（4）PMC 到 CNC 至 FANUC 串行主轴信号的参数 G0070 设定说明，见表 4.2.5。

表 4.2.5　参数 G0070 设定说明

参数	#7	#6	#5	#4	#3	#2	#1	#0
G0070	MRDYA	ORCMA	SFRA	SRVA	CTH1A	CTH2A	*ESPA	ARSTA

PMC 到 CNC 至 FANUC 串行主轴信号说明见表 4.2.6。

表 4.2.6　PMC 到 CNC 至 FANUC 串行主轴信号说明

信号名	名称	意义	
MRDYA	机床准备完毕	0：MCC 断开	1：MCC 接通
ORCMA	定向	0：通常插令	1：定向
SFRA	主轴正转指令	0：停止	1：正转
SRVA	主轴反转指令	0：停止	1：反转
CTH1A CTH2A	离合器/挡位选择	CTH1A/ CTH2A 0　　0 0　　1 0　　0 1　　1	高 次高 次底 底
*ESPA	急停	0：急停	1：运行准备
ARSTA	报警复位	从 1 到 0 的后沿复位	

（5）FANUC 串行主轴到 CNC 至 PMC 的信号的参数 F0045 设定说明，见表 4.2.7。

表 4.2.7　参数 F0045 设定说明

参数	#7	#6	#5	#4	#3	#2	#1	#0
F0045	ORARA	TLMA	LDT2	LDT1	SARA	SDTA	SSTA	ALMA

FANUC 串行主轴到 CNC 至 PMC 的信号说明，见表 4.2.8。

表 4.2.8　FANUC 串行主轴到 CNC 至 PMC 的信号说明

信号名	名称	备注
ORARA	定向完毕	参数 4075

续表

信号名	名称	备注
TLMA	转矩限制中	
LDT2	负荷检测信号2	在参数4027的值以上的负荷状态为1
LDT1	负荷检测信号1	在参数4026的值以上的负荷状态为1
SARA	主轴速度到达	在参数4022的值以内为1
SDTA	速度检测	在参数4023的值以内为1
SSTA	主轴停止	在参数4024的值以内为1
ALMA	报警中	

（6）主轴速度到达检测是为限制伺服轴进给而设置的,对于车床,如果主轴没有到达程序指令的速度,进给切削（G01、G02/G03、G32、G33等）不执行。

对于铣床或加工中心,如果开通此功能,通过参数#3708#0=1的设置,限制进给轴移动,当主轴由于某种原因停止时,进给轴不再移动,防止零转速挤刀。

该信号是从PMC发出再通知CNC,所以当该信号置1时,一定是PMC程序处理的结果,可以通过检查梯形图或PMC诊断页面查找故障点,见表4.2.9。

表4.2.9 主轴速度到达检测设定说明

参数	#7	#6	#5	#4	#3	#2	#1	#0
G0029				SAR				
3708							SAT	SAR

开始执行螺纹切削程序段#1(SAT),设为0表示不检验;1表示必须进行检验。

主轴速度达到信号SAR的检测#0(SAR),设为0表示不检测主轴速度达到信号SAR;1表示检测主轴速度达到信号SAR。

【任务实施】

传送电动机标准参数的基本步骤如下:

① 在急停状态下接通NC电源。
② 使参数写入有效,在设定页面使PWE=1。
③ 设定使串行主轴有效的参数。

#4(SS2)设为0表示串行主轴连接的台数为1台;1表示串行主轴连接的台数为2台。
#1(ISI)主轴设为0表示使用串行接口;1表示使用模拟接口。
④ 进行自动设定的说明见表4.2.10。

表4.2.10 自动设定说明

参数	#7	#6	#5	#4	#3	#2	#1	#0
4019	LDSP							

串行主轴的标准参数#7（LDSP）设为 1 表示进行自动设定,自动设定正常结束后,即自动变为 0。

⑤ 设定电动机的型号代码说明见表 4.2.11。从电动机型号表中找出型号代码进行设定。主轴电动机的型号参见相关说明书。

表 4.2.11　电动机的型号代码说明

4133	电动机型号

⑥ 断开,然后接上 NC 电源。

这时,与电动机型号代码对应的主轴电动机的参数,开始从主轴模块侧向 NC 侧传送（装载）,稍过片刻,标准参数自动设定结束。过程中应一直保持急停状态,结束时解除。其间,主轴模块上的 LED 显示从"装载中"变换到"结束"。

【任务评价】

根据本任务完成情况填写任务评价表。

任务评价表

小组			姓名			
序号	考核项目	考核内容	配分	自评	互评	师评
1	职业素养	行为符合规范	5			
2		遵守纪律	5			
3		工位整洁,设备清理干净,日常维护正确	10			
4	文明生产	按有关规定安全文明操作	10			
5	技能操作	在急停状态下接通 NC 电源	10			
6		设定页面使 PWE＝1	10			
7		设定使串行主轴有效的参数	15			
8		设定进行自动设定所需的参数	15			
9		设定电动机的型号代码	10			
10		断开,然后接上 NC 电源	10			
		总计	100			

【任务拓展】

通过学习本任务,理解了伺服主轴初始化的重要性,下面讲解工业大数据。

信息技术是用于管理和处理信息的各种技术的总称,它运用计算机科学和通信技术,设计、开发、安装和实施信息系统及应用软件。

随着信息化在全球的快速发展,信息技术已成为支撑当前经济活动和社会生活的基石。

信息技术代表着先进生产力的发展方向,其广泛的应用让信息作为生产要素发挥着重要作用,使人们能更高效地进行资源优化配置,从而推动传统产业不断升级,提高社会劳动生产率和社会运行效率。

1. 数据爆炸的时代

近年来,随着互联网、物联网和云计算等信息技术与通信技术的迅猛发展,数据量的暴涨成了许多行业共同面对的严峻挑战和宝贵机遇。随着制造技术的进步和现代化管理理念的普及,制造业企业的运营越来越依赖信息技术。如今,制造业整个价值链、制造业产品的整个生命周期,都涉及诸多的数据。

2. 大数据的价值

大数据可能带来的巨大价值正在被传统产业认可,通过技术创新与发展,以及数据的全面感知、收集、分析和共享,它为企业管理者和参与者呈现出制造业价值链的全新视角。工业大数据的价值具体体现在以下两个方面:

(1) 实现智能生产。在智能制造体系中,通过物联网技术,使工厂、车间的设备传感层与控制层的数据和企业信息融合,将生产大数据传送至云计算数据中心进行存储、分析,形成决策并反过来指导生产。

此外,从生产能耗角度看,设备生产过程中利用传感器集中监控所有的生产流程,能够发现能耗的异常或峰值情况,由此,能够在生产过程中不断实时优化能源消耗。同时,对所有流程的大数据进行分析,也将会整体降低生产能耗。

(2) 实现大规模定制。实现消费者个性化需求,一方面需要制造业生产提供符合消费者个性偏好的产品或服务,另一方面需要互联网提供消费者的个性化定制需求。由于消费者人数众多,每个人需求不同,导致需求的具体信息也不同,加上需求不断变化,就构成了产品需求的大数据。

大数据是制造业智能化的基础,在制造业大规模定制中的应用包括:数据采集、数据管理、订单管理、智能制造和定制平台等。其中定制平台是核心,定制数据达到一定的数量级,才能实现大数据应用。通过对大数据的挖掘,可将其应用于流行预测、精准匹配、时尚管理、社交应用和营销推送等领域。同时,大数据能够帮助企业提升营销的针对性,降低物流和库存成本,减少生产资源投入的风险。

【任务自测】

一、单选题

1. 在FANUC串行主轴模块中设有各种电动机的标准参数,当它与CNC连接后进行第一次运转时,必须把具体使用的主轴电动机的标准参数从串行主轴模块的_____载入到数控系统的_____中,这一过程称为主轴参数初始化。

 A. ROM,SRAM   B. SRAM,FROM
 C. FROM,FLASH ROM   D. SRAM,FLASH ROM

2. PMC通知CNC主轴停止信号(*SSTP)为_____时,主轴速度指令输出到主轴模块。

 A. 0   B. 1   C. 0/1   D. 任意都可以

3. 以下主轴设定页面下,显示当前主轴挡位下相关的主轴参数,包括_____。
A. 电动机代码与电动机型号　　　B. 电动机、主轴的最高转速
C. 电动机、主轴编码器种类　　　D. 主轴运行方式

二、判断题
1. 初始化时必须带着主轴驱动器。(　　)
2. 主轴速度到达检测信号是为限制伺服轴进给而设置的。(　　)

三、简答题
1. 请解释 PMC 到 CNC 至 FANUC 串行主轴信号的作用。
2. 简述主轴参数初始化。

任务 4.3　伺服主轴报警与故障排查

【任务导入】

在掌握了伺服系统硬件结构、参数设置与调整等知识与技能后,进行主轴故障分析与排除,综合应用主轴驱动的知识来解决生产中的实际问题。如图 4.3.1 所示为主轴驱动部分故障图。

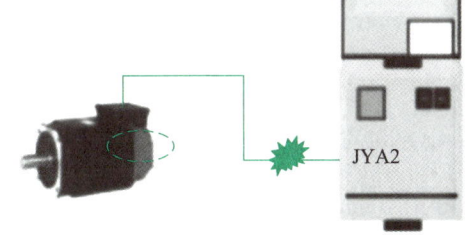

图 4.3.1　主轴驱动部分故障图

【任务目标】

1. 知识目标
(1) 学习主轴驱动器控制原理。
(2) 学习主轴典型故障的分析方法。

2. 能力目标
(1) 掌握几种主轴典型故障的分析方法。
(2) 掌握主轴振动及噪声故障排查思路。
(3) 掌握主轴速度不正确故障排查思路。

3. 素养目标
(1) 通过学习伺服主轴报警与故障排查,锻炼逻辑思维能力。
(2) 培养不怕吃苦、严谨认真的职业精神。

主轴位置检测及反馈报警

【任务分析】

学习主轴单元典型报警与故障排查,需要熟悉主轴驱动器控制电源电路原理,了解主轴传动系统和主轴抓松刀装置的工作原理,掌握主轴电动机更换的方法,能够判断主轴驱动器控制电路的电源故障并排查,能够判断主轴单元外部报警故障并排查。如图 4.3.2 所示为主轴驱动器硬件连接示意图。

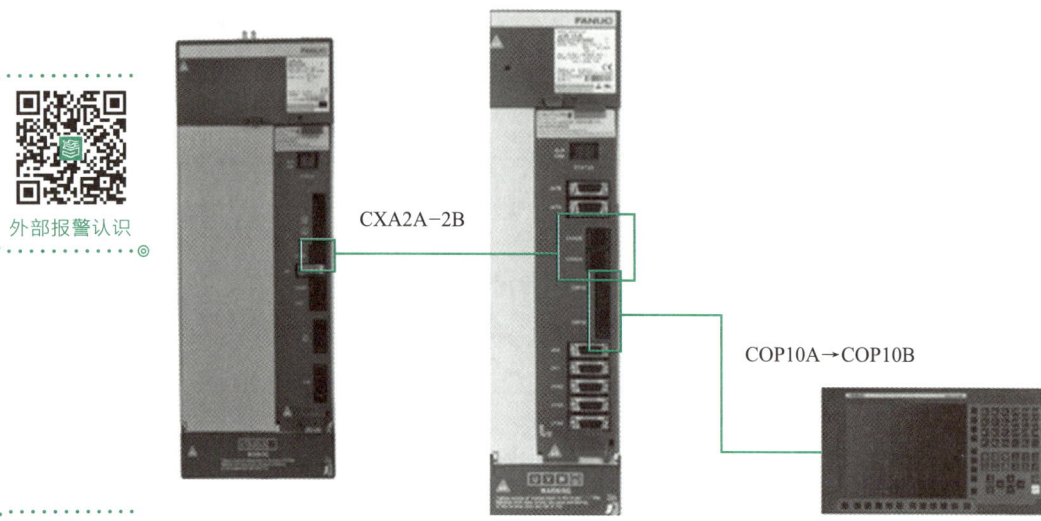

图 4.3.2　主轴驱动器硬件连接示意图

外部报警认识

主轴驱动器数码管显示及报警代码检索

【知识衔接】

1. 报警页面显示 SP9027(S) SSPA:27 位置编码器断线

主轴模块数码管显示"27"号报警,红色 LED 点亮。

(1) 旋转时发生:① 反馈线屏蔽处理;② 与主轴动力线捆扎时,分离处理。

(2) 开机时出现:① 位置反馈参数设定不当;② 反馈电缆故障;③ 主轴模块控制侧板故障;④ 位置编码器故障。

2. 报警页面显示 SP9073(S) 电动机传感器断线

主轴模块上显示"73"号报警。

(1) 旋转时发生:① 反馈电缆屏蔽处理;② 动力电缆捆扎时,分离处理。

(2) 开机时出现:① 反馈电缆;② 电动机传感器故障;③ 主轴模块控制侧板故障。

3. SP9001:电动机温度过高

(1) 切削过程中显示本报警时应检查:① 主轴电动机冷却风扇是否正常工作;② 对液冷电动机,检查冷却系统;③ 如果主轴电动机的环境温度高于指标时,请进行改善;④ 确认加工条件。

(2) 轻负载下显示本报警时应检查:① 频繁加/减速时,请在加/减速输出量的平均值小于等于额定值的条件下使用;② 检查电动机参数设定是否正确。

(3) 电动机温度较低而显示报警时应检查:① 检查主轴电动机反馈电缆;② 检查电动机固有参数;③ 控制电路板故障,请更换控制电路板或主轴模块;④ 电动机(内部温度传感器)故障,更换电动机。

4. SP9012:主电路的直流部分(DC 链路)电流过大

主电路的电源模件(IPM)检测出异常,为电流过大或过载。

(1) 当给出主轴旋转指令后,就发生报警,应检查:① 电动机动力线故障。检查电动机动力线之间有无短路、对地绝缘电阻小;② 电动机绝缘故障,电动机对地绝缘电阻小时,应更换电动机;③ 检查电动机固有参数;④ SPM 故障,可能是功率元件(IGBT、IPM)损坏,应更换 SPM。

(2)主轴旋转过程中发生报警,应检查:① 功率元件(IGBT、IPM)损坏。请更换 SPM。放大器的周围环境很差,或散热装置灰尘堆积,冷却不充分时,功率元件有可能损坏;② 检查电动机固有参数是否正确;③ 速度传感器信号异常,检查主轴传感器的信号波形。

5. 指令发出主轴不旋转

指令发出主轴不旋转故障的排除方法如图 4.3.3 所示。

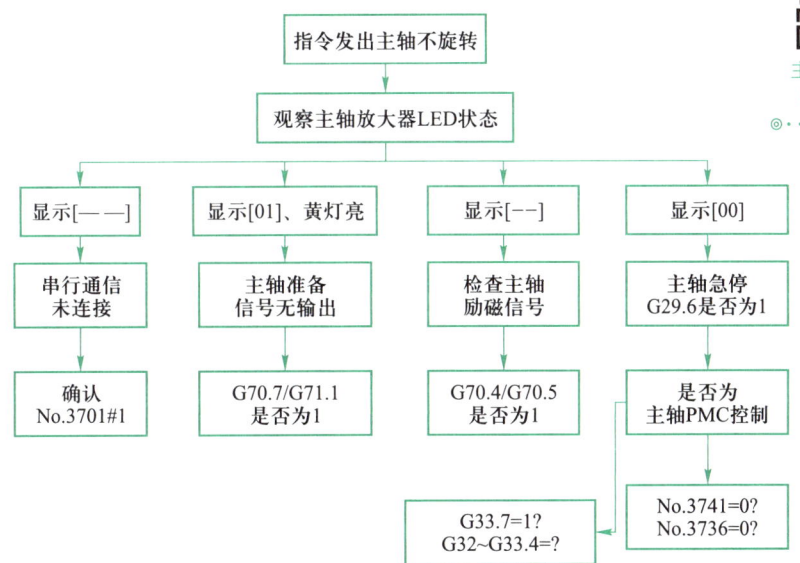

图 4.3.3 指令发出主轴不旋转故障的排除方法

6. 主轴速度不正确

主轴速度不正确故障的排除方法如图 4.3.4 所示。

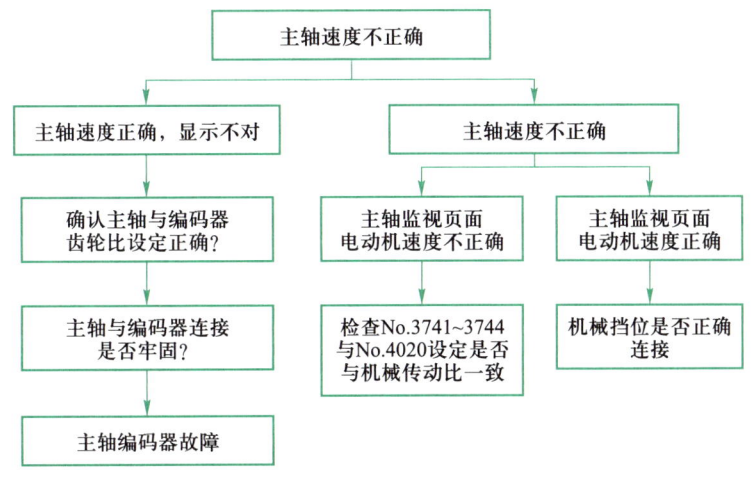

图 4.3.4 主轴速度不正确故障的排除方法

7. 主轴振动及噪声

主轴振动及噪声故障的排除方法如图 4.3.5 所示。

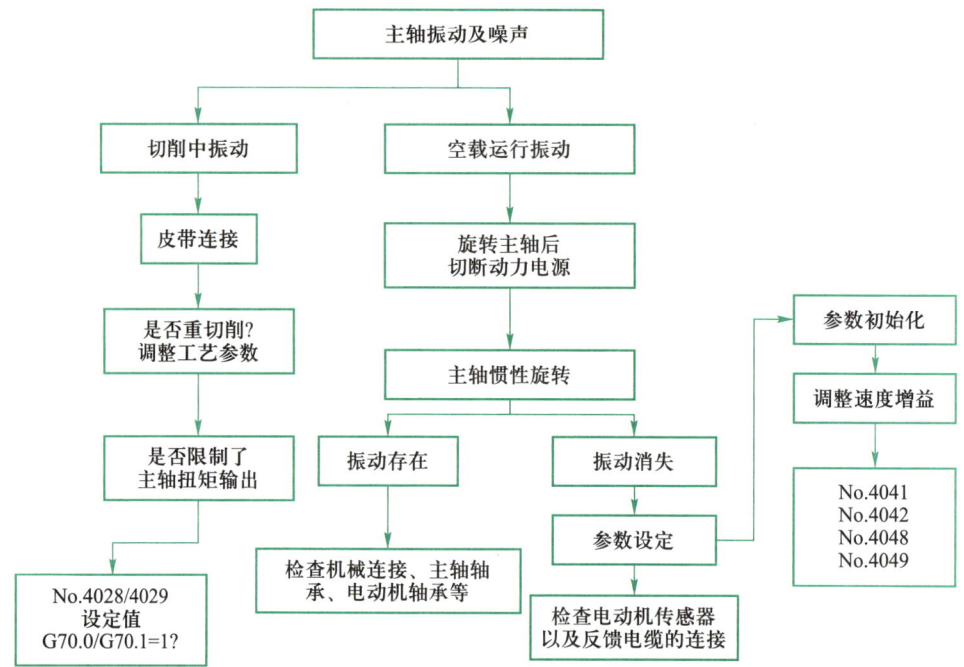

图 4.3.5 主轴振动及噪声故障的排除方法

【任务实施】

（1）故障现象：伺服模块器数码管不亮，CNC 系统上电后，SP1997/SP1226 等主轴通信报警。

（2）故障排查：

① 确认主轴驱动器前级连接的设备，如数码管是否点亮，如果不亮，检查前级设备电源电路；如果点亮，拔下 CXA2 电缆，测量端口控制电压，确认输入电压是否正常，跨接电缆线是否完好，主轴驱动器前级连接的设备如图 4.3.6 所示。

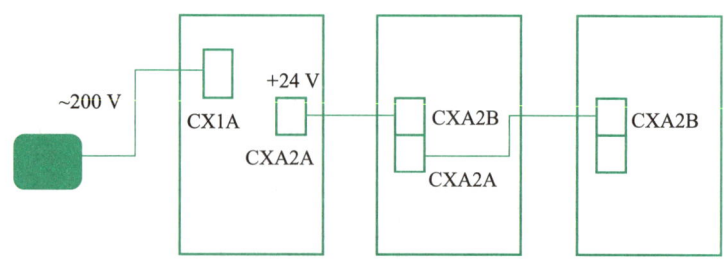

图 4.3.6 主轴驱动器前级连接的设备

② 按住主轴驱动器侧板上下锁扣，拔出主轴驱动器侧板，检查电路板 FU1（3.2A）保险，如图 4.3.7 所示。

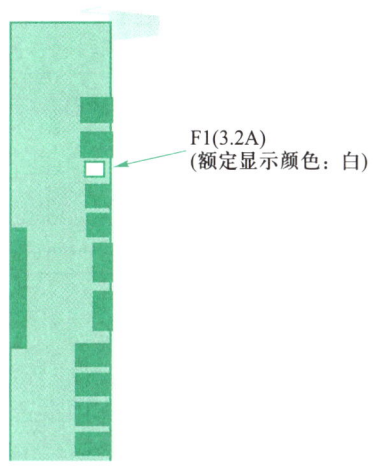

图 4.3.7　电路板 FU1(3.2A)保险

③ 如果输入电源和保险没有问题,则为短路造成的故障,拔下主轴驱动器上的反馈电缆以及电动机动力线,确认数码管是否点亮。

④ 如果数码管点亮,则为外部短路引起,确认主轴电动机绕组对地,以及主轴检测器(主轴端、电动机端)是否存在短路。

⑤ 反之则为主轴驱动器内部电源故障,尝试更换主轴驱动器。

【任务评价】

根据本任务完成情况填写任务评价表。

任务评价表

小组			姓名			
序号	考核项目	考核内容	配分	自评	互评	师评
1	职业素养	行为符合规范	5			
2		遵守纪律	5			
3		工位整洁,设备清理干净,日常维护正确	10			
4	文明生产	按有关规定安全文明操作	10			
5	技能操作	主轴驱动器数码管不亮故障现象分析	15			
6		确认主轴驱动器前级连接的设备	10			
7		按住主轴驱动器侧板上下锁扣,拔出主轴驱动器侧板,检查电路板 FU1(3.2A)保险	15			
8		检查主轴驱动器上的反馈电缆以及电动机动力线,确认数码管是否点亮	10			

续表

序号	考核项目	考核内容	配分	自评	互评	师评
9	技能操作	确认主轴电动机绕组对地,主轴检测器(主轴端、电动机端)是否存在短路	10			
10		主轴驱动器内部电源故障	10			
		总计	100			

【任务拓展】

主轴定向位置调整及报警

通过学习本任务,理解了伺服主轴报警与故障排查的方法。下面讲解主轴定向常见问题及处理方法。

1. 初次定向,诊断里参数 445 没显示

(1) 开机后先进行一次主轴转动,如:M3S500,然后执行一下 M19,查看诊断参数 445 是否变化。

(2) 如果诊断参数 445 一直为 0,检查 NC 参数 3117#1 是否为 1。

(3) 如果按下复位按键后,诊断参数 445 变为 0,检查 NC 参数 4016#7 是否为 0。

(4) 在 4077 中随便填一个数值,进行 M19 定向,再看看诊断参数 445 里是否有数。

2. 主轴不能定向

重新填入电动机代码,并用 4019#7 = 1 初始化,关机重启;主轴电动机最高转速为 4 020 r/min,4001#4 为 1,4002#0 为 1;再定向。

3. 主轴定向时,系统报警 SP9081(S)电动机上传感器 1 转信号错误

检查高低挡电子齿轮比是否正确。

4. 参数 4003#3 为 1,主轴默认正转定向

有外部定位开关时,4003#3 为 0,先正转再定向,称为正转定向;先反转再定向,称为反转定向。如果改为 1,则都是正转定向。没有带外部定向开关的时候,不管是不是 1 没影响。

5. 参数 4006#1 为 1,主轴高低挡定向快慢

4006#1 设为 1,否则主轴定向太快就会找不到定位信号,主要针对高挡,定向的时候就会一直转动。

6. 其他常用到的主轴定向相关参数

3705#1 是 GST 通过主轴定向信号 G 29.5,设为 0 表示进行定向,1 表示进行齿轮切换。3732 是主轴定向时,主轴转速或主轴齿轮位移时的主轴电动机速度。3705#1 = 0 时,以/min 为单位设定主轴定向时的主轴转速;3705#1 = 1 时,按照公式设定主轴齿轮位移时的主轴电动机速度。串行主轴时,设定值为 16383 乘以主轴齿轮位移时的主轴电动机速度再除以主轴电动机最大转速;模拟主轴时,设定值为 4095 乘以主轴齿轮位移时的主轴电动机速度再除以主轴电动机最大转速。

【任务自测】

一、单选题

1. 下列不是报警页面显示 SP9073(S)电动机传感器断线的原因是_____。
   A. 反馈电缆屏蔽处理　　　　　　　B. 动力电缆捆扎时,不分离处理
   C. 电动机传感器故障　　　　　　　D. 主轴模块控制侧板故障
2. 下列不是电动机温度较低而显示报警时产生的原因是_____。
   A. 检查主轴电动机反馈电缆　　　　B. 检查电动机固有参数
   C. 电流过小　　　　　　　　　　　D. 内部温度传感器
3. 以下哪种说法是正确的_____。
   A. 主轴电动机动力线有端子连接和插头连接两种,插头连接可以不遵循 UVW 与电机端对应连接,不影响主轴电动机正常运转。
   B. 电源模块(PS)CXA2B 主轴驱动器(SP)CXA2A 接通,在机床上电后,主轴驱动器控制回路得电,主轴数码管绿色指示灯亮。
   C. 主轴驱动器(SP)由电源模块(PS)通过母排输入交流 300 V 电源。
   D. 主轴驱动器(SP)的 CZ2 端口输出交流电压给主轴电动机提供动力电源。

二、判断题

1. 主电路的电源模件(IPM)检测出异常,为电流过大或过载。(　　)
2. SP9012 为主电路的直流部分(DC 链路)电流过大。(　　)

三、简答题

1. 简述指令发出后,主轴不旋转故障的排除方法。
2. 简述主轴振动及噪声故障的排除方法。

任务 4.4　模拟主轴的连接与调试

【任务导入】

主轴是机床上带动工件或刀具运动的轴,主轴控制的效果将直接影响零件的加工精度。模拟主轴控制是指数控系统输出模拟电压控制主轴,由调速器控制主轴电动机驱动(常用的调速器是变频器,主轴电动机是二相异步电动机),可以实现数控机床主轴的起停、正反转以及调速控制。FANUC 数控系统的模拟主轴控制结构示意图如图 4.4.1 所示。模拟主轴控制经济实用、调试方便,在中低档的数控机床中广泛使用。本任务主要介绍模拟主轴的连接与调试。

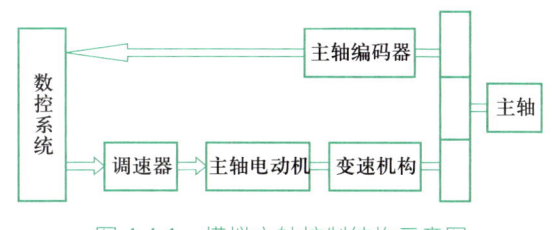

图 4.4.1　模拟主轴控制结构示意图

项目四 主轴驱动装置故障诊断与维修

【任务目标】

1. 知识目标

（1）学习交流异步调速系统的主要类型。

（2）学习变频调速系统的基本组成及工作原理。

2. 能力目标

（1）能进行变频调速系统连接调试。

（2）掌握变频调速系统故障分析。

3. 素养目标

（1）通过模拟主轴的连接与调试，锻炼动手实践能力。

（2）培养学生分析问题和解决问题的能力。

【任务分析】

数控机床模拟主轴控制的调试包括数控系统中有关主轴的参数与信号的调试，以及变频器本身的参数与信号的调试。调试的目的是保证数控系统能够根据指令发出正确的模拟电压信号，经过变频器调速后驱动主轴正确运行。如图 4.4.2 所示为模拟量控制的主轴驱动装置。

主轴伺服驱动器硬件连接

图 4.4.2 模拟量控制的主轴驱动装置

【知识衔接】

4.4.1 变频器的分类与组成

1. 变频器的分类

交-交型：将频率固定的交流电源变换成频率连续可调的交流电源。其优点是没有中间环节，变换率高；缺点是连续可调的频率范围较窄。主要用于容量较大的低速拖动系统中，又称为直接式变频器。

交-直-交型：将频率固定的交流电整流后变成直流，再经过逆变，把直流电逆变成频率连续可调的三相交流电。由于把直流电逆变成交流电较易控制，因此在频率的调节范围上就有明显优势，又称为间接性变频器。变频器的分类如图 4.4.3 所示。

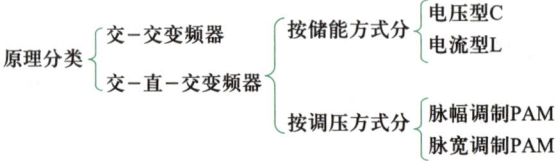

图 4.4.3 变频器的分类

2. 变频器的组成

变频器(交-直-交型)的组成如图 4.4.4 所示。

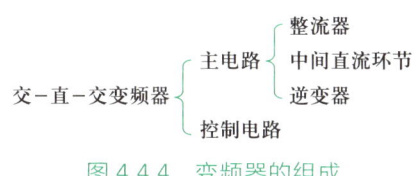

图 4.4.4　变频器的组成

CPU 功能：负责整个系统的运算及控制。

① 主电路结构。指现在通用的低压变频器主电路图，包括整流、滤波、能耗制动、逆变等部分，如图 4.4.5 所示。

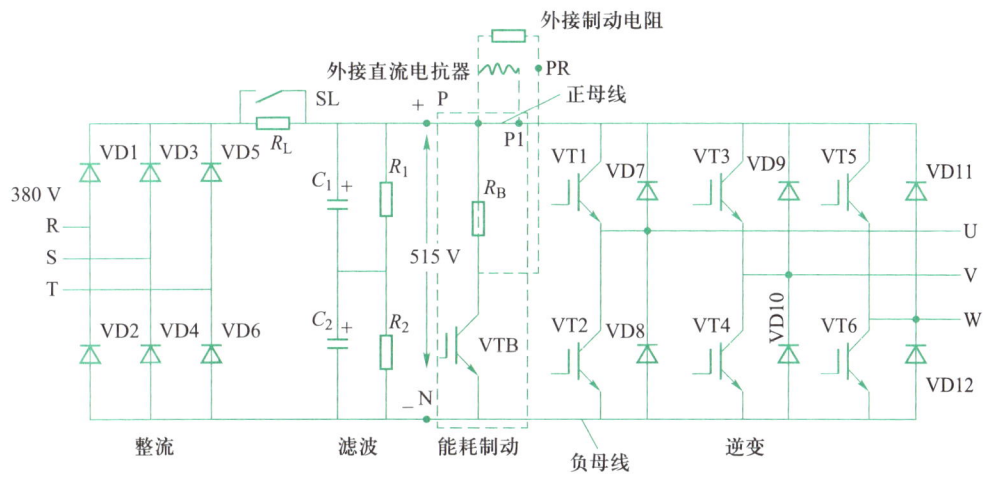

图 4.4.5　变频器的主电路图

② 变频器控制电路。主要包括主电路、电流保护电路、电压保护电路、过热保护电路、驱动电路、稳压电源、控制端子、接口电路、MDI 面板、CPU 等，其 MDI 面板如图 4.4.6 所示。

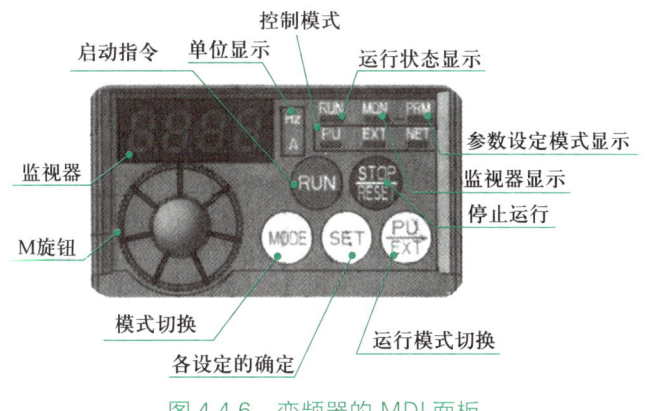

图 4.4.6　变频器的 MDI 面板

4.4.2 模拟主轴控制的硬件组成

如图 4.4.7 所示为模拟主轴控制电气原理图。该设备预留模拟主轴接口,可以通过系统参数更改为模拟主轴,可以在端子排 XT1 的 JA40+、JA40- 上进行模拟电压测量。模拟主轴控制相关的系统参数见表 4.4.1。

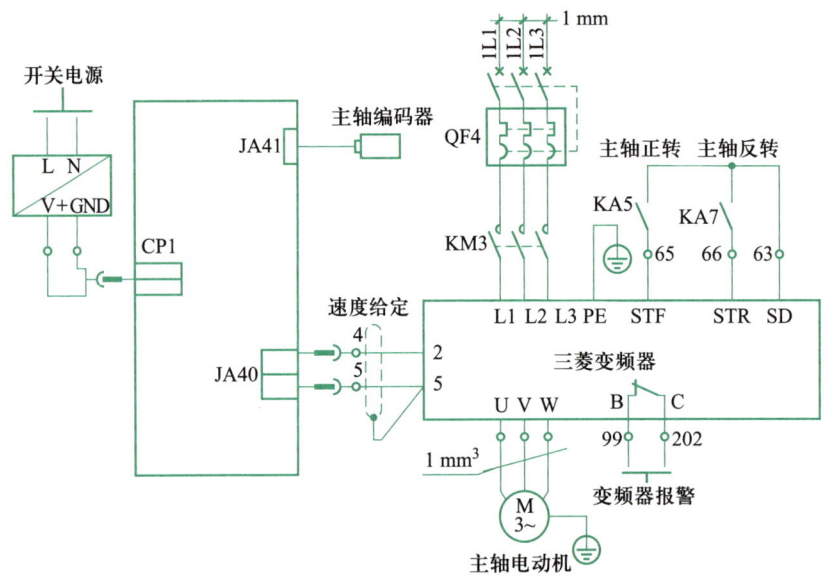

图 4.4.7　模拟主轴控制电气原理图

表 4.4.1　模拟主轴控制相关的系统参数

参数号	功能	设定值
3716	使用模拟主轴	0
3717	主轴模块编号	1
3718	显示下标	80
3720	主轴脉冲编码器编号	4 096
3730	主轴速度模拟输出的增益调整/(r/min)	1 000
3735	主轴最低钳制速度/(r/min)	0
3736	主轴最高钳制速度/(r/min)	1 400
3741	主轴最大速度/(r/min)	1 400
3772	主轴上限钳制。设为 0,表示不钳制	0
8133#5	不使用串行主轴编号	1

如果主轴控制采用变频主轴,速度信号是来自数控系统 CNC 发出的 0~10 V 模拟量,通过主轴编码器反馈给系统控制转速。系统向外部提供 0~10 V 模拟电压以控制变频器调速,注意使用单极性时,极性不要接错;否则变频器无法调速。

【任务实施】

1. CNC 系统调试

在进行 CNC 系统调试时,主要是根据不同的控制要求设置参数,将控制要求反映到主轴转速的模拟量输出上,使之与控制要求一一对应。以 FANUC 数控系统某型号数控车床的模拟主轴控制为例,CNC 的转速指令输出极限(模拟量)为 10 V,挡位 1~3 对应的最高转速分别为 1 000 r/min、2 000 r/min、4 000 r/min,CNC 相关主轴参数见表 4.4.2。

表 4.4.2　CNC 相关主轴参数

参数号	设置值	设置说明
3701#1	1	0:带串行主轴;1:模拟主轴控制
3741	1 000	主轴 1 挡最高转速/(r/min)
3742	2 000	主轴 2 挡最高转速/(r/min)
3743	4 000	主轴 3 挡最高转速/(r/min)
3706#7	1	主轴转速模拟量输出极性设定
3706#6	0	00:正;01:负;10/11:正负

设置 CNC 参数时,需要先打开参数写入功能,当所有参数设置完成后,要关闭此功能。

2. 变频器调试

变频器调试时,需要将 CNC 系统输入的模拟量转换为主轴电动机的实际转速。变频器需要进行速度、电流、功率、上下限频率、加减速时间等参数的设定与调整,从而使主轴的实际输出转速与来自 CNC 系统的模拟量保持一一对应。以三菱 E700 变频器为例,变频器主要参数的设定见表 4.4.3,对于其他品牌的通用变频器,设置内容大体相同。

表 4.4.3　变频器主要参数的设定

参数	名称	显示	设定范围	出厂设定值	用户设定值
1	上限频率	P1	0~120 Hz	50 Hz	50 Hz
7	加速时间	P7	0~999 s	5 s	5 s
8	减速时间	P8	0~999 s	5 s	5 s
9	过电流保护	P9	0~50 A	额定输出电流	3.0
30	扩张功能显示选择	P30	0,1	0	1
79	操作模式选择	P79	0~4,7,8	0	2
80	电动机容量	P80	0.1~7.5 kW	9 999	9 999
73	0~10V 选择	P73	0,1	1(0~5V)	0(0~10V)

续表

参数	名称	显示	设定范围	出厂设定值	用户设定值
14	适用负荷选择	P14	0,1,2,3	0	1
38	下限频率	P38	1~120 Hz	50 Hz	43 Hz

注:(1)以上参数在变频器用于数控系统控制时,应按用户设定的数据调试,才能正常安全运行。本变频器出厂时,已按用户数据进行设定。

(2)调试方法参照变频器使用手册,这里不进行介绍。

【任务评价】

根据本任务完成情况填写任务评价表。

任务评价表

小组			姓名			
序号	考核项目	考核内容	配分	自评	互评	师评
1	职业素养	行为符合规范	5			
2		遵守纪律	5			
3		工位整洁,设备清理干净,日常维护正确	10			
4	文明生产	按有关规定安全文明操作	10			
5	技能操作	3701#1、3741 调试	10			
6		3742、3743 调试	10			
7		3706#7、3706#6 调试	20			
8		变频器上限频率、加速时间、减速时间调试	10			
9		电子过电流保护、扩张功能显示选择、操作模式选择调试	10			
10		电动机容量、0~10V 选择、适用负荷选择调试	10			
		总计	100			

【任务拓展】

通过学习本任务,使学习者理解模拟主轴的连接与调试的方法。下面介绍欧姆龙变频器的使用。

1. 欧姆龙变频器概述

简易型智能变频器 SYSDRIVE 3G3JZ 系列是以 V/f 控制为中心,集成了必要功能的变频器。在原先 3G3JV 基础上，追加了通用电动机所必要的功能，且维持了简易性。如图 4.4.8 所示为简易型智能欧姆龙变频器。

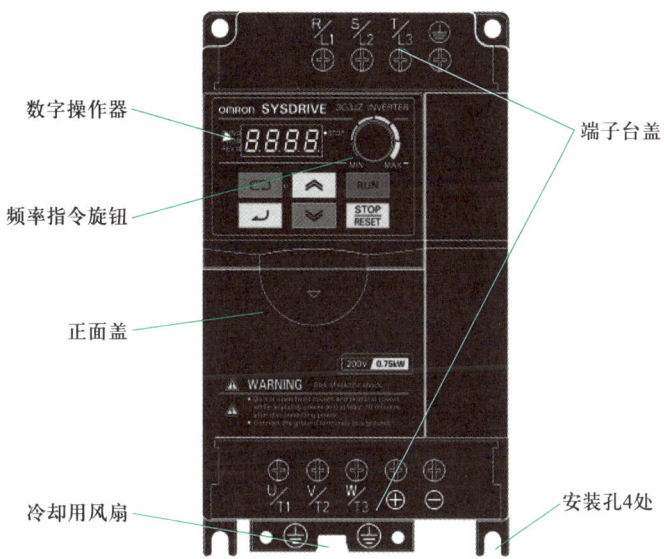

图 4.4.8　简易型智能欧姆龙变频器

在原先的变频器单体装置上，追加 PLC 连接 RS485 通信，可以追加功能性控制。另外，如果使用欧姆龙（Omron）的 CP1L 系列 PLC，用 RS485 通信还能实现简易位置控制，可通过 RS485 通信功能来提升等级。

2. 回路端子的说明

进行端子台配线时，应拆除前盖并打开端子台盖（小功率机型无）。在对主回路端子、控制回路端子配线时，标签可能已经安装好。配线时应注意标签，完成配线后应务必拆除，端子说明见表 4.4.4、表 4.4.5。

表 4.4.4　主回路端子的说明

记号	名称	内容
R/L1 S/L2 T/L3	电源输入端子	3G3JZ-AB：单相 200~240 VAC 3G3JZ-A2：3 相 200~240 VAC 3G3JZ-A4：3 相 380~480 VAC
U/T1 V/T2 W/T3	电动机输出端子	驱动电动机的 3 相电源输出。 3G3JZ-AB：3 相 200~240 VAC 3G3JZ-A2：单相 200~240 VAC 3G3JZ-A3：3 相 380~480 VAC
+ −	直流电源输入端子	直流电源输入端子

续表

记号	名称	内容
⏚	接地端子	应按以下方式接地： 3G3JZ-AB、3G3JZ-A2： 第 3 类接地(接地电阻 100 Ω 以下) 3G3JZ-A4:特别第 3 类接地(接地电阻 10 Ω 以下) 与电动机柜地线直接配线

表 4.4.5　控制回路端子的说明

	记号	内容	规格
输入	S1	多功能输入 1(正转/停止)	光耦合器 +24 V(±10%) DC 16 mA 1. 初期设定时设定于 NPN,因此应用 GND 公共端配线,不需要使用外部电源。 2. 使用外部电源在+侧公共端配线时,将 SW1 切换为 PNP,使用 24 V(±10%) DC 电源
	S2	多功能输入 2(反转/停止)	
	S3	多功能输入 3(外部异常)	
	S4	多功能输入 4(异常复位)	
	S5	多功能输入 5(多段速指令 1)	
	S6	多功能输入 6(多段速指令 2)	
	SC	时序输入公共端	
	SP	时序电源+24 V	+24 VDC 20 mA
	AC	模拟公共端	模拟输入、模拟输出的 0 V
	A1	频率指令输入	0~+10 VDC(10 位)/47 kΩ
	+V	频率指令电源	+10 VDC 20 mA
输出	MA	多功能输出 1a 常开接点(异常输出)	继电器输出 ·电阻负载时,+24 VDC 3 A 以下/250 VAC 3 A 以下 ·电感负载时,+24 VDC 0.5 A 以下/250 VAC 0.5 A 以下
	MB	多功能输出 1b 常闭接点(异常输出)	
	MC	多功能输出 1 公共端	
	AM	多功能模拟输出	0~+10 VDC(8 位)2 mA
	(AC)	模拟公共端	

【任务自测】

一、单选题

1. 加工操作时,可进入变频器的_____状态,从而实时监控数控机床主轴驱动单元的工作情况。

A. 运行　　　　　　B. 试运行　　　　　　C. 参数管理　　　　　　D. 监视

2. 下列设置不使用串行主轴的参数是_____。
A. 8133#5　　　　B. 8135#5　　　　C. 8133#6　　　　D. 8135#5
3. 下列设置主轴模块号的参数是_____。
A. 3717 = 1　　　B. 3717 = 0　　　C. 3718 = 1　　　D. 3718 = 0

二、判断题
1. 直接式变频器将频率固定的交流电源转换成频率连续可调的交流电源。（　　）
2. 速度信号是来自 CNC 数控系统发出的 0~10 V 模拟量。（　　）

三、简答题
1. 简述变频器控制电路。
2. 简述变频器的使用注意事项。

项目五　PLC 故障诊断与维修

任务 5.1　PMC 的基本操作页面

【任务导入】

当数控机床(简称机床)的外围顺序控制部分出现故障时,需要查看数控系统中的内装PMC(可编程机床控制器)的相关 I/O 点、信号和 PMC 程序,利用这些信息帮助进行故障诊断。本任务介绍 PMC 的基本知识和基本操作。如图 5.1.1 所示为 PMC 软件结构图。

图 5.1.1　PMC 软件结构图

【任务目标】

1. 知识目标

(1) 学习数控机床 PMC 的基本知识。
(2) 学习 FANUC PMC 的内部信号。

2. 能力目标

(1) 能进行 FANUC PMC 维护页面的基本操作。
(2) 掌握 FANUC PMC 的内部信号。

3. 素养目标

(1) 通过学习 PMC 基本操作页面,养成严谨认真的能力。
(2) 培养逻辑思维能力、解决问题的能力。

【任务分析】

数控系统控制数控机床主要做两类事,一类是工件与刀具按照事先指定的轨迹和速度进行精确地相对运动,由伺服模块完成;另一类是完成机械手换刀、工件卡紧、冷却等辅助工作,由 PMC 和接口电路完成,主要由以下 3 个部分组成,如图 5.1.2 所示。

① PMC(Programmable Machine Controller,可编程机床控制器):通过 PMC 程序来控制数控系统与机床接口的输入/输出信号。PMC 在其他工业自动化领域称为 PLC,FANUC 公司为了将其数控系统内装式 PLC 区别于通用的 PLC,将其命名为 PMC。FANUC PMC 主要以软件的方式嵌入数控系统,而 PMC 软件包含 FANUC 公司开发的 PMC 系统软件和 PMC 用户软件,后者是机床厂家根据机床的具体情况要求编辑的梯形图程序,这两部分程序最终都存储在 FROM 中。

② I/O 接口电路:接收和发送机床输入/输出的开关信号或模拟信号。是 PMC 输入/输出信号的硬件载体。

③ 执行元件:电磁阀、接近开关、按钮、传感器等。

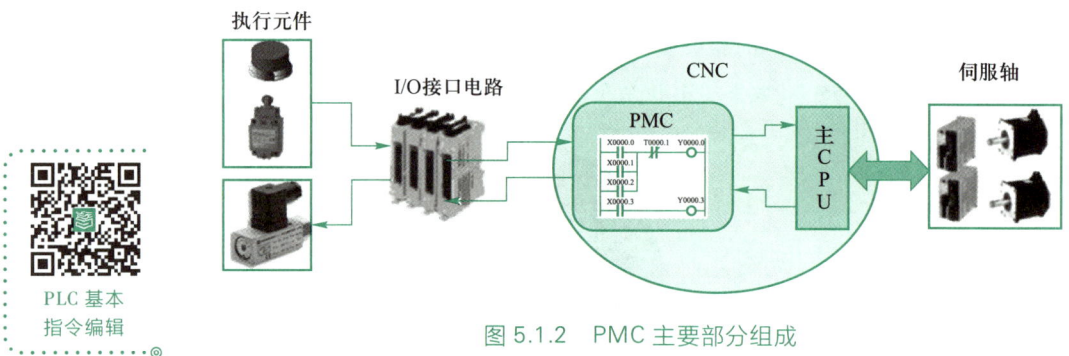

图 5.1.2　PMC 主要部分组成

PLC 基本指令编辑

【知识衔接】

5.1.1　FANUC PMC 信号

PMC 的信息交互以 PMC 为中心,由 X、Y、G、F 4 种信号在 CNC、PMC 和机床三者之间进行信息交换,如图 5.1.3 所示。

X 信号:来自机床侧的输入信号,是机床(MT)输入到 PMC 的信号。如急停开关、按钮、行程开关、接近开关等。PMC 接收来自机床侧各装置的输入信号,在顺序程序中进行逻辑运算,以此作为机床动作的条件及对外围设备进行诊断的依据。

Y 信号:是 PMC 输出到机床侧的信号。在 PMC 程序中,根据顺序程序,输出信号控制机床侧的接触器、电磁阀、指示灯等动作,满足机床运行的需要。

G 信号:是 PMC 输出到 CNC 的信号,以实现控制。该信号是经过 PMC 处理后输出到 CNC 的信号,包含 FANUC 定义的内部地址,如自动运转起动信号 ST(G7.2)、串行主轴正转信号 SFRA(G70.5)、串行主轴反转信号 SRVA(G70.4)、串行主轴停止 *SSTP(G29.6)等。

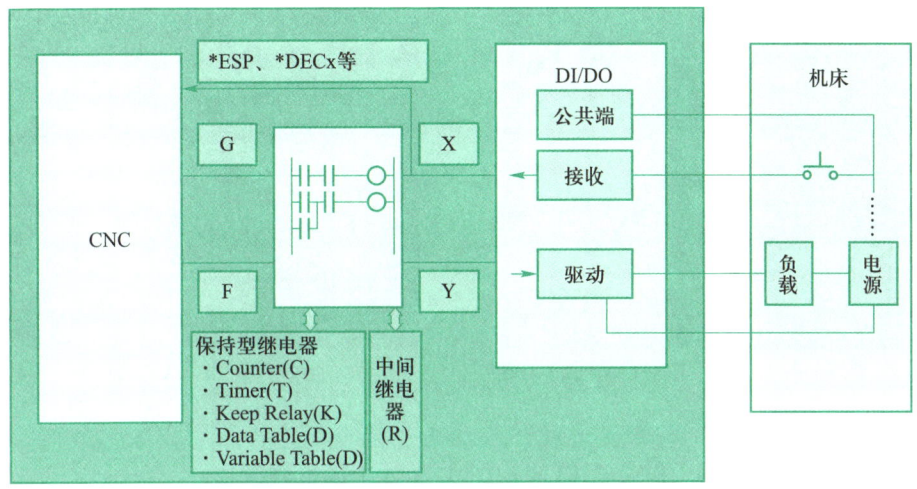

图 5.1.3　PMC 的信号

F 信号：是 CNC 输出到 PMC 的信号，CNC 将系统相关状态以及请求的相关信号（如工作方式、系统准备好信号、速度到达信号等），反馈给 PMC 进行逻辑运算。包含 CNC 输入到 PMC 的代码指令等，如 M 代码（地址 F10~F13）、T 代码（地址 F26~F29）、系统准备信号 MA（地址 F1.7）、伺服准备信号 SA（地址 F0.6）等。

所谓的"输入""输出"，是以 PMC 为控制主体，从 CNC 输入的是 X 地址，输出的是 Y 地址；从 CNC 输入的是 F 地址，输出的是 G 地址。

PMC 程序使用的内部地址包含：R（Register）、T（Timer）、C（Counter）、K（Keep Relay）、D（Datasheet）、A（Alarm Message）。

PMC 处理外部报警

PMC 信号强制

5.1.2　PMC 维护页面

通过查看 PMC 各操作页面，可以完成查看地址状态、参数设置、梯形图监控等功能。按【SYSTEM】软键，在右边扩展翻页找到"PMC MNT"选项，进入 PMC 维护页面。

1. 信号状态监控页面

在 PMC 维护页面下，按下【信号】软键，即进入信号状态监控页面，显示所有地址的状态以及地址的符号注释，如图 5.1.4 所示。

信号状态有三种显示方法：以"0"或"1"显示、以十六进制显示、以十进制显示。可以对部分信号进行强制开关。

在 PMC 运行时，可以通过信号状态显示监控机床设备运行状态，来判断故障原因。

（1）信号按"0"或"1"来显示状态，例如，信号 X8.4 显示为"1"，表示急停功能无效。

（2）信号按十六进制或十进制来显示一个字节的状态，两种显示方法可以通过软键相互切换。

2. I/O Link 页面

I/O Link 页面如图 5.1.5 所示，按照组的顺序显示 I/O Link 上所连接的 I/O 单元种类和槽等内容。

项目五　PLC 故障诊断与维修

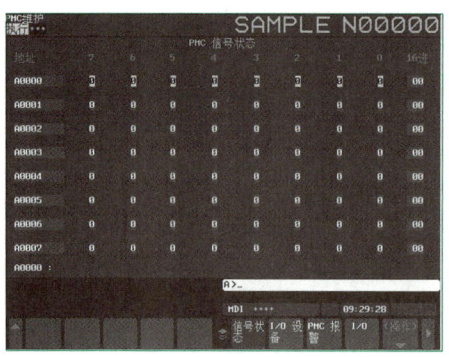

图 5.1.4　信号状态监控页面

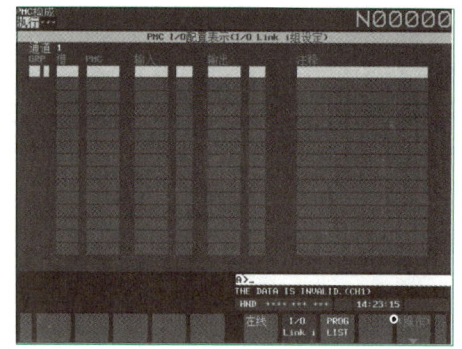

图 5.1.5　I/O Link 页面

3. PMC 报警页面

PMC 报警页面如图 5.1.6 所示,显示在 PMC 中发生的报警信息。

4. 输入/输出页面

输入/输出页面如图 5.1.7 所示。在该页面上可以进行顺序程序和 PMC 参数的写入和读取。可用的输入/输出设备有存储卡、FLASH ROM、U 盘等。

PMC 报警分类

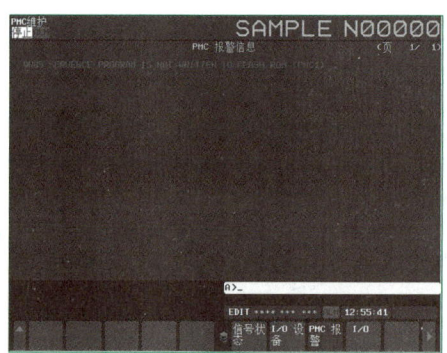

图 5.1.6　PMC 报警页面

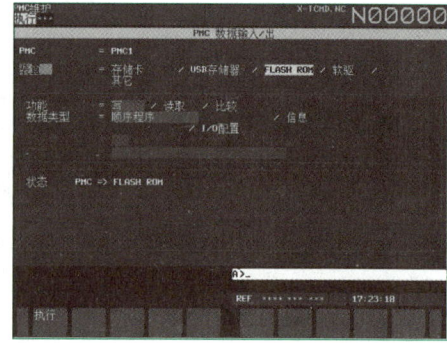

图 5.1.7　输入/输出页面

5.1.3　PMC 梯形图页面

LADDER Ⅲ 软件使用

梯形图集中监控

梯形图页面可以编辑和监控梯形图状态,按【PMCLAD】软键进入。梯形图页面主要显示梯形图的结构等内容,如图 5.1.8 所示,在 PMC 程序列表中,可以选择对应的程序来查看编辑。

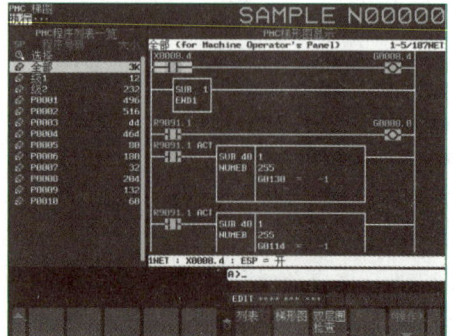

图 5.1.8　梯形图页面

5.1.4 PMC 配置页面

PMC 的配置页面按【PMCCNF】软键进入，分为标头、设定、PMC 状态、SYS 参数、模块、符号、信息、在线，下面讲解主要部分。

1. PMC 标头页面

如图 5.1.9 所示的 PMC 标头页面用于显示 PMC 程序的信息。

2. PMC 设定页面

PMC 设定页面如图 5.1.10 所示，显示 PMC 设定的内容，用于调试、编辑、保护 PMC 程序，调试人员可以通过设置保证 PMC 梯形图的正常运行。

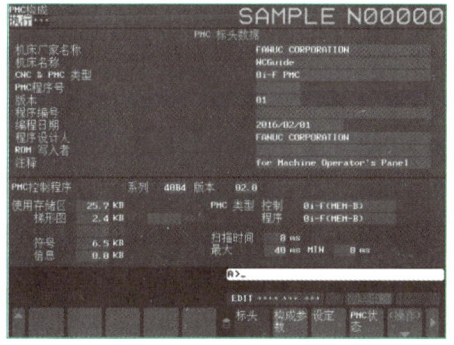

图 5.1.9　PMC 标头页面

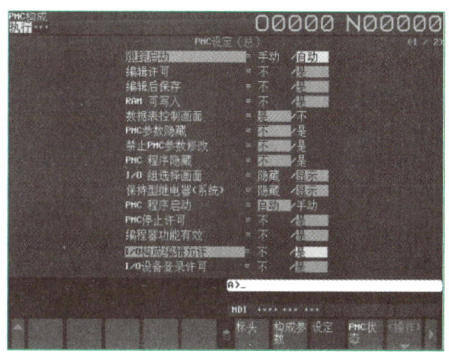

图 5.1.10　PMC 设定页面

3. 模块页面

模块页面显示 I/O 地址的设定内容，可以对 I/O 信号进行地址分配，如图 5.1.11 所示。

4. 符号页面

符号页面显示和编辑 PMC 程序中用到的符号地址与注释等信息，如图 5.1.12 所示。

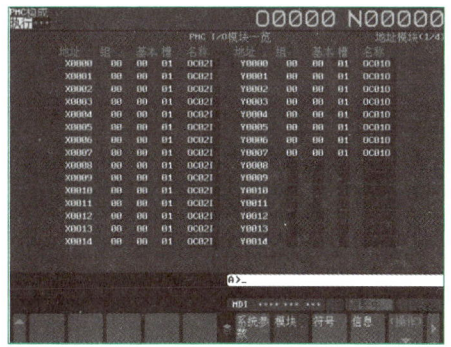

图 5.1.11　模块页面

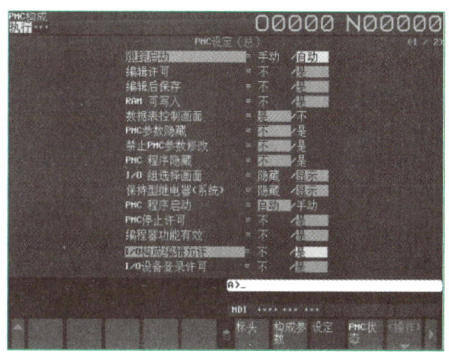

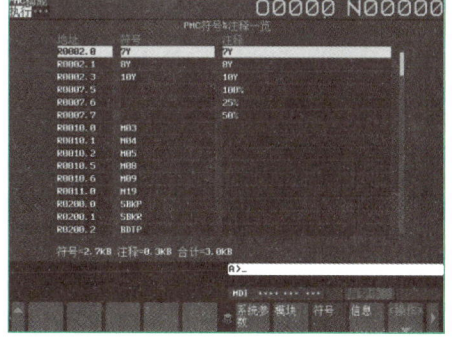

图 5.1.12　符号页面

5. 在线页面

在线页面用于在线监控的相关参数设定，可以设定数控系统与 PC 端的互联互通，完成梯形图的在线监测、上传下载、NC 程序的传输等内容，如图 5.1.13 所示。

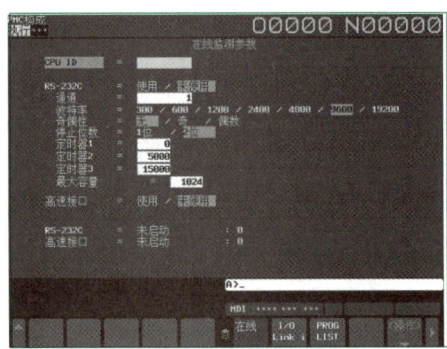

图 5.1.13　在线页面

【任务实施】

PMC 信号诊断

梯形图检索

（1）PMC 页面的操作步骤如下：

按下【SYSTEM】功能键，用扩展软键翻动页面，出现如下 3 种辅助菜单。

① PMC 维修（PMCMNT 页面）：该菜单显示 PMC 信号状态、PMC 报警、数据输入输出、PMC 参数、信号跟踪和 I/O 诊断页面。

② PMC 梯图（PMCLAD 页面）：该菜单显示程序列表、梯图显示/编辑等。

③ PMC 配置（PMCCNF 页面）：该菜单显示 PMC 标头、数据设定、PMC 状态、模块显示/编辑、信息显示/编辑、在线监控等页面。

（2）操作这 3 种菜单的子菜单连接框页面，并填写表 5.1.1 PMC 页面的操作实验记录单。

表 5.1.1　PMC 页面的操作实验记录单

一级菜单名称	子级菜单名称	子级菜单内容
PMC 维修 （PMCMNT 页面）		

续表

一级菜单名称	子级菜单名称	子级菜单内容
PMC 梯图 （PMCLAD 页面）		
PMC 配置 （PMCCNF 页面）		

【任务评价】

根据本任务完成情况填写任务评价表。

任务评价表

小组				姓名			
序号	考核项目	考核内容	配分	自评	互评	师评	
1	职业素养	行为符合规范	10				
2		遵守纪律	10				
3		工位整洁,设备清理干净,日常维护正确	10				
4	文明生产	按有关规定安全文明操作	10				
5	技能操作	PMC 维修（PMCMNT 页面）	20				
6		PMC 梯图（PMCLAD 页面）	20				
7		PMC 配置（PMCCNF 页面）	20				
	总计		100				

【任务拓展】

通过学习本任务,使学习者理解 PMC 的基本操作方法。下面进行华中 8 型梯形图 PLC 的学习。

华中 8 型梯形图 PLC 采用循环扫描的方式。在程序开始执行时,第一次上电或重新载入 PLC 时将运行一次初始化,之后所有的输入状态都发送到输入映象寄存器,然后开始顺序调用用户程序 PLC1 及 PLC2,当一个扫描周期完成的时候所有的结果都将传送到输出映象寄存器,用以控制 PLC 的实际输出,如此循环往复。

1. 梯形图监控

选择【梯图监控】功能键,即进入梯形图监控操作页面。梯形图监控操作页面包括程序列表、查找、禁止、允许、恢复、锁定列表、交叉引用,共 7 个功能按键,如图 5.1.14 所示。

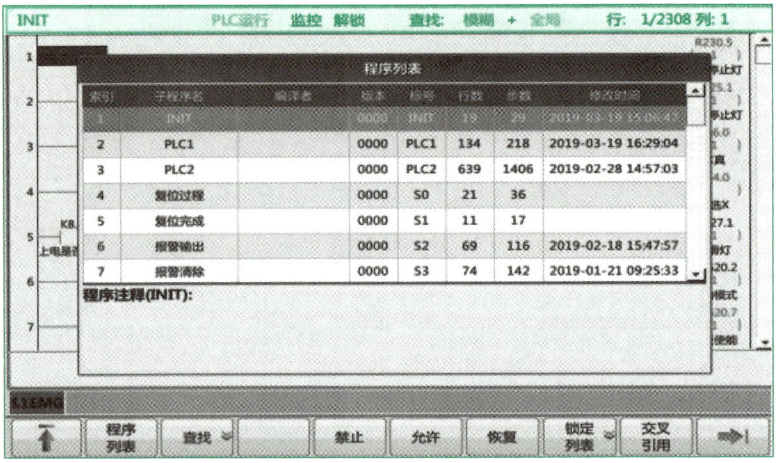

图 5.1.14 梯形图监控操作页面

2. 梯形图编辑

选择【梯图编辑】功能键,即进入梯形图编辑操作页面。梯形图编辑操作页面包括程序列表、直线、常开、常闭、逻辑输出、取反输出、竖线、删除竖线、查找、删除元件、功能模块、编辑网络、列表编辑、双线圈、更新修改和放弃修改,共 16 个功能按键,如图 5.1.15 所示。

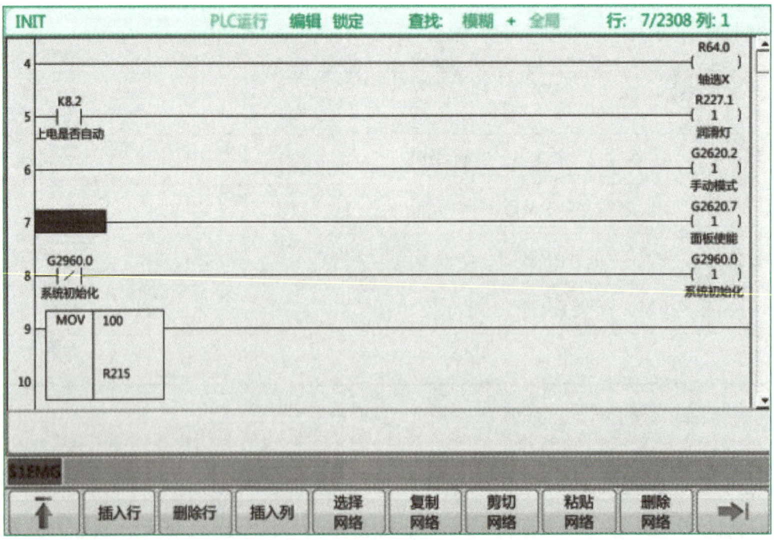

图 5.1.15 梯形图编辑操作页面

3. 梯形图信息

梯形图信息页面如图 5.1.16 所示。

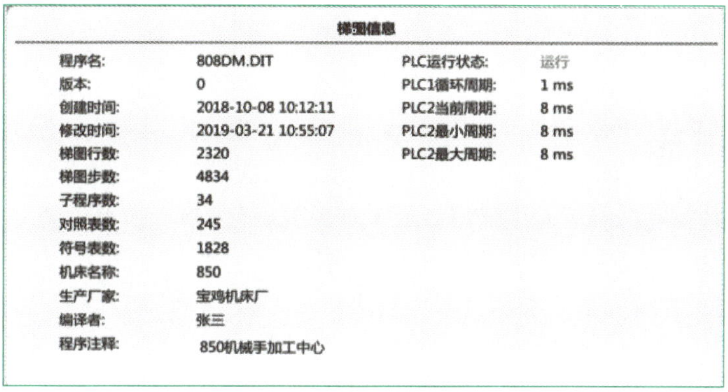

图 5.1.16　梯形图信息页面

【任务自测】

一、单选题

1. 在梯形图中,继电器线圈和触点的信号地址由_____组成。

   A. 一个信号名称和位号
   B. 一个地址号和位号
   C. 一个信号名称和地址号
   D. 一个执行条件和位号

2. 在梯形图页面进行搜索时,下列说法错误的是_____。

   A. 可只搜索线圈
   B. 可进行功能指令的搜索
   C. 只能按顺序搜索
   D. 可通过功能指令号进行功能搜索

3. PMC 与机床之间的信息传送通过 CNC 电路的_____来实现。

   A. 光电隔离电路　　　　　　　B. 以太网接口
   C. RS232 接口　　　　　　　　D. 输入输出接口

4. PMC 参数不包括_____。

   A. 模块地址分配　　　　　　　B. 定时器 T
   C. 计数器 C　　　　　　　　　D. K 参数

二、判断题

1. FANUC PMC 程序存放在 SRAM 中。(　　)
2. G 信号是 PMC 输出到 CNC 的信号,对数控系统进行控制。(　　)

三、简答题

1. 解释监控 PMC 的信号状态(页面)。
2. PMC 由哪几部分组成？简述各组成部分的用途。

任务 5.2 I/O Link 连接与地址设定

【任务导入】

机床侧的输入/输出信号连接到相应的 I/O 单元，经过串行通信电缆与系统相连，其中 I/O 单元与系统之间的通信连接称为 I/O Link 连接。

采用串行连接方式将主控单元与 I/O 模块相连后，每个 I/O 模块的物理位置依据其在回路中的先后顺序，以组、座、槽来描述。如图 5.2.1 所示为 I/O Link 的连接图。

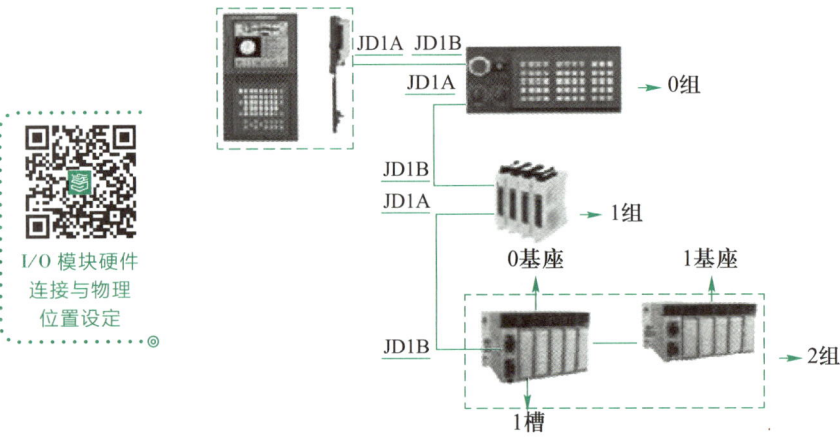

图 5.2.1 I/O Link 的连接图

【任务目标】

1. 知识目标

（1）学习 FANUC PMC 信号定义与原理基本知识。

（2）学习 I/O 地址分配的基本知识。

2. 能力目标

（1）掌握 I/O Link 的连接基本操作。

（2）掌握 I/O 地址的分配方法。

3. 素养目标

（1）通过学习 I/O Link 连接与地址设定，养成查阅资料、分析问题的能力。

（2）培养精益求精、踏实严谨的工作作风。

【任务分析】

FANUC PMC 由内装 PMC 软件、接口电路、外围设备（接近开关、电磁阀、压力开关等）构成，连接主控系统（内置 PMC）与从属 I/O 接口设备的电缆是高速串行电缆，称为 I/O

Link,它是 FANUC 专用 I/O 总线,工作原理与欧洲标准工业总线 Profibus 类似,但协议不一样。此外,通过 I/O Link 可以连接 FANUC β 系列伺服模块,作为 PMC 轴(非插补轴)使用。如图 5.2.2 所示为数控机床 I/O 模块连接示意图。

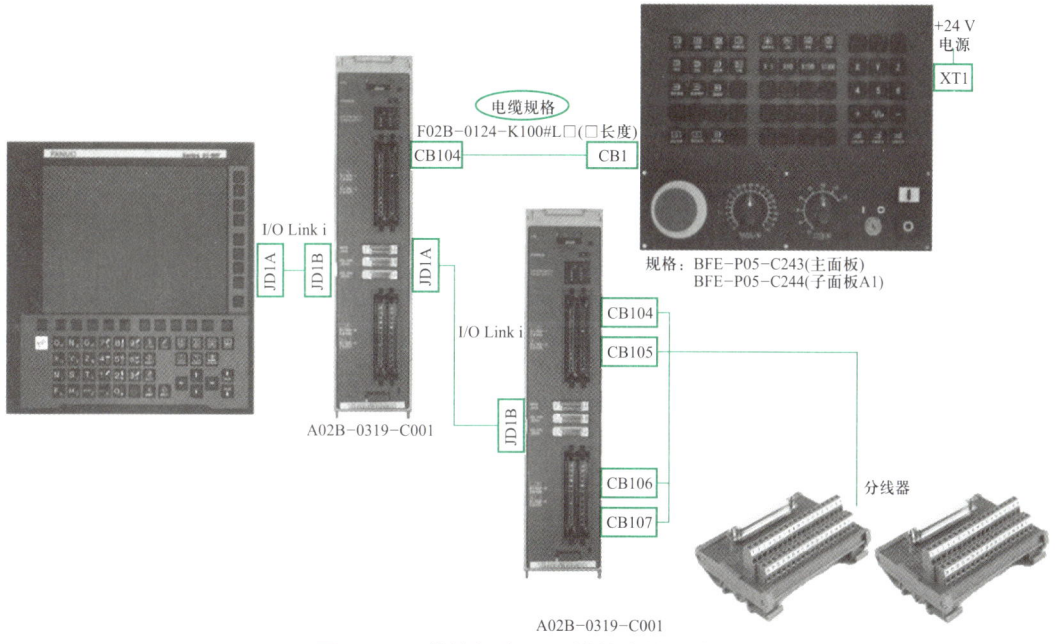

图 5.2.2　数控机床 I/O 模块连接示意图

【知识衔接】

5.2.1　常用的 I/O 模块

FANUC 常用的 I/O 模块包括 I/O 单元(0i 用 I/O 单元)、FANUC 标准机床 MDI 面板、操作盘 I/O 模块、分线盘 I/O 模块、FANUC I/O UNIT A/B 单元、I/O Link 轴等,如图 5.2.3 所示。其说明见表 5.2.1。

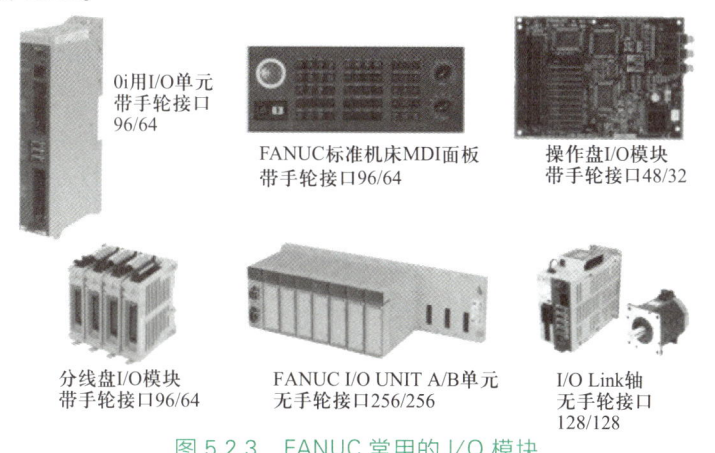

图 5.2.3　FANUC 常用的 I/O 模块

项目五 PLC 故障诊断与维修

表 5.2.1 FANUC 常用的 I/O 模块说明

装置名	概要说明	手摇脉冲发生器	信号点数输入/输出
分线盘 I/O 模块	是一种分散型的 I/O 模块,能适应机床强电电路输入/输出信号任意组合的要求	有(3 台)	最大 96/64
操作盘用 I/O 模块	是带有机床操作盘接口的装置,可适应强电回路对输入/输出信号的要求,带有手摇脉冲发生器的接口	有(3 台)	最大 48/32
FANUC I/O Unit-MODEL A	是一种模块结构的 I/O 装置,能适应机床强电回路输入/输出信号任意组合的要求	无	最大 224/256
FANUC I/O Unit-MODEL B	是一种分散型 I/O 模块,能适应机床强电回路输入/输出信号任意组合的要求	无	最大 224/256
新机床操作盘	是装在机床操作盘上,带有矩阵排列的键开关、LED 及手摇脉冲发生器接口的装置可随意组合键帽	有(3 台)	最大 256/256
伺服装置 β 系列	是用 I/O Link 连接 CNC 后控制伺服电动机的装置	无	—

5.2.2 I/O 模块硬件连接

I/O 模块硬件连接如图 5.2.4 所示。数控系统配置了 FANUC 标准机床 MDI 面板和 I/O 单元两种类型的 I/O 模块。I/O 模块之间采用 I/O Link 串行连接方式,数控系统的 JD51A 接口连接至 FANUC 标准机床 MDI 面板的 JD1B,再从标准机床 MDI 面板的 JD1A 连接至 I/O 单元的 JD1B。

FANUC 标准机床 MDI 面板可连接 96 个输入信号和 64 个输出信号,通过 JA3 接口连接手轮。I/O 单元是 FANUC 0i 标准 I/O 单元,同样可连接 96 个输入信号和 64 个输出信号,通过 JA3 接口连接手轮。

FANUC I/O Link i 是一个串行接口,通过 I/O Link 电缆将数控系统、I/O 模块和标准机床 MDI 面板等连接起来。FANUC 0i-F 系列主板上的 I/O 接口为 JD51A,通过信号线连接相邻 I/O 模块的 JD1B 接口,再从这个模块的 JD1A 接口连接到下一个模块的 JD1B 接口,依此类推,直至连接到最后一个 I/O 模块的 JD1B 接口,最后一个 I/O 模块的 JD1A 接口空着。I/O 模块物理位置设定如图 5.2.5 所示。

任务 5.2　I/O Link 连接与地址设定

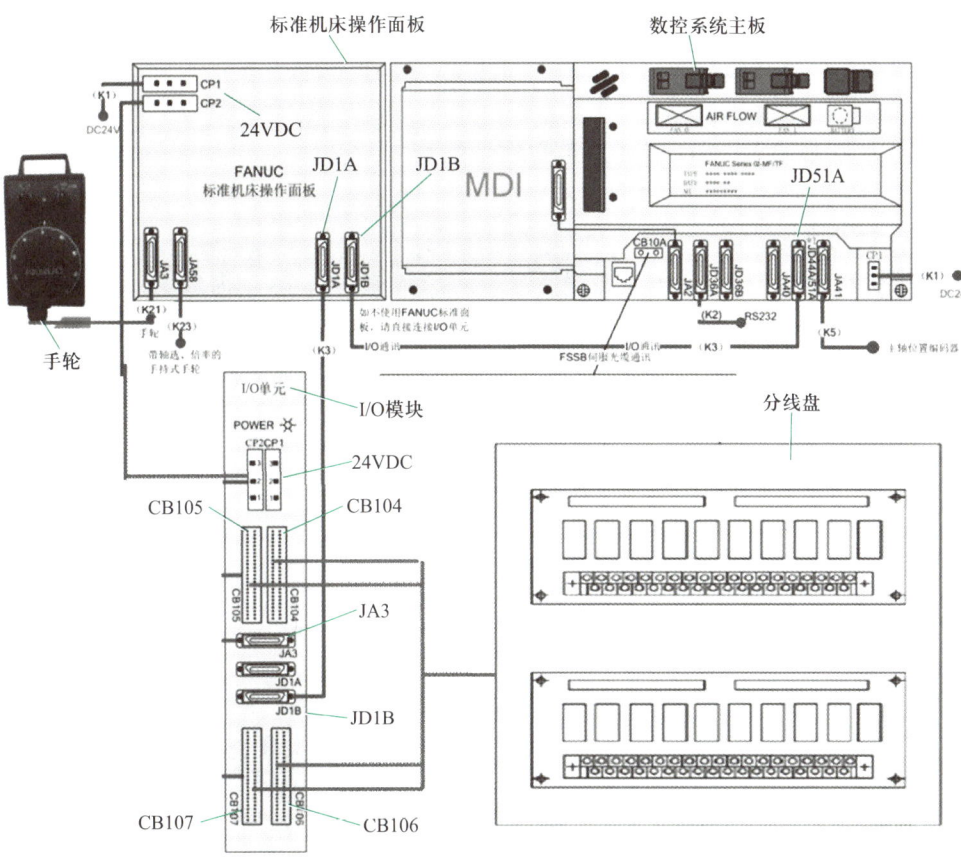

图 5.2.4　I/O 模块硬件连接

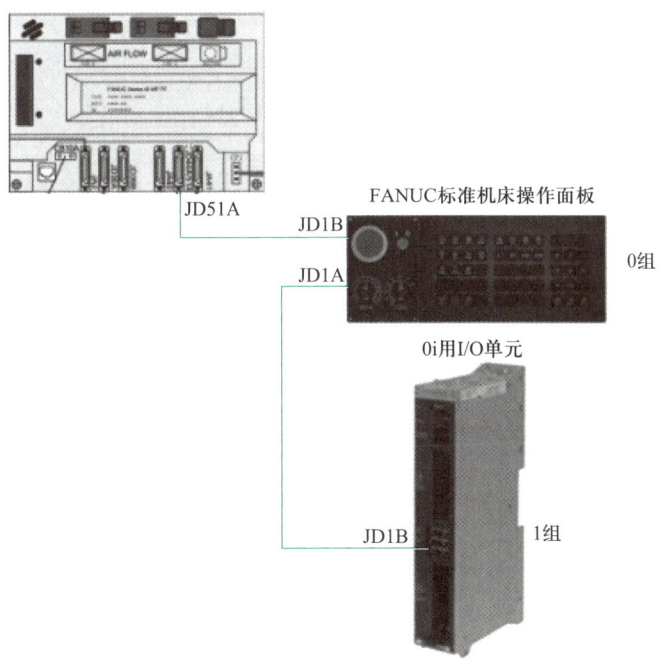

图 5.2.5　I/O 模块物理位置设定

149

按照这种 JD1A 接 JD1B 方式串行连接的各 I/O 模块,其物理位置按照组来进行定义,距数控系统最近的 I/O 模块为第 0 组,下一个模块为第 1 组,依此类推。

5.2.3 I/O 单元 DI/DO 连接器引脚地址配置

1. I/O 单元连接器地址分配

I/O 单元通过 CB104~CB107 连接器与机床控制柜分线盘、标准机床 MDI 面板(不带 I/O 接口)上输入/输出信号连接,每个输入/输出信号状态通过 JD51A 接 JD51B 方式与数控系统连通,形成数控系统与 I/O 单元之间信号串行传递方式。

I/O 单元 CB104~CB107 连接器地址分配如图 5.2.6 所示,每个连接器有 50 个引脚、24 个输入信号和 16 个输出信号。以 CB104 连接器为例,输入信号地址范围为 $Xm+0.0 \sim Xm+2.7$,共 3 字节 24 个输入信号,其中"m"为输入信号起始地址。

	CB104 HIROSE 50PIN			CB105 HIROSE 50PIN			CB106 HIROSE 50PIN			CB107 HIROSE 50PIN	
	A	B		A	B		A	B		A	B
01	0 V	24 V	01	0 V	24 V	01	0 V	24 V	01	0 V	24 V
02	Xm+0.0	Xm+0.1	02	Xm+3.0	Xm+3.1	02	Xm+4.0	Xm+4.1	02	Xm+7.0	Xm+7.1
03	Xm+0.2	Xm+0.3	03	Xm+3.2	Xm+3.3	03	Xm+4.2	Xm+4.3	03	Xm+7.2	Xm+7.3
04	Xm+0.4	Xm+0.5	04	Xm+3.4	Xm+3.5	04	Xm+4.4	Xm+4.5	04	Xm+7.4	Xm+7.5
05	Xm+0.6	Xm+0.7	05	Xm+3.6	Xm+3.7	05	Xm+4.6	Xm+4.7	05	Xm+7.6	Xm+7.7
06	Xm+1.0	Xm+1.1	06	Xm+8.0	Xm+8.1	06	Xm+5.0	Xm+5.1	06	Xm+10.0	Xm+10.1
07	Xm+1.2	Xm+1.3	07	Xm+8.2	Xm+8.3	07	Xm+5.2	Xm+5.3	07	Xm+10.2	Xm+10.3
08	Xm+1.4	Xm+1.5	08	Xm+8.4	Xm+8.5	08	Xm+5.4	Xm+5.5	08	Xm+10.4	Xm+10.5
09	Xm+1.6	Xm+1.7	09	Xm+8.6	Xm+8.7	09	Xm+5.6	Xm+5.7	09	Xm+10.6	Xm+10.7
10	Xm+2.0	Xm+2.1	10	Xm+9.0	Xm+9.1	10	Xm+6.0	Xm+6.1	10	Xm+11.0	Xm+11.1
11	Xm+2.2	Xm+2.3	11	Xm+9.2	Xm+9.3	11	Xm+6.2	Xm+6.3	11	Xm+11.2	Xm+11.3
12	Xm+2.4	Xm+2.5	12	Xm+9.4	Xm+9.5	12	Xm+6.4	Xm+6.5	12	Xm+11.4	Xm+11.5
13	Xm+2.6	Xm+2.7	13	Xm+9.6	Xm+9.7	13	Xm+6.6	Xm+6.7	13	Xm+11.6	Xm+11.7
14			14			14	COM4		14		
15			15			15			15		
16	Yn+0.0	Yn+0.1	16	Yn+2.0	Yn+2.1	16	Yn+4.0	Yn+4.1	16	Yn+6.0	Yn+6.1
17	Yn+0.2	Yn+0.3	17	Yn+2.2	Yn+2.3	17	Yn+4.2	Yn+4.3	17	Yn+6.2	Yn+6.3
18	Yn+0.4	Yn+0.5	18	Yn+2.4	Yn+2.5	18	Yn+4.4	Yn+4.5	18	Yn+6.4	Yn+6.5
19	Yn+0.6	Yn+0.7	19	Yn+2.6	Yn+2.7	19	Yn+4.6	Yn+4.7	19	Yn+6.6	Yn+6.7
20	Yn+1.0	Yn+1.1	20	Yn+3.0	Yn+3.1	20	Yn+5.0	Yn+5.1	20	Yn+7.0	Yn+7.1
21	Yn+1.2	Yn+1.3	21	Yn+3.2	Yn+3.3	21	Yn+5.2	Yn+5.3	21	Yn+7.2	Yn+7.3
22	Yn+1.4	Yn+1.5	22	Yn+3.4	Yn+3.5	22	Yn+5.4	Yn+5.5	22	Yn+7.4	Yn+7.5
23	Yn+1.6	Yn+1.7	23	Yn+3.6	Yn+3.7	23	Yn+5.6	Yn+5.7	23	Yn+7.6	Yn+7.7
24	DOCOM	DOCOM	24	DOCOM	DOCOM	24	DOCOM	DOCOM	24	DOCOM	DOCOM
25	DOCOM	DOCOM	25	DOCOM	DOCOM	25	DOCOM	DOCOM	25	DOCOM	DOCOM

图 5.2.6 I/O 单元 CB104~CB107 连接器地址分配

在对 I/O 模块进行地址分配时,要注意以下几点:

(1) 高速信号要接在 I/O 模块连接器的指定地址引脚上。

(2) CB104、CB105、CB106、CB107 引脚图中的 B01 引脚+24 V 是输出信号,该引脚输出 24 V 电压,不要将外部 24 V 电压接到该引脚上。

(3) 如果需要使用连接器的 Y 信号, 可将 24 V 电压输入到 DOCOM 引脚。

(4) 如果需要使用 Xm+4 的地址, 不要悬空 COM4 引脚, 建议将 0 V 接入 COM4 引脚。

2. I/O 模块地址分配

I/O 模块地址分配主要是确定输入/输出模块信号的首地址 "m" 和 "n"。如果 I/O 模块中连接有高速输入信号, 首地址的确定以确保高速信号固定地址为原则; 如果有多个 I/O 模块, 且有 I/O 模块没有连接高速输入信号, 则首地址的确定以地址不相互冲突为原则。

如图 5.2.7 所示, 如果急停信号接至 I/O 模块 CB105 的 A08 接线端子上, 地址为 Xm+8.4, 由于急停信号地址为 X8.4, Xm+8.4=X0+8.4, 所以 m 为 0, 因此起始地址设定为 X0, 从 X0 开始进行地址分配, I/O 模块有 12 字节, 则占用地址为 X0~X11。

0i-F I/O Link i
地址分配

CB104 广濑50PIN			CB105 广濑50PIN		
	A	B		A	B
01	0 V	24 V	01	0 V	24 V
02	Xm+0.0	Xm+0.1	02	Xm+3.0	Xm+3.1
03	Xm+0.2	Xm+0.3	03	Xm+3.2	Xm+3.3
04	Xm+0.4	Xm+0.5	04	Xm+3.4	Xm+3.5
05	Xm+0.6	Xm+0.7	05	Xm+3.6	Xm+3.7
06	Xm+1.0	Xm+1.1	06	Xm+8.0	Xm+8.1
07	Xm+1.2	Xm+1.3	07	Xm+8.2	Xm+8.3
08	Xm+1.4	Xm+1.5	08	Xm+8.4	Xm+8.5
09	Xm+1.6	Xm+1.7	09	Xm+8.6	Xm+8.7
10	Xm+2.0	Xm+2.1	10	Xm+9.0	Xm+9.1
11	Xm+2.2	Xm+2.3	11	Xm+9.2	Xm+9.3
12	Xm+2.4	Xm+2.5	12	Xm+9.4	Xm+9.5
13	Xm+2.6	Xm+2.7	13	Xm+9.6	Xm+9.7
14			14		
15			15		
16	Yn+0.0	Yn+0.1	16	Yn+2.0	Yn+2.1
17	Yn+0.2	Yn+0.3	17	Yn+2.2	Yn+2.3
18	Yn+0.4	Yn+0.5	18	Yn+2.4	Yn+2.5
19	Yn+0.6	Yn+0.7	19	Yn+2.6	Yn+2.7
20	Yn+1.0	Yn+1.1	20	Yn+3.0	Yn+3.1
21	Yn+1.2	Yn+1.3	21	Yn+3.2	Yn+3.3
22	Yn+1.4	Yn+1.5	22	Yn+3.4	Yn+3.5
23	Yn+1.6	Yn+1.7	23	Yn+3.6	Yn+3.7
24	DOCOM	DOCOM	24	DOCOM	DOCOM
25	DOCOM	DOCOM	25	DOCOM	DOCOM

图 5.2.7 I/O 模块地址分配 1

如图 5.2.8 所示, 如果急停信号接至 I/O 模块 CB104 的 A04 接线端子上, 地址为 Xm+0.4, 由于急停信号地址为 X8.4, Xm+0.4=X8+0.4, 所以 m 为 8, 因此起始地址设定为 X8, 从 X8 开始进行地址分配, I/O 模块有 12 字节, 则占用地址为 X8~X19。

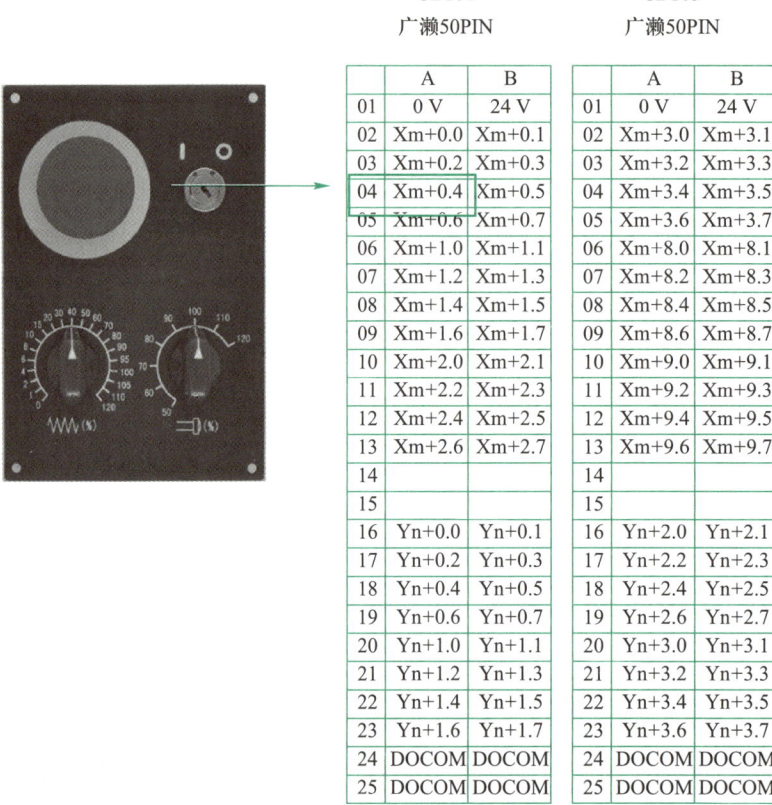

图 5.2.8 I/O 模块地址分配 2

5.2.4 0i-F I/O Link i 地址分配页面认知

1. 使用 I/O Link i 模块参数设定

0i-F 地址分配可以使用 I/O Link 和 I/O Link i 两条通道，在参数 NO.11933#0 和 #1 中设置即可，如图 5.2.9 所示。

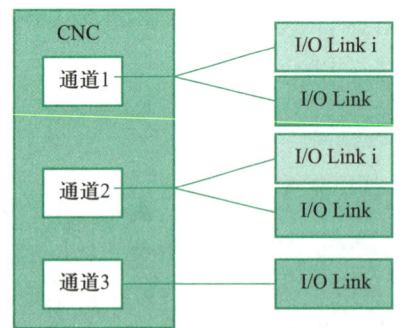

图 5.2.9 I/O Link 和 I/O Link i 通道设置

如果使用 I/O Link i 模块和通信,需将参数 11933#1、#0 都设定为 1。

2. 进入 I/O Link i 地址分配页面

按照以下步骤操作进入 I/O Link i 地址分配页面。

(1)编辑许可设定,按下【SYSTEM】→【PMC 配置】→【>】→【设定】软键,开启梯形图"编程许可""编程器功能有效"选项,如图 5.2.10 所示。

(2)进入 I/O Link i 设定页面,按下【SYSTEM】→【>】→【PMC 配置】→【>】→【I/O Link i】软键,进入 I/O Link i 设定页面。在这个页面中可以对 X 信号起始地址、Y 信号起始地址、信号字节数、手轮等进行设定,页面中各参数含义如下:

GRP(组):起始默认为 00,在设定过程中,依据组数系统会自动生成相应的顺序组号。

槽:默认为 01,系统根据硬件连接方式会自动生成。

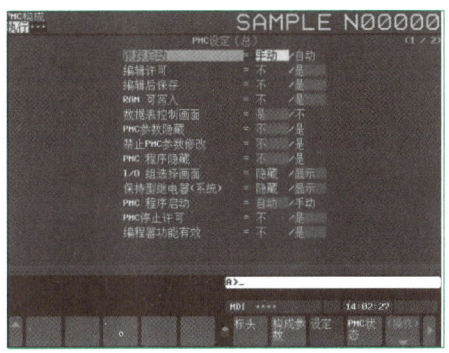

图 5.2.10 编辑许可设定

输入:分配输入地址的起始地址。

输出:分配输出地址的起始地址。

12 和 8:分别代表输入和输出信号的字节数。

5.2.5 I/O Link i 地址分配操作

下面以 I/O 单元(JA3 连接有手轮)地址设定为例,说明地址分配的操作过程。

(1)确定 I/O 模块地址范围,I/O 单元共有 96 个输入信号,12 字节;64 个输出信号,8 字节。由于急停信号连接在 Xm+8.4 上,所以 I/O 单元输入信号首地址为 X0,地址范围为 X0~X11;输出信号首地址为 Y0,地址范围为 Y0~Y7。

(2)I/O 模块参数设定使用 I/O Link i 模块,且使用 I/O Link i 通信,将参数 11933#1、#0 均设定为 1。

(3)PMC 配置设定页面按照图 5.2.10 所示进行操作。

(4)I/O Link i 设定页面的设定

① 按照前面的操作步骤进入 I/O Link i 设定页面,如图 5.2.11 所示。

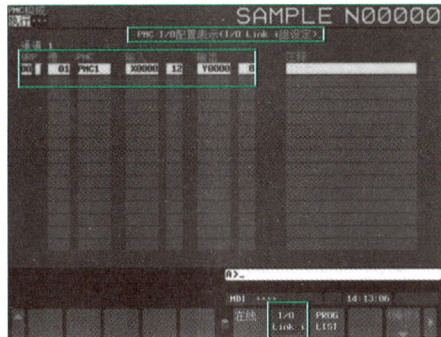

图 5.2.11 I/O Link i 设定页面

② 按下【编辑】软键,进入 I/O 配置编辑页面,如图 5.2.12 所示。

③ 按下【新】软键,新建一个组,默认为 0 组、PMC1,如图 5.2.13 所示。

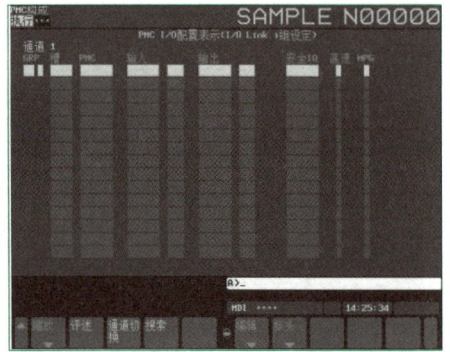

图 5.2.12　I/O 配置编辑页面

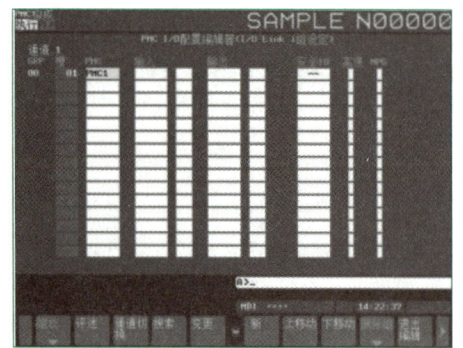

图 5.2.13　新建一个组

④ 按下【缩放】软键,可对第 0 组 I/O 设备进行设定,如图 5.2.14 所示。将显示光标移动到"输入"处,输入"X0",按下 MDI 面板上的【INPUT】键,输入 X 地址为 12 字节;将显示光标移动到"输出"处,输入"Y0",按下 MDI 面板上的【INPUT】键,输出 Y 地址为 8 字节,注释区域可以不填写。

⑤ 给 I/O 单元配置手摇脉冲发生器。在 I/O Link i 主页面上按下【属性】软键,将显示光标移动到本组最后一项"MPG"处,按下【变更】软键,勾选"手轮",如图 5.2.15 所示。

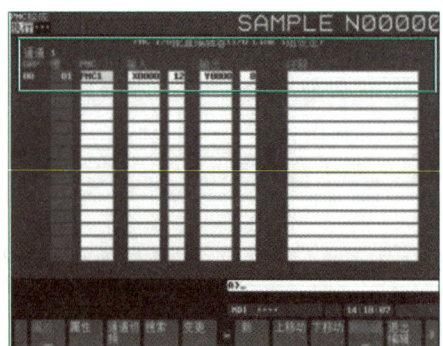

图 5.2.14　I/O 设备设定

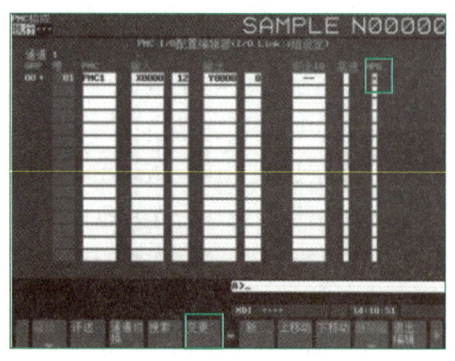

图 5.2.15　增加手摇脉冲发生器

⑥ 按下【缩放】软键,分配手轮地址,结束后,按下【缩放结束】软键,退出手轮地址分配页面,如图 5.2.16 所示。

⑦ 按下【退出编辑】软键,系统提示是否将数据写入 FROM,按下【是】软键进行保存,第 1 个 I/O 模块地址分配完成,如图 5.2.17 所示。

如果系统有多个 I/O 模块,可以通过【新】键,增加多个 I/O 模块并进行设定,具体步骤同上。

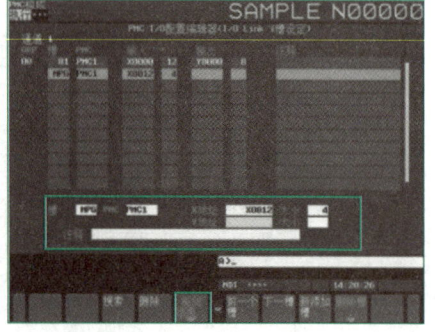

图 5.2.16　分配手轮地址

⑧ 地址分配完成后,按照以下步骤进入信号页面。

按下【SYSTEM】→【>】→【PMC 维护】→【信号状态】→【操作】→输入"X12"→【搜索】,这时旋转手轮,如果 X12 信号状态发生变化,说明手轮信号连接正确,所产生的脉冲信号被数控系统接收,如图 5.2.18 所示。

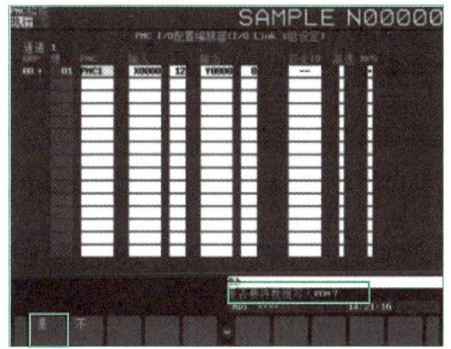

图 5.2.17　保存 I/O 分配数据

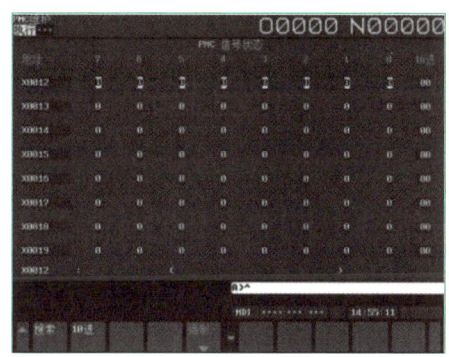

图 5.2.18　X12 信号状态

【任务实施】

完成如图 5.2.19 所示实训设备 I/O Link 的连接。

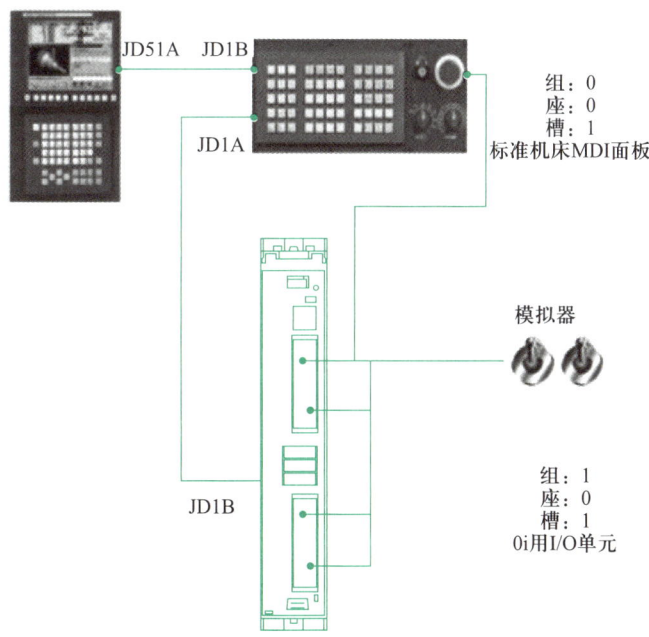

图 5.2.19　实训设备 I/O Link 的连接

将标准机床 MDI 面板上的急停按钮信号输入到连接器 CNA1,与机床侧的急停信号串接后,再接到 0i 用 I/O 单元。

印刷板或单元型的 I/O 座号常为 0,槽号常为 1。

1. 地址的分配

在 NC 的 PMC 模块页面（MODULE）上分配模块的信号地址。

标准机床 MDI 面板和 0i 用 I/O 单元地址按表 5.2.2 和图 5.2.20～图 5.2.22 分配。

表 5.2.2　标准机床 MDI 面板和 0i 用 I/O 单元地址

区分	地址	组	座	槽	名称	数据长度
输入	X0000	1	0	1	OC021	16
	X0020	0	0	1	OC021	16
输出	Y0000	1	0	1	/8	8
	Y0024	0	0	1	OC020	16

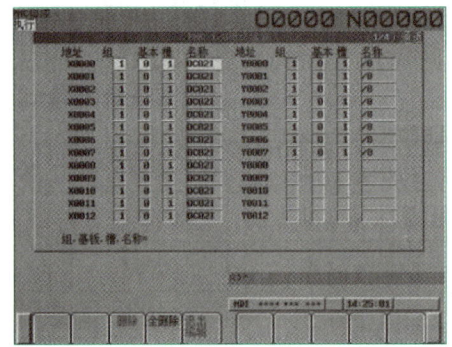

图 5.2.20　0i 用 I/O 单元地址分配页面

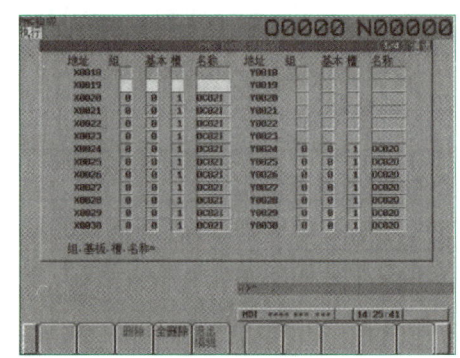

图 5.2.21　标准机床 MDI 面板地址分配页面

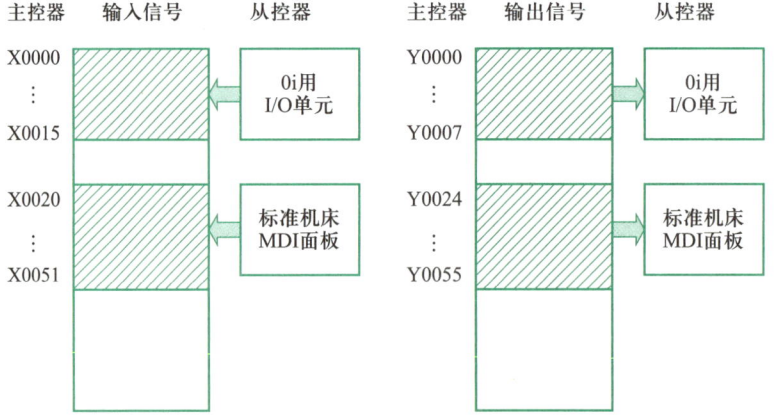

图 5.2.22　标准机床 MDI 面板 I/O 地址分配

2. 具体信号及地址

具体信号及地址说明见表 5.2.3。

表 5.2.3　具体信号及地址说明

地址	#7	#6	#5	#4	#3	#2	#1	#0
X0020	SOV2-C	SOV1-C	OVP-C	OV16-C	OV8-C	OV4-C	OV2-C	OV1-C
说明	主轴倍率			手动/切削倍率				
X0021				KEY-S	SOV1-C	SOVP-C	SOV8-C	SOV4-C
说明				钥匙	主轴倍率			
X0024	DRN-B	MLK-B	BOT-B	SBK-B	RMT-B	MDI-B	EDIT-B	AUTO-B
说明	空运行按钮	机床锁按钮	块跳过按钮	单段按钮	DNC 模式	MDI 模式	编辑模式	自动模式
X0025					CAT-B	COF-B	CON-B	AFL-B
说明					切削液自动按钮	切削液 OFF	切削液 ON	辅助功能锁
X0026	HND-B	INC-B	JOG-B	REF-B	RST-B	OSTP-B	ST-B	SP-B
说明	手轮模式	增量模式	JOG 模式	参考点模式	复位按钮	选择跳步按钮	循环起动按钮	循环停止按钮
X0027	R100-B	R50-B	R25-B	RF0-B	HIRT-B	MP3-B	MP2-B	MP1-B
说明	快速 100%	快速 50%	快速 25%	F0	手轮插入	手轮倍率 3	手轮倍率 2	手轮倍率 1
X0029		AX3-B	AX2-B	AX1-B		-PA-B	PZRN-B	+PA-B
说明		第 3 轴选择	第 2 轴选择	第 1 轴选择		PMC 轴负向	PMC 轴复归	PMC 轴正向
X0030		-J-B	RPD-B	+J-B		AX6-B	AX5-B	AX4-B
说明		手动-按钮	手动快速	手动+按钮		第 6 轴选择	第 5 轴选择	第 4 轴选择
X0031						SRV-B	SST-B	SFR-B
说明						主轴反转	主轴停止	主轴正转
Y0024	DRN-L	MLK-L	BOT-L	SBK-L	RMT-L	MDI-L	EDIT-L	AUTO-L
说明	空运行灯	机床锁灯	块跳过灯	单段灯	RMT 模式灯	MDI 模式灯	EDIT 模式灯	自动运行灯
Y0025					CAT-L	COF-L	CON-L	AFL-L
说明					切削液自动灯	切削液 OFF 灯	切削液 ON 灯	辅助功能锁住

续表

地址	#7	#6	#5	#4	#3	#2	#1	#0
Y0026	HND-L	INC-BL	JOG-L	REF-L	RST-L	OSTP-L	ST-L	SP-L
说明	手轮模式灯	增量模式灯	JOG模式灯	参考点模式灯	复位灯	选择停灯	循环起动灯	循环停止灯
Y0027	R100-L	R50-L	R25-L	RF0-L	HIRT-L	MP3-L	MP2-L	MP1-L
说明	快速100%灯	快速50%灯	快速25%灯	F0灯	手轮插入灯	手轮倍率3灯	手轮倍率2灯	手轮倍率1灯
Y0029		AX3-L	AX2-L	AX1-L		-PA-L	PZRN-L	+PA-L
说明		第3轴选择灯	第2轴选择灯	第1轴选择灯		PMC轴负向灯	PMC轴复归灯	PMC轴正向灯
Y0030		-J-L	RPD-L	+J-L		AX6-L	AX5-L	AX4-L
说明		手动负向灯	手动快速灯	手动正向灯		第6轴选择灯	第5轴选择灯	第4轴选择灯
Y0031						SRV-L	SST-L	SFR-L
说明						主轴反转灯	主轴停止灯	主轴正转灯

【任务评价】

根据本任务完成情况填写任务评价表。

任务评价表

小组				姓名			
序号	考核项目	考核内容		配分	自评	互评	师评
1	职业素养	行为符合规范		10			
2		遵守纪律表现良好		10			
3		工位整洁,设备清理干净,日常维护正确		10			
4	文明生产	按有关规定安全文明操作		10			
5	技能操作	I/O Link i模块参数设定操作		20			
6		进入0i-F I/O Link i地址分配页面		20			
7		I/O Link i地址分配操作		20			
总计				100			

任务 5.2 I/O Link 连接与地址设定

【任务拓展】

通过学习本任务,使学习者理解 I/O 单元与数控系统之间的通信连接方法。下面进行华中 HNC-8 系列总线式 I/O 的学习。

HNC-8 系列数控装置采用 NCUC 工业现场总线,以串联的方式通过 IPC 单元总线接口 PORT0~PORT3 控制总线 I/O 单元、总线伺服模块单元等总线设备,最多支持 128 个设备。通过总线最多可扩展 16 个总线 I/O 单元,其中 HIO-1000A 型 I/O 单元可提供 1 个通信子模块和 8 个功能子模块插槽;HIO-1000B 型 I/O 单元可提供 1 个通信子模块和 5 个功能子模块插槽;功能子模块包括开关量输入/输出子模块、模拟量输入/输出子模块、轴控制子模块等。

HIO-1000B 总线 I/O 单元安装效果图如图 5.2.23 所示。

图 5.2.23　HIO-1000B 总线 I/O 单元安装效果图

工业以太网通信模块(HIO-1061)接口定义如图 5.2.24 所示。

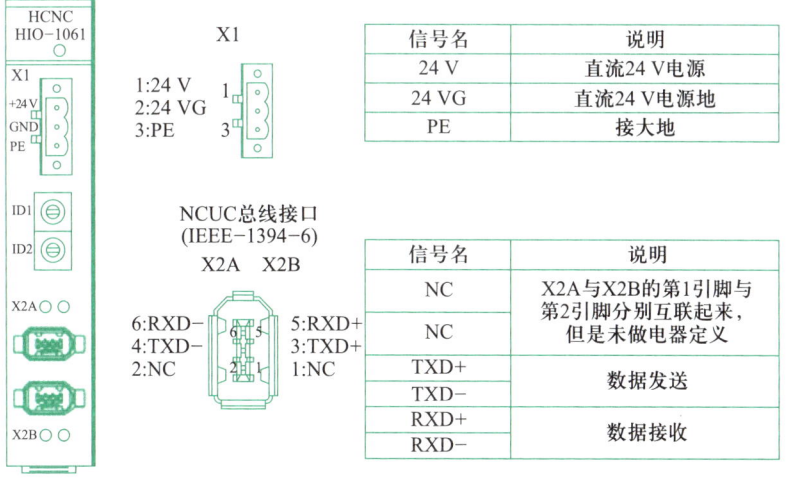

图 5.2.24　工业以太网通信模块接口定义

开关量输入/输出模块接口定义如图 5.2.25 所示。
模拟量输入/输出模块接口定义如图 5.2.26 所示。

项目五 PLC 故障诊断与维修

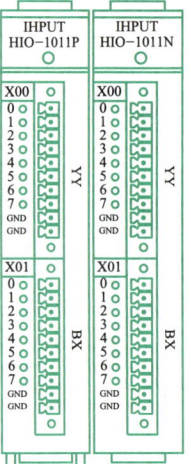

开关量输入接口 XA、XB

1：0
2：1
3：2
4：3
5：4
6：5
7：6
8：7
9：GND
10：GND

信号名	说明	
	HIO-1011N XA、XB	HIO-1011P XA、XB
0~7	NPN输入 N0~N7 低电平有效	——
0~7	——	PNP输入 P0~P7 高电平有效
GND	24 V DC地	

开关量输出接口 XA、XB

1：0
2：1
3：2
4：3
5：4
6：5
7：6
8：7
9：GND
10：GND

信号名	说明
0~7	NPN输出 O0~O7 低电平有效
GND	24 V DC地

图 5.2.25 开关量输入/输出模块接口定义

A/D 输入接口 XA

1：0+
2：0−
3：1+
4：1−
5：2+
6：2−
7：3+
8：3−
9：GND
10：GND

序号	信号名	说明
1~2	0+、0−	4通道A/D输入 AD0~AD3 （输入范围：−10 V~+10 V）
3~4	1+、1−	
5~6	2+、2−	
7~8	3+、3−	
9~10	GND	24 V DC地

D/A 输出接口 XB

1：0+
2：0−
3：1+
4：1−
5：2+
6：2−
7：3+
8：3−
9：GND
10：GND

序号	信号名	说明
1~2	0+、0−	4通道D/A输出 DA0~DA3 （输出范围：−10 V~+10 V）
3~4	1+、1−	
5~6	2+、2−	
7~8	3+、3−	
9~10	GND	24 V DC地

图 5.2.26 模拟量输入/输出模块接口定义

【任务自测】

一、单选题

1. I/O 模块需要分组,如 00 组、01 组等,下面说法正确的是_____。
   A. 离数控系统安装位置最近的为 00 组,离 00 组最近的为 01 组
   B. 数控系统最多只能连接两个 I/O 模块
   C. 标准机床 MDI 面板不是 I/O 模块
   D. I/O 模块中直接和数控系统 JD51A 连接的为 00 组,和 00 组连接的为 01 组

2. 在 I/O 模块设定页面,按下【新】软键,新建一个组,以下说法正确的是_____。
   A. 默认为 00 组、00 槽
   B. 默认为 00 组、01 槽
   C. 默认为 01 组、00 槽
   D. 默认为 01 组、01 槽

3. I/O 单元共有 96 个输入信号,12 个字节;64 个输出信号,8 个字节。急停信号连接在 Xm+8.4 上,下面地址分配正确的是_____。
   A. I/O 单元输入信号首地址为 X8,输出信号首地址为 Y8
   B. I/O 单元输入信号首地址为 X0,输出信号首地址为 Y0
   C. 输入信号地址范围为 X0~X11,输出信号首地址为 Y0~Y7
   D. 输入信号地址范围为 X8~X19;输出信号首地址为 Y0~Y7

二、判断题

1. I/O 模块地址分配主要是确定输入/输出模块信号的首地址"m"和"n"。(   )
2. 高速信号要接在 I/O 模块连接器的指定地址引脚上。(   )

三、简答题

1. 简述 I/O Link i 地址分配操作步骤。
2. 对 I/O 模块进行地址分配时,需要注意的事项是什么?

任务 5.3 数控机床控制信号

【任务导入】

FANUC I/O 接口控制通过 CNC 指令与 PMC 进行通信,PMC 处理后通过 I/O 电路与外围设备通信。如图 5.3.1 所示为内装型 PMC 图。

机床常用控制信号

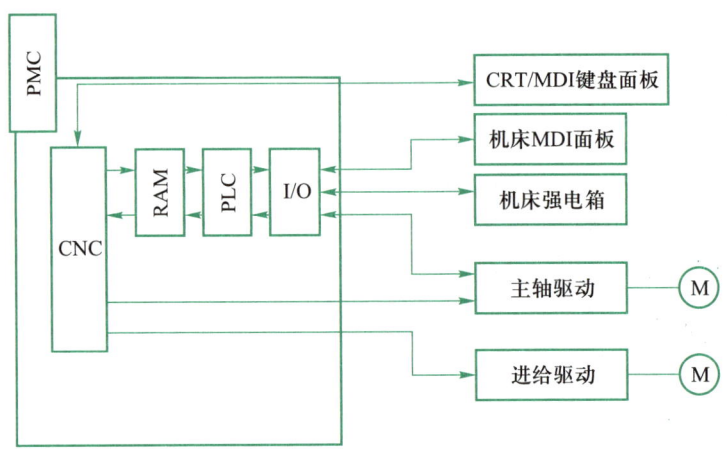

图 5.3.1 内装型 PMC 图

【任务目标】

1. 知识目标

(1) 学习数控系统常用控制信号的名称及作用。

(2) 学习数控系统的 PMC 编程基本知识。

2. 能力目标

(1) 掌握机床常用的相关信号及设定。

(2) 掌握机床工作方式选择、手轮控制的编程。

3. 素养目标

通过学习数控机床控制信号的调试,养成精益求精、严谨细致的工作作风。

【任务分析】

数控系统与 PMC 之间的 G 地址、F 地址是 FANUC 公司已经定义好的,数控机床制造厂家在使用时只能根据 FANUC 公司提供的地址表对号入座,在维修机床过程中,查看 FANUC 公司标准地址表即可。

对于 PMC 与机床之间的信号(X、Y),除个别信号被 FANUC 公司定义外,绝大多数地址可以由数控机床制造厂家自行定义。所以对于 X、Y 地址的含义,应参考机床厂家提供的技术资料。

PMC 不仅能实现与数控系统的信号交换,而且还能实现机床外围开关的信号交换,同时 PMC 本身还有内部中间继电器(Internalrelay)、计数器(Counter)、保持型继电器(Keep relay)、数据表(Data sheet)、时间变量,能够更好地进行逻辑控制。FANUC 公司数控系统的信号地址如图 5.3.2 所示,本任务主要学习数控机床常用的控制信号。

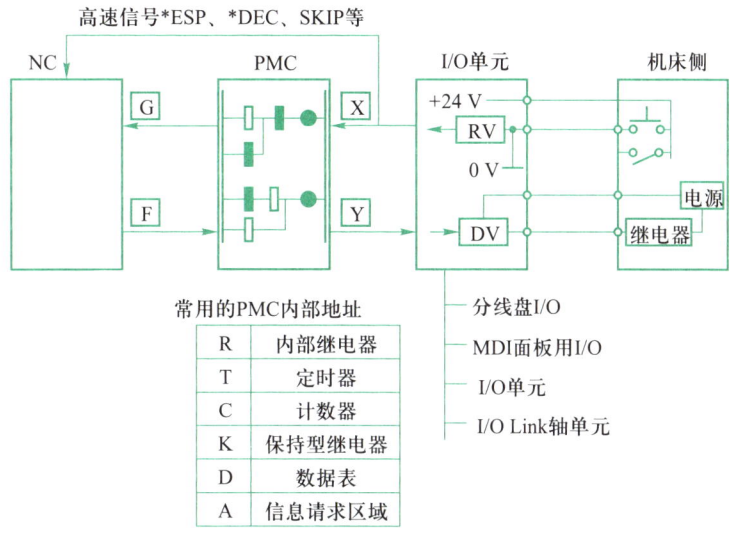

图 5.3.2　FANUC 公司数控系统的信号地址

【知识衔接】

5.3.1　机床准备信号

（1）控制装置准备完成信号：MA(Machine Ready)，其说明见表 5.3.1。

电源接通，数控系统控制软件正常运行准备完成后，该信号变为 1。

发生系统错误时，该信号变为 0，表示上级控制装置电源已经接通，并可以作为动作的累计时间计数器使用，同时，也可以作为常开信号使用。

表 5.3.1　控制装置准备完成信号 MA 说明

参数	#7	#6	#5	#4	#3	#2	#1	#0
地址 F001	MA							

（2）伺服准备完成信号：SA(Servo Ready)，其说明见表 5.3.2。

紧急停止解除，伺服系统准备完成后，伺服准备完成信号 SA 变为 1。在使用重力轴的情况下，用该信号来释放防止重力轴下落中的制动器。

表 5.3.2　伺服准备完成信号 SA 说明

参数	#7	#6	#5	#4	#3	#2	#1	#0
地址 F000		SA						

（3）紧急停止信号：*ESP(Emergency Stop)，其说明见表 5.3.3。

紧急停止信号有硬件信号和软件信号两种类型。硬件信号地址为 X8.4，软件信号地址为 G8.4。

表 5.3.3　紧急停止信号 * ESP 说明

软件参数	#7	#6	#5	#4	#3	#2	#1	#0
地址 G008				* ESP				
硬件参数	#7	#6	#5	#4	#3	#2	#1	#0
地址 X008				* ESP				

数控系统直接读取机床信号 X8.4 和 PLC 的输入信号 G8.4，两个信号中任意一个信号为 0 时，进入紧急停止状态。

（4）超程信号：*±Lx(Limit)，其说明见表 5.3.4。

表 5.3.4　超程信号 * ±Lx 说明

参数	#7	#6	#5	#4	#3	#2	#1	#0
地址 G114				* +L5	* +L4	* +L3	* +L2	* +L1
地址 G116				* −L5	* −L4	* −L3	* −L2	* −L1

该信号是由硬件超程开关发出的，表示数控系统进给轴已经达到行程的最大位置。为 0 时，报警 OT0506、OT0507（超程报警）指示灯亮。自动运行中，当任意一轴发生超程报警时，所有进给轴都将减速停止。手动运行中，报警轴的报警方向不能进行移动，但是可以向相反的方向移动。

不使用硬件超程信号时，系统参数设定见表 5.3.5。

表 5.3.5　不使用硬件超程信号参数设定说明

参数	#7	#6	#5	#4	#3	#2	#1	#0
地址 3004			OTH					

如：#5OTH 代表是否进行超程检查，设为 0 表示进行 1 表示不进行。参数 3004#5 设定为 1，所有轴超程信号都变为无效。

（5）复位中信号：RST(Reset)。数控系统处于复位状态时，该信号输出为 1。在 PLC 侧可以通过该信号得知系统处于复位状态，其说明见表 5.3.6。

表 5.3.6　复位中信号 RST 说明

参数	#7	#6	#5	#4	#3	#2	#1	#0
地址 F001							RST	

（6）控制装置报警信号：AL(Alarm)。数控系统处于报警状态时，显示器上显示报警信息的同时，该信号变为 1。为了告知操作者报警情况，可以使用该信号鸣响报警器，同时点亮报警灯，其说明见表 5.3.7。

表 5.3.7　控制装置报警信号 AL 说明

参数	#7	#6	#5	#4	#3	#2	#1	#0
地址 F001								AL

5.3.2 运行方式切换信号

模式选择信号说明见表5.3.8。

表5.3.8 模式选择信号说明

参数	#7	#6	#5	#4	#3	#2	#1	#0
地址 G043	ZRN		DNC			MD4	MD2	MD1

数控系统工作方式与信号的组合见表5.3.9。

表5.3.9 数控系统工作方式与信号的组合

运行方式	状态显示	ZRN	DNC1	MD4	MD2	MD1	输出信号（确认信号）
程序编辑	EDIT	—	—	0	1	1	MEDT
存储器运行	MEM	—	0	0	0	1	MMEM
远程运行	RMT	—	1	0	0	1	MRMT
手动数据输入	MDI	—	—	0	0	0	MMDT
手轮进给/增量进给	HND	—	—	1	0	0	MH/MINC
手动连续进给	JOG	0	—	1	0	1	MJ
手动返回参考点	REF	1	—	1	0	1	MREF
示教手轮	THND	—	—	1	1	1	MTCHIN, MH
示教手动连续	TJOG	—	—	1	1	0	MTCHIN, MJ

手轮进给为选项功能，若使用手轮功能，需设定参数HPG(8131#0)。没有追加手轮进给功能时，为增量进给方式(INC)，其说明见表5.3.10。

表5.3.10 增量进给方式(INC)说明

参数	#7	#6	#5	#4	#3	#2	#1	#0
地址 8131					AOV	EDC	FID	HPG

其中，#0：HPG设为0表示不使用手动手轮进给功能；1表示使用手动手轮进给功能。

运行方式确认信号可以读取数控系统当前运行方式的状态。通常用此状态信号点亮MDI面板上的指示，其说明见表5.3.11。

表5.3.11 运行方式确认信号说明

参数	#7	#6	#5	#4	#3	#2	#1	#0
地址 F003		MEDT	MMEM	MRMT	MMDI	MJ	MH	MINC
地址 F004			MREF					

5.3.3 机床手动(JOG)控制信号

与 JOG 方式相关的控制信号及参数见表 5.3.12。

表 5.3.12 与 JOG 方式相关的控制信号及参数

序号	内容	相关信号	相关参数
1	手动移动方向的选择	Gn100、Gn102	No.102
2	手动移动速度的选择	Gn010、Gn011	No.1402、No.1423、No.1424
3	手动快速移动的选择	Gn019.7	No.1401
4	手动快移速度的选择	Gn014	No.1421

(1) 进给轴方向选择信号±Jx(Jog),其说明见表 5.3.13。

表 5.3.13 进给轴方向选择信号 ±Jx 说明

参数	#7	#6	#5	#4	#3	#2	#1	#0
地址 G100	+J8	+J7	+J6	+J5	+J4	+J3	+J2	+J1
地址 G102	−J8	−J7	−J6	−J5	−J4	−J3	−J2	−J1

手动连续进给模式 JOG 下,上述信号为 1 时轴沿该方向进行移动。其中,J1 代表第 1 轴,+代表正方向。

需要同时移动多轴时,设定表 5.3.14 所示参数。

表 5.3.14 需要同时移动多轴参数说明

参数	#7	#6	#5	#4	#3	#2	#1	#0
地址 1002								JAX

#0:JAX 设为 0 表示手动连续进给控制轴数为 1 轴;1 表示手动连续进给控制轴数为 3 轴。

(2) 手动进给速度的倍率信号:∗JVx(JOG Override),其说明见表 5.3.15。

表 5.3.15 手动进给速度的倍率信号说明

快速进给	基准速度	倍率信号/%
0	参数 1423	手动进给倍率(JV) (0~655.34%)
1	参数 1420、1424	快速进给倍率(ROV) (100%、50%、25%、F0)

参数	#7	#6	#5	#4	#3	#2	#1	#0
地址 G010	∗JV7	∗JV6	∗JV5	∗JV4	∗JV3	∗JV2	∗JV1	∗JV0
地址 G011	∗JV15	∗JV14	∗JV13	∗JV12	∗JV11	∗JV10	∗JV9	∗JV8

在标准机床 MDI 面板上,使用旋转开关选择手动时的进给速度。采用 16 位的二进制信号,在参数 1423 设定的进给速度,是以 0.01% 为单位,在 0~655.34% 范围内乘以倍率得到,*JVx 信号与倍率值的对应关系见表 5.3.16。

表 5.3.16　*JVx 信号与倍率值的对应关系

*JV0~JV15				倍率值
12	8	4	0	
1111	1111	1111	1111	0
1111	1111	1111	1110	0.01
1111	1111	1111	0101	0.10
1111	1111	1001	1011	1.00
1111	1100	0001	0111	10.00
1101	1000	1110	1111	100.00
0110	0011	1011	1111	400.00
0000	0000	0000	0001	655.34
0000	0000	0000	0000	0

JOG 进给或增量进给中,手动快速移动选择信号 RT 为 0 的情况下,相对参数(No.1423)设定的手动进给速度乘倍率值,就是实际的进给速度。该数值应不超过倍率值的 120%,见表 5.3.17。

表 5.3.17　设定手动快速移动速度单位参数说明

参数	1423				每个轴的 JOG 进给速度/(mm/min)			
参数	1424				每个轴的手动快速移动速度/(mm/min)			
参数	#7	#6	#5	#4	#3	#2	#1	#0
地址 1402				JRV			JOV	NPC

#1:JOV 设为 0 表示 JOG 倍率有效;1 表示 JOG 倍率无效。
#4:JRV 设为 0 表示进给及增量进给速度为每分钟进给;1 表示进给及增量进给速度为每转进给。

该参数设定手动快速移动速度倍率为 100% 时的速度,与 1402#4 相配合,设定手动快速移动速度单位为每分钟进给(1402#4=0)或每转进给(1402#4=1),见表 5.3.17。注意:每转进给单位为 mm/r,是主轴旋转一周进给轴的进给量,当主轴停止时,进给轴将不做进给运动。

(3)手动快速移动信号(G19.7),当手动快速移动信号 RT 为 1 时,机床以设定的快速移动速度运行,但手动快速移动速度设定为 0 时,自动运行中不能快速移动;手动快速移动信号 RT 为 0 时,可以用手动进给速度移动。在轴移动过程中,可将该信号由 0 变成 1,或由 1 变成 0,移动速度也将改变,其说明见表 5.3.18。

表 5.3.18　手动快速移动信号说明

参数	#7	#6	#5	#4	#3	#2	#1	#0
地址 G019	RT							

使用下面的参数可以在返回参考点之前进行轴的快速移动操作,其说明见表 5.3.19。

表 5.3.19　返回参考点之前进行轴的快速移动操作说明

参数	#7	#6	#5	#4	#3	#2	#1	#0
地址 1401								RPD

#0:RPD 设为 0 表示参考点未确立时,手动快速移动无效;1 表示参考点未确立时,手动快速移动有效。

(4) 快速移动倍率信号:ROV1、ROV2(Rapid Override),见表 5.3.20。

表 5.3.20　快速移动倍率信号说明

参数	#7	#6	#5	#4	#3	#2	#1	#0
地址 G014							ROV2	ROV1

该信号在手动快速移动信号 RT(G19.7)输入为 1,且自动运行方式中的 G00 模态下有效。快速进给倍率由 3 种类型,两个信号用于选择快速进给倍率值,对应关系见表 5.3.21。

表 5.3.21　快速进给倍率信号与倍率值的对应关系

ROV2	ROV1	倍率值
0	0	100%
0	1	50%
1	0	25%

5.3.4　机床手轮控制信号

数控机床在手轮控制模式下,可以通过旋转手摇脉冲发生器进行相应旋转量的轴进给。按下标准机床 MDI 面板上的轴选按键,可选择相应的控制轴。

(1) 手轮控制轴选择信号:HS1A-HS1D,其含义及地址见表 5.3.22。

表 5.3.22　手轮控制轴选择信号的含义及地址

HS1A	含义					信号地址		
HS1A-HS1D	选择用第 1 台手摇脉冲发生器进给的轴					Gn018.0-3		
参数	#7	#6	#5	#4	#3	#2	#1	#0
地址 G018	HS2D	HS2C	HS2B	HS2A	HS1D	HS1C	HS1B	HS1A

手轮选择信号与控制轴的对应关系见表 5.3.23。

表 5.3.23　手轮选择信号与控制轴的对应关系

HSnD	HSnC	HSnB	HSnA	对应控制轴
0	0	0	0	没有选择
0	0	0	1	第 1 轴
0	0	1	0	第 2 轴
0	0	1	1	第 3 轴
0	1	0	0	第 4 轴
…	…	…	…	…

若要使用手轮，需要将参数 HPG(No.8131#0)设定为 1。

（2）手轮倍率信号：MP1、MP2，其说明见表 5.3.24。

表 5.3.24　手轮倍率信号说明

参数	#7	#6	#5	#4	#3	#2	#1	#0
地址 G019			MP2	MP1	HS3D	HS3D	HS3B	HS3A

按下标准机床 MDI 面板上的倍率键，选择对应的手轮移动速度倍率，见表 5.3.25。

表 5.3.25　手轮移动速度倍率信号与倍率对应表

MP2	MP	倍率
0	0	X1
0	1	X10
1	0	Xm
1	1	Xn

通过参数 MPX(7100#5)，可以设定每台手摇脉冲发生器的手动手轮移动量选择信号，具体见表 5.3.26。

表 5.3.26　选择手摇脉冲发生器

选择信号	设定倍率的参数	
	m	n
MP1、MP2	NO.7113	NO.7114

5.3.5　机床 MDI、自动运行控制信号

（1）自动运行起动信号：ST(Start)，按下标准机床 MDI 面板上的倍率键，选择对应的手轮移动速度倍率，自动运行起动信号说明见表 5.3.27。

表 5.3.27 自动运行起动信号说明

地址		#7	#6	#5	#4	#3	#2	#1	#0
	G007						ST		

以下情况自动运行信号将被忽略：① 不在自动运行方式、MDI 方式时；② 自动运行暂停信号（*SP）为 0 时；③ 急停信号（*ESP）为 0 时；④ 外部复位信号（ERS）为 1 时；⑤ 顺序号检索中时；⑥ 报警状态时；⑦ MDI 运行方式的指令未结束时；⑧ "NOTREADY"（未就绪）状态时；⑨ 自动运行启动时；⑩ 前一指令的轴移动未结束时。

（2）自动运行暂停信号：SP（Stop Lamp），自动运行时，将自动运行暂停信号（*SP）置 0，即进入自动运行暂停状态。执行只有辅助功能（M、S、T）的程序段时，把该信号置 0 后，自动工作起动指示灯灭，进给暂停指示灯亮。然后，由 PLC 输入辅助功能完成信号（FIN），并与单程序段一样使程序停止。

机床动作是否停止，由梯形图程序决定。在切削螺纹或攻丝循环中，此信号为 0 时，进给暂停指示灯立即点亮，但机床继续进行加工。在加工结束回到起始点或 R 点后，停止轴的移动，说明见表 5.3.28。

表 5.3.28 自动运行暂停信号说明

地址		#7	#6	#5	#4	#3	#2	#1	#0
	G008			*SP					

（3）程序运行信号（表 5.3.29）：

表 5.3.29 程序运行信号说明

地址		#7	#6	#5	#4	#3	#2	#1	#0
	G046	DRN	KEY4	KEY3	KEY2	KEY1		SBK	

① 单段信号 SBK（Single Block）：此信号为 1，自动运行的 1 个程序段动作结束时，自动运行指示灯（STL）灭，进入自动运行停止状态。进入自动运行停止状态后，输入自动运行起动信号（ST）时，执行下一个程序段。

② 空运行信号 DRN：此信号为 1 时，程序中的 F 值无效，机床运行 No.1410 参数设定的速度值。

③ 钥匙开关 KEY1～KEY4：该组信号可以保护相关数据不被修改，将参数 3290#7（KEY）置 1 时，KEY1 信号成为程序保护信号，KEY2～KEY4 信号无效。此时，刀具补偿量、用户宏变量、SETTING 参数将失去保护，保护的数据见表 5.3.30。

表 5.3.30 保护的数据

KEY1	刀具补偿值，工件原点偏置量
KEY2	SETTING 参数、用户宏变量
KEY3	加工（CNC）程序
KEY4	PLC 参数（C：计数器和 D：数据表）

④ 跳过信号 SKIP 说明见表 5.3.31。

表 5.3.31 跳过信号说明

参数	#7	#6	#5	#4	#3	#2	#1	#0
地址 G044								BDT
地址 G045	BDT9	BDT8	BDT7	BDT6	BDT5	BDT4	BDT3	BDT2

该信号为 1 时,程序中"/"标记的程序段跳过不执行。

5.3.6 主轴运行控制信号

(1) 主轴运行准备信号:该信号为 1 且输出主轴励磁信号时,主轴可以旋转;该信号为 0 则主轴模块 LED 显示#01 报警,其说明见表 5.3.32。

表 5.3.32 主轴运行准备信号说明

参数	#7	#6	#5	#4	#3	#2	#1	#0
地址 G070	MRDYA							

(2) 主轴急停信号:该信号为 1 且输出主轴励磁信号时,主轴急停,该信号为 0 时恢复,其说明见表 5.3.33。

表 5.3.33 主轴急停信号说明

参数	#7	#6	#5	#4	#3	#2	#1	#0
地址 G071							*ESPA	

(3) 主轴停止信号 *SSTP:该信号为 0,则切断输出至主轴伺服的速度命令,其说明见表 5.3.34。

表 5.3.34 主轴停止信号说明

参数	#7	#6	#5	#4	#3	#2	#1	#0
地址 G029		*SSTP						

(4) 主轴倍率信号 SOV:是数控系统给定的 S 指令值,以 1% 为单位,范围为 0~254%,见表 5.3.35。

表 5.3.35 主轴倍率信号说明

参数	#7	#6	#5	#4	#3	#2	#1	#0
地址 G030	SOV7	SOV6	SOV5	SOV4	SOV3	SOV2	SOV1	SOV0

(5) 主轴功能选通信号 SF:程序中执行 S 指令后,SF 会变置 1,PLC 接收到该信号后,开始读取代码信息,执行相应的动作,其说明见表 5.3.36。

表 5.3.36　主轴功能选通信号说明

参数	#7	#6	#5	#4	#3	#2	#1	#0
地址 F007	BF				TF	SF		MF

(6) 齿轮选择信号 GR10、GR20、GR30(Fn034.0~034.2) 说明见表 5.3.37。

表 5.3.37　齿轮选择信号说明

参数	#7	#6	#5	#4	#3	#2	#1	#0
地址 F034						GR30	GR20	GR10

齿轮选择信号与挡位对应表见表 5.3.38。

表 5.3.38　齿轮选择信号与挡位对应表

齿轮挡	齿轮选择信号		
	GR30	GR20	GR10
低挡	0	0	1
中挡	0	1	0
高挡	1	0	0

(7) 主轴正反转、定向信号：主轴正转信号 SFRA、主轴反转信号 SRVA、主轴定向输出信号 ORCMA 说明见表 5.3.39。

表 5.3.39　主轴正反转、定向信号说明

参数	#7	#6	#5	#4	#3	#2	#1	#0
地址 G070		ORCMA	SFRA	SRVA				

(8) 主轴定向完成信号：定向完成信号 ORARA(F45.7) 为 1 时，代表主轴定向在位置范围内，其说明见表 5.3.40。

表 5.3.40　主轴定向完成信号说明

参数	#7	#6	#5	#4	#3	#2	#1	#0
地址 Fn045	ORARA							

5.3.7　机床互锁信号

(1) 全轴互锁信号 G8.0：G8.0 为 0 时，轴移动停止，而且与模式无关。
(2) 各轴互锁信号 G130：使用互锁信号时，可以禁止轴的移动。在自动换刀装置(ATC)和托盘交换装置(APC)等动作过程中，可以使用该信号禁止轴的移动，其说明见表 5.3.41。

表 5.3.41　机床互锁信号说明

信号名称		信号地址	禁止移动轴
*IT	所有轴的互锁信号	G8.0	全部轴
*ITx	各个轴的互锁信号	G130	各个轴

若出现互锁现象,诊断号 0 中的"互锁/启动锁住接通"信号变为 1,如图 5.3.3 所示。

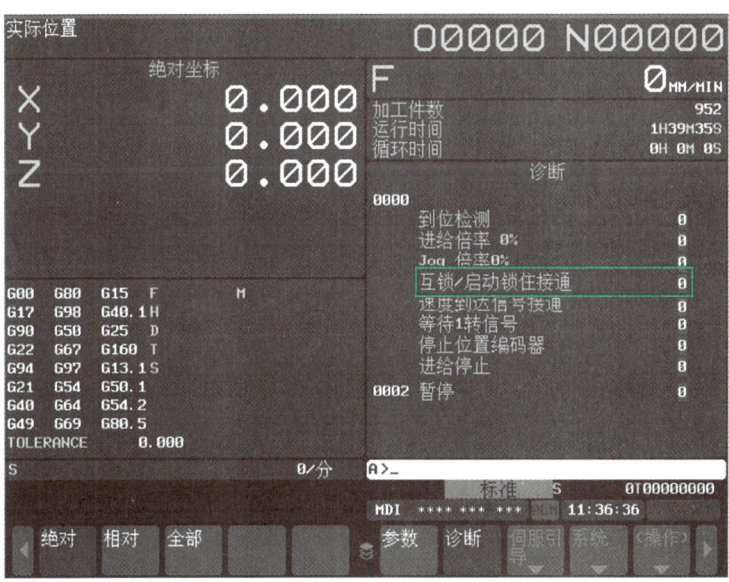

图 5.3.3　诊断号 0 页面

互锁信号可以通过参数 3003 进行设定,其说明见表 5.3.42。

表 5.3.42　参数 3003 说明

参数	#7	#6	#5	#4	#3	#2	#1	#0
地址 3003			DEC		DIT	ITX		ITL

#3:DIT 设为 0 表示使不同轴向的互锁信号有效;1 表示使不同轴向的互锁信号无效。
#2:ITX 设为 0 表示使用各轴的互锁信号 *ITx;1 表示不使用各轴的互锁信号 *ITx。
#0:ITL 设为 0 表示使用所有轴的互锁信号 *IT;1 表示不使用所有轴的互锁信号 *IT。

(3) 主轴速度到达信号 SAR(G29.4)说明见表 5.3.43。

表 5.3.43　主轴速度到达信号说明

参数	#7	#6	#5	#4	#3	#2	#1	#0
地址 3708	TSO	SOC						SAR

#0:SAR 设为 0 表示检查主轴信号到达信号 SAR(Gn29.4);#1 表示不检查主轴信号到达信号 SAR(Gn29.4)。

该值是数控系统开始切削的输入条件,当该值为 0 时,各轴禁止切削运行,诊断号 0 中的"速度到达信号接通"信号为1,如图5.3.4所示。若使用SAR信号,需将SAR(No.3708)设为1。

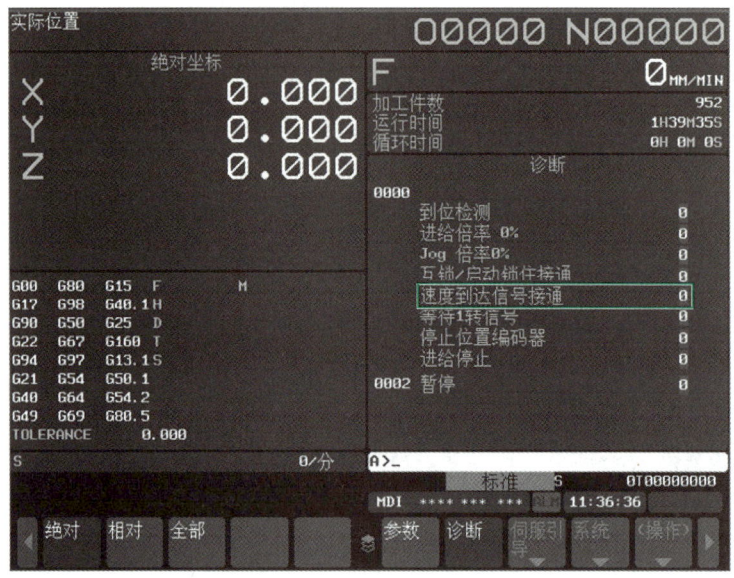

图5.3.4 诊断号0页面

（4）机床锁住信号MLK(Gn044.1):该信号为1时,系统指令脉冲不发送到伺服侧,因此机械锁住。在机床锁住情况下操作机床后,需手动返回参考点后执行加工。

（5）各轴机床锁住信号MIL1~MILK8(Gn108):该信号为1时,系统指令不向对应锁定轴发送信号,以锁定对应轴,其说明见表5.3.44。

表5.3.44 各轴机床锁住信号说明

参数	#7	#6	#5	#4	#3	#2	#1	#0
地址 G108	MLK8	MLK7	MLK6	MLK5	MLK4	MLK3	MLK2	MLK1

（6）辅助功能锁住信号AFL(Gn005.6):该信号有效时,M、S、T功能禁止执行,系统不需要FIN完成信号,自动执行下一章节,见表5.3.45。

表5.3.45 辅助功能锁住信号说明

参数	#7	#6	#5	#4	#3	#2	#1	#0
地址 G005		AFL						

【任务实施】

从表5.3.46中找出10个自己熟悉的地址信号,填入表5.3.47。

表 5.3.46　FANUC 0i 系列常用地址表

地址信号	T 信号	M 信号
自动循环启动:ST	G7/2	G7/2
进给暂停:＊SP	G8/5	G8/5
方式选择:MD1,MD2,MD4	G43/0.1.2	G43/0.1.2
进给轴方向:+X,-X,+Y,-Y,+Z,-Z,+4,-4(0 系统) +J1,+J2,+J3,+J4,-J1,-J2,-J3,-J4 (16 系统)	G100/0.1.2.3	G102/0.1.2.3
手动快速进给:RT	G19/7	G19/7
手摇进给轴选择/快速倍率	G18/0.1.2.3	G18/0.1.2.3
手摇进给轴选择/空运行: HZ/DRN(0);DRN(16);	G46/7	G46/7
手摇进给/增量进给倍率: MP1、MP2	G19/4.5	G19/4.5
单程序段运行:SBK	G46/1	G46/1
程序段选跳:BDT	G44/0;45	G44/0;45
回零返回:ZRN	G43/7	G43/7
回零点减速: ＊DECX,＊DECY,＊DECZ,＊DEC4	X9/0.1.2.3	X9/0.1.2.3
机床锁住:MLK	G44/1	G44/1
急停:＊ESP	G8/4	G8/4
进给暂停中:SPL	F0/4	F0/4
自动循环启动灯:STL	F0/5	F0/5
回零点结束: ZPX,ZPY,ZPZ,ZP4(0 系统); ZP1,ZP2,ZP3,ZP4(16 系统)	F94/0.1.2.3	F94/0.1.2.3
进给倍率: ＊OV1,＊OV2,＊OV4,＊OV8(0 系统); ＊FV0～＊FV7(16 系统)	G12	G12
手动进给倍率: ＊FV0～＊FV15(16 系统)	F79、F80	F79、F80
进给锁住:＊IT	G8/0	G8/0
进给倍率: ＊ITX,＊ITY,＊ITZ,＊IT4(0 系统); ＊IT1～＊IT4(16 系统)	G130/0.1.2.3	G130/0.1.2.3

续表

地址信号	T 信号	M 信号
辅助功能锁住:AFL	G5/6	G5/6
M 功能代码:M00~M31	F10~F13	F10~F13
M00、M01、M02、M30 代码	F9/4.5.6.7	F9/4.5.6.7
M 功能(读 M 代码):MF	F7/0	F7/0
进给分配结束:DEN	F1/3	F1/3
S 功能代码:S00~S31	F22~F25	F22~F25
S 功能(读 S 代码):SF	F7/2	F7/2
T 功能代码:T00~T31	F26~F29	F26~F29
T 功能(读 T 代码):TF	F7/3	F7/3
辅助功能结束信号:MFIN	G5/0	G5/0
刀具功能结束信号:TFIN	G5/3	G5/3
结束:FIN	G4/3	G4/3
倍率无效:OVC	G6/4	G6/4
外部复位:ERS	G8/7	G8/7
复位:RST	F1/1	F1/1
NC 准备好:MA	F1/7	F1/7
伺服准备好:SA	F0/6	F1/7
自动(存储器)方式运行:OP	F0/7	F1/7
程序保护:KEY	F46/3.4.5.6	F46/3.4.5.6
工件号检:PNI,PN2,PN4,PNS,PN16	G90/4	G90/4
外部动作指令:EF	F8/0	F8/0
进给轴硬超程: *+LX,*+LY,*+LZ,*L4,*-LX,-LY,*-LZ.*; -L4(0),*+L1--*+L4,*-L1,*-L4(16)	G114/0.1.2.3 G116/0.1.2.3	G114/0.1.2.3 G116/0.1.2.3
伺服断开:SVFX,SVFY,SVFZ,SVF4	G126/0.123	G126/0.12.3
位置跟踪:*FLWU	G7/5	G7/5
系统报警:AL	F1/0	F1/0
电池报警:BAL	F1/2	F1/2
DNC 加工:DNCI	G43/5	G43/5
跳转:SKIP	X4/7	X4/7
主轴转速到达:SAR	G29/4	G29/4

续表

地址信号	T 信号	M 信号
主轴停止转动:*SSTP	G29/6	G29/6
主轴定向:SOR	G29/5	G29/5
主轴转速信率:SOV0~SOV7	G30	G30
主轴换挡:GR1,GR2(T),GRIO,GR2O,GR3O(M)	G28/1.2	F34/0.1.2
串行主轴正转:SFRA	G70/5	G70/5
串行主轴反转:SRVA	G70/4	G70/4
S12 位代码输出:R010~R120	F36,F37	F36,F37
S12 位代码输入:R011~R121	G32,G33	G32,G33
SSIN	G33/6	G33/6
SGN	G33/5	G33/5
机床就绪:MRDY(参数设)	G70/7	G70/7
主轴急停:*ESPA	G71/1	G71/1
定向指令:ORCMA	G70/6	G70/6
定向完成:ORARA	F45/7	F45/7

表 5.3.47　地址信号实训记录表(可扩展)

信号名称	信号地址	信号作用	应用举例(梯形图)

【任务评价】

根据本任务完成情况填写任务评价表。

任务评价表

小组			姓名			
序号	考核项目	考核内容	配分	自评	互评	师评
1	职业素养	行为符合规范	5			
2		遵守纪律	5			
3		工位整洁,设备清理干净,日常维护正确	10			
4	文明生产	按有关规定安全文明操作	10			
5	技能操作	机床准备信号设置	5			
6		运行方式切换信号(MD1~MD4)设置	5			
7		机床手动(JOG)相关信号设置	20			
8		机床手轮控制信号设置	10			
9		机床MDI、自动运行控制信号设置	10			
10		主轴运行控制信号设置	10			
11		机床互锁信号设置	10			
总计			100			

【任务拓展】

通过学习本任务,使学习者懂得令行禁止、没有规矩不成方圆的道理。下面进行华中 HNC-8 系列数控机床部分控制信号的学习。

有关车/铣机床用户设置的参数,如切削类型、通道选择标志、显示轴标志、负载电流显示轴定制、坐标轴轴号和主轴0轴号等,见表5.3.48。

表 5.3.48 有关车/铣床机床用户设置的参数

参数号	参数名称	参数含义
#010000	工位数	工件的加工位置数,普通车/铣床填1。
#010001	工位1切削类型	该参数组用于指定各工位的类型。 0:铣床切削系统。 1:车床切削系统。 2:车铣复合系统

续表

参数号	参数名称	参数含义
#010009	工位 1 通道选择标志	一个工件装夹位置,可以有多个主轴及其传动进给轴工作,即对应多个通道。普通车/铣床填 1
#010017	工位 1 显示轴标志	数控系统人机页面可以根据实际需求对每个工位中的轴进行有选择的显示。 标准车床配置是轴 0、2、5,此参数设 25。如没有 C 轴则设 5。 标准铣床配置是轴 0、1、2、5,此参数设 27。如没有 C 轴则设 7
#010033	工位 1 负载电流显示轴定制	数控系统人机页面可以根据实际需求决定各工位中显示哪些轴的负载电流。 标准车床配置是 0、2、5。标准铣床配置是轴 0、1、2、5
#040001	X 坐标轴轴号	配置当前通道内 X 进给轴的轴号,标准车/铣设 0
#040002	Y 坐标轴轴号	配置当前通道内 Y 进给轴的轴号,标准车无 Y 轴设 -1,标准铣设 1
#040003	Z 坐标轴轴号	配置当前通道内 Z 进给轴的轴号,标准车/铣设 2
#040006	C 坐标轴轴号	配置当前通道内 C 旋转轴的轴号,如车/铣主轴带 C 轴功能则设 -2
#040010	主轴 0 轴号	该组参数用于配置当前通道内各主轴的轴号,标准车/铣单主轴此参数设 5

有关速度设置的参数,如通道的缺省进给速度、空运行进给速度、回参考点高低速、最大快移速度和转动轴折算半径等,见表 5.3.49。

表 5.3.49 有关速度设置的参数

参数号	参数名称	参数含义
#040030	通道的缺省进给速度	当前通道内编制的程序没有给定进给速度时,CNC 将使用该参数指定的缺省进给速度执行程序
#040031	空运行进给速度	当数控系统切换到空运行模式时,机床将采用该参数设置的进给速度执行程序
#100015	回参考点高速	回参考点时,在压下参考点开关前的快速移动速度

续表

参数号	参数名称	参数含义
#100016	回参考点低速	回参考点时,在压下参考点开关后,减速定位移动的速度。对于移动轴此速度为 mm/min
#100032	慢速点动速度	本参数用于设定在 JOG 方式下,轴的移动速度。对于移动轴此速度为 mm/min
#100033	快速点动速度	本参数用于设定在 JOG 方式下,轴快速移动的速度
#100034	最大快移速度	当快移修调为最大时,G00 快移定位(不加工)的最大速度。对于移动轴此速度为 mm/min
#100035	最高加工速度	数控系统执行加工指令(G01、G02 等),所允许的最大加工速度。
#100031	转动轴折算半径	设置该参数将旋转轴速度由角速度为线转换速度。当此值为 57.3 时,旋转轴的速度为 360 mm/min。相当于 360°/min

有关手摇设置的参数,手摇单位速度系数、手摇缓冲速率、手摇过冲系数和手摇稳速调节系数等,见表 5.3.50。

表 5.3.50 有关手摇设置的参数

参数号	参数名称	参数含义
#100042	手摇单位速度系数	手摇控制时每摇动一格发生器轴运动的最高速度
#100043	手摇脉冲分辨率	本参数设置:当手摇倍率×1 时,摇动手摇一格发出一个脉冲轴所走的距离。车床为直径显示 X 轴,此值为 0.5;Z 轴为 1
#100044	手摇缓冲速率	摇动手摇时由于在有效时间内,轴不能移动到指定位置,所发出的未执行的脉冲以什么速率使轴移动
#100045	手摇缓冲周期数	当手摇在手摇缓冲周期数以内摇动时,机床以低速移动,当超过手摇缓冲周期数时才以最大手摇速度移动
#100046	手摇过冲系数	此参数用于设置由于快速摇动手摇,突然停止后轴还会过冲多远。此参数设置越大则过冲越远,设置越小则过冲越少。此参数设置太小则会丢弃轴移动不完的脉冲
#100047	手摇稳速调节系数	此参数用于设置手摇在摇动过程中速度不均匀的情况

有关总线 I/O 模块的参数,如输入点起始组号、输入点组数、输出点起始组号和输出点组数,见表 5.3.51。

表 5.3.51 有关总线 I/O 模块的参数

参数号	参数名称	参数含义
#500012	输入点起始组号	该参数用于设定总线 IO 模块输入信号在 X 寄存器中的位置
#500013	输入点组数	该参数用于标识总线 IO 模块输入信号的组数
#500014	输出点起始组号	该参数用于设定总线 IO 模块输出信号在 Y 寄存器中的位置
#500015	输出点组数	该参数用于标识总线 IO 模块输出信号的组数

【任务自测】

一、单选题

1. 数控机床工作模式选择由 G43 信号各位组态形成，_____ 是 JOG 方式。
   A. G43.0 = 1　　　　　　　　B. G43.7、G43.2、G43.0 = 1、1、1
   C. G43 = 0　　　　　　　　　D. G43.2、G43.0 = 1、1

2. _____ 信号是自动运行信号。
   A. G7.2　　　　　　　　　　B. G8.5
   C. G30　　　　　　　　　　 D. G46.1

3. _____ 信号是数控装置准备完成信号。
   A. F0.6　　　　　　　　　　B. F1.0
   C. F1.7　　　　　　　　　　D. F1.1

4. _____ 信号是手动进给速度的倍率信号。
   A. 1423　　　　　　　　　　B. 1424
   C. 1420　　　　　　　　　　D. 1421

5. _____ 信号是程序运行信号。
   A. G046　　　　　　　　　　B. G045
   C. G044　　　　　　　　　　D. G043

二、判断题

1. 数控机床在手轮控制模式下，可以通过旋转手摇脉冲发生器进行相应旋转量的轴进给。（　　）
2. 运行方式信号可以读取 CNC 当前运行方式的状态。（　　）

三、简答题

1. 解释与手动方式相关的控制信号及参数的功能。
2. 简述手轮控制轴选择信号的含义及地址。

任务 5.4 输入/输出装置故障诊断

【任务导入】

数控机床运行时,数控系统除了发出运动指令,还会发出许多辅助指令。如输出 M 指令、换刀 T 指令,驱动执行机构完成相应动作后,要给 PMC 完成信号。如果没有得到最终的确认信号,系统就会报警。一般确认信号是通过到位开关(大多使用接近开关)等发出的,通过 X 信号发送给 PMC。如图 5.4.1 所示为刀库自动换刀图,本任务将结合刀库自动换刀,学习输入/输出故障的诊断与维修。

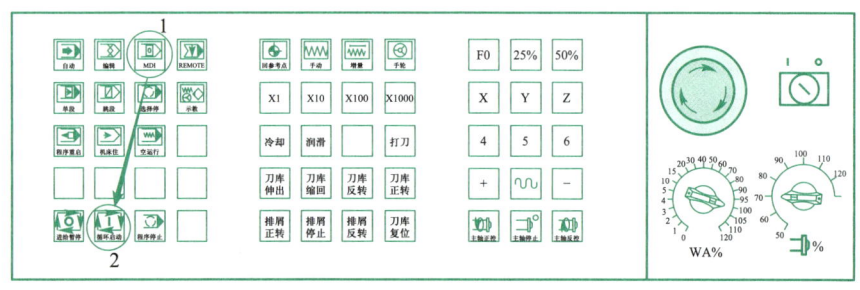

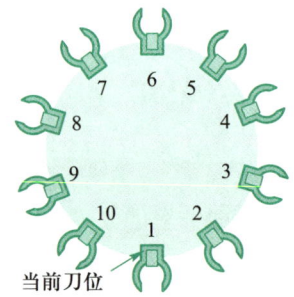

图 5.4.1　刀库自动换刀图

【任务目标】

1. 知识目标

(1)学习数控机床输入/输出装置典型故障的基本知识。

(2)学习 PMC 信号跟踪相关知识。

2. 能力目标

(1)掌握数控机床输入/输出装置典型故障的维修方法。

(2)能通过 PMC 信号跟踪排除机床应用中的故障。

3. 素养目标

(1)通过学习输入/输出装置故障诊断,培养分析问题、解决问题的能力。

（2）遵守操作规程，提高安全生产意识。

【任务分析】

数控机床 PMC 故障处理主要是根据系统提供的信息进行分析，排查是哪一步信号没有到位。由于同一信号有多种触发情况，在可能的情况下，可以进行信号跟踪；如果不好实现，也可以通过观察信号的地址状态进行判断。这种判断是需要掌握机床及控制部分原理，在一定的经验支持下进行，就像医生通过 CT 等检测手段判断病人病情。如图 5.4.2 所示为刀库换刀动作流程。

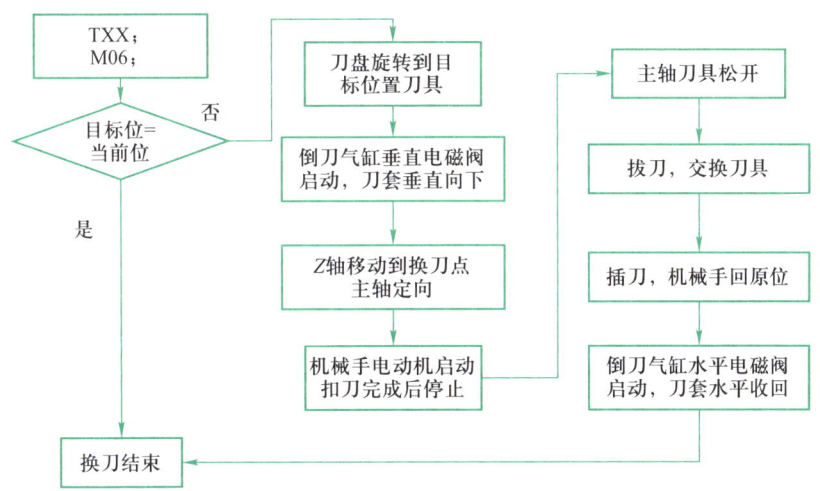

图 5.4.2　刀库换刀动作流程

PMC 信号跟踪

【知识衔接】

5.4.1　PMC 信号跟踪功能特点

在发生机床数控系统报警故障，特别是出现 PMC 以 EX 开头的报警故障时，如果能够追踪信号状态，就有助于找到故障点。但是 FANUC PMC 信号扫描周期非常快，0i-F 数控系统每步扫描速度达到 ns 级，直接用肉眼观察，很多信号的变化根本无法看到。采用 FANUC 系统 PMC 信号跟踪功能可以记录信号的变化。

使用 PMC 信号跟踪功能，最多可以记录 32 个信号点的信号变化，具有以下特点：
（1）能够记录信号的瞬时变化；
（2）能够记录信号随时间的周期性变化；
（3）能够记录信号之间的时序关系。

5.4.2　PMC 信号跟踪页面认知

PMC 信号跟踪页面认知

PMC 信号跟踪由 3 个页面构成，分别是跟踪参数设定页面、采样地址设定页面和信号跟踪显示页面。

通过以下路径进入信号跟踪参数设定页面：按下【SYSTEM】→【PMC 维修】→【跟踪设定】软键。跟踪参数设定页面如图 5.4.3 所示，在该页面中可以进行相关参数设定。

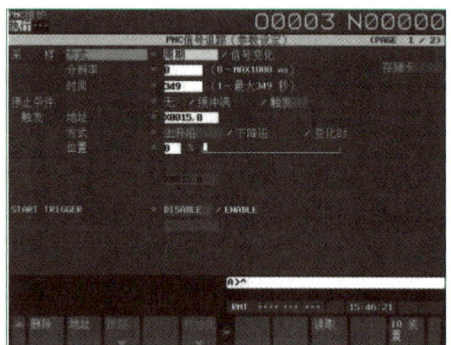

图 5.4.3　跟踪参数设定页面

5.4.3　典型故障分析

M 代码工作过程：输入 M 指令→PMC 译码→输出 Y 信号→驱动外设（阀等）→执行机构动作→动作到位→到位信号输出→PMC 收到信号→PMC 处理→M-FIN 信号完成。

如图 5.4.4 所示为某加工中心的转台卡紧的工作过程示意图。执行 M10 转台卡紧，但是屏幕上 M10 程序段不能完成，几十秒后出现 PMC 报警，显示 M-FIN 信号没有完成。转台卡紧的工作过程如下：

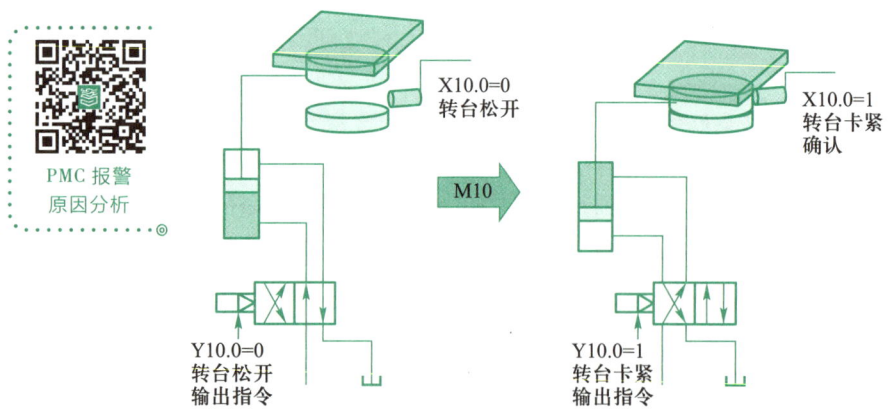

图 5.4.4　转台卡紧的工作过程示意图

（1）转台卡紧工作过程：

① 给数控系统输入 M10 转台卡紧指。

② PMC 进行译码。

③ PMC 输出 Y 指令，此例为 Y10.0＝0。

④ 2 位 4 通电磁阀换相动作，液压缸动作，先抬起，旋转到所需位置后，PMC 输出 Y10.0＝

1,液压缸带动转台下移卡紧。

⑤ 卡紧到位后接近开关 X10.0 感应到信号脉冲 X10.0 = 1,PMC 接收 X10.0 的输入信号。

⑥ PMC 处理 M-FIN 信号,M 代码完成。

一般在执行 M 代码后,发生没有完成辅助动作或完成了辅助动作但是没有得到确认时,因而产生了 M-FIN 报警,M-FIN 中 FIN 的含义在这里是"完成"的意思。

(2) 维修检查过程:

① 检查 G5.0 M-FIN 信号是否触发?通过梯形图观察,确实 G5.0 没有触发。

② 什么原因引起 G5.0 没有触发?通过梯形图找出原因出在 X10.0 没有信号。

③ X10.0 为什么没有信号,机械是否夹紧?动作已经到位,转台已经夹紧。

④ 通过进一步检查,确认转台转位信号 Y10.0 有输出,电磁阀也吸合,转台机械动作也到位。接近开关 X10.0 有问题。

⑤ 使用金属物体感应接近开关 X10.0 后 PMC 有反应,说明开关本身良好,最后调整开关与挡铁的距离,感应到信号,问题解决。

⑥ 最终原因是接近开关位置偏离,没有收到信号,调整接近开关与转台之间的距离,解决了 M-FIN 报警问题。

【任务实施】

根据表 5.4.1 中的检查事项和技术指标检验标准的要求,排除故障现象,达到《技术指标检验标准》中的要求,故障现象、故障原因及修正参数记录见表 5.4.2 PMC 及 I/O 总线故障排查记录表。

表 5.4.1 任 务 要 求

序号	检查事项	技术指标检验标准
1	使 PMC 编辑存储功能有效	能够进入 PMC 编辑页面
2	手轮快速最大速度是否等于 1 000 mm/min	在手轮方式下,各进给轴均可是实现快速移动,并且速度大于 1 000 mm/min
3	JOG 方式实现 $X/Y/Z$ 轴移动	在 JOG 方式下,均可实现 $X/Y/Z$ 的正负向移动控制
4	检查手动进给倍率开关与实际标定值是否一致	在 JOG 方式下,旋转手动进给倍率开关(外圈)应与实际标定值相符
5	MDI 方式执行程序段	机床能够在 MDI 方式下运行 G91 G01 X100 F100 程序段
6	检查快速倍率 F0、25%、F50%、F100%	在标准机床 MDI 面板上分别按下:0.25%、50%、100%,应符合按键快速移动倍率

表 5.4.2 PMC 及 I/O 总线故障排查记录表

序号	故障现象或要求	处理方案		教师评判	学生签字
1	PMC 不能进入编辑存储功能,在 PMC 菜单设置也无效	原因	K901.6 = 0 K900.1 = 0		
		解决方法	K901.6 = 1 K900.1 = 1		
		已排除(　)　未排除(　)　申请排除(　)			
2	在手轮方式下,各进给轴均可实现速度大于 1 000 mm/min	原因	G23.3 手轮最大移动速度信号切换信号没有激活,参数 1434 设定值小于 1000		
		解决方法	(1) 在 PMC 程序中增加程序段,用 K 地址控制 G23.3 线圈处于 1 (2) 同时参数 1434 中设置手轮最大进给速度大于 1000.000 参考程序如下:		
| | | ```
X0026.7                    G0023.3
──┤├──────────────────────( )──
``` | | | |
		已排除(　)　未排除(　)　申请排除(　)			
3	JOG 方式下 X/Y/Z 轴移动时出现"*"互锁信号	原因	G8.0 线圈前增加 K 地址,G8.0 所有轴互锁生效		
		解决方法	使控制 G8.0 线圈的 K 地址接通,取消所有轴互锁功能,参考程序如下:		
| | | ```
R0517.0                    G0008.0
──┤├──┬───────────────────( )──
F0001.5 │
──┤├──┘
``` | | | |
		已排除(　)　未排除(　)　申请排除(　)			
4	检查手动进给倍率开关与实际标定值是否一致	原因	JOG 方式下,旋转手动进给倍率开关,应与实际标定值相符合		
		解决方法	表示恢复到原来状态,设定参数 1423 = 1000 参考程序如下:		

续表

序号	故障现象或要求	处理方案		教师评判	学生签字
4		F0001.1　　　　RST　　　　　　　　　　　　R0547.5 ──┤├──────────────────[SUB27 0002]──○── 　　复位中信号　　　　　　　　CODB 　G0019.7 R0518.7 ACT　　　　　　0016 ──┤├──┤├───── 　手动快速 　移动选择　　　　　　　　　　R0523 　　　　　　　　　　　　　　　G0010 　　　　000　　00000　−00021　−00031 　　　　003　　−00051 −00080 −00126 　　　　006　　−00201 −00321 −00501 　　　　009　　−00791 −01261 −02001 　　　　012　　−03201 −05001 −07901 　　　　015　　−12601			
		已排除( )　未排除( )　申请排除( )			
5	机床不能够在MDI方式运行G91 G01 X100 F100 程序段	原因	G8.5 线圈始终为 0,控制 R802.2 线圈状态的输入信号 X7.5 常闭触点改为常开触点		
		解决方法	将用于控制 R802.2 线圈状态的输入信号 X7.5 常开触点改为常闭触点,参考程序如下:		
		X0007.5 Y1004.2 R0522.2 A0000.0　R0517.0 A0002.4　　R0802.2 ──┤├──┤/├──┤├──┤/├────┤├──┤/├──────○── 　　　　　　　　　　　1000 T00 　　　　　　　　　　　L NUMBE X0007.5 Y1004.2 R0522.2 A0000.0 R0517.0 A0002.4　　R0802.2 ──┤/├──┤/├──┤├──┤/├────┤├──┤/├──────○── 　　　　　　　　　　　1000 T00 　　　　　　　　　　　L NUMBE			
		已排除( )　未排除( )　申请排除( )			
6	在机床 MDI 面板上分别按下:F0、F25%、F50%、F100%,不符合按键速度比率	原因	G14.0 程序段之前 R47.0(F50) 改为了 R46.5(F25) G14.1 程序段之前 R46.5(F25) 改为了 R47(F50)		
		解决方法	恢复原地址,参考程序如下:		

项目五　PLC 故障诊断与维修

续表

序号	故障现象或要求	处理方案	教师评判	学生签字
6		(梯形图) 已排除(　)　未排除(　)　申请排除(　)		

【任务评价】

根据本任务完成情况填写任务评价表。

任务评价表

小组			姓名			
序号	考核项目	考核内容	配分	自评	互评	师评
1	职业素养	行为符合规范	10			
2		遵守纪律	10			
3		工位整洁,设备清理干净,日常维护正确	10			
4	文明生产	按有关规定安全文明操作	10			
5	技能操作	PMC 不能进入编辑存储功能	10			
6		手轮方式实现功能	10			
7		手动方式实现功能	10			
8		手动进给倍率	10			
9		MDI 方式功能	10			
10		机床 MDI 面板倍率功能	10			
		总计	100			

【任务拓展】

通过学习本任务,使学习者懂得输入/输出的每个环节都不可忽视,认识到"细节决定成败"。下面介绍 FANUC 工业机器人的 I/O 配置。

如图 5.4.5 所示为 LR Mate 200id 的 FANUC 工业机器人,将 UI(外围设备系统输入信号)、UO(外围设备系统输出信号)、DI(数字量输入信号)、DO(数字量输出信号)配置到 CRMA15/16 通信板上,完成工业机器人 CRMA15/16 通信板的 I/O 简易配置。

图 5.4.5 LR Mate 200id 的 FANUC 工业机器人

1. I/O 信号

I/O(输入/输出)信号是工业机器人与末端执行器、外部装置等系统的外围设备进行通信的电信号载体,分为通用 I/O 信号和专用 I/O 信号。通用 I/O 信号是由用户自由定义而使用的 I/O 信号,通用 I/O 信号分类见表 5.4.3。

表 5.4.3 通用 I/O 信号分类

名称	表示形式	数量	说明
数字输入/输出	DI[i]/DO[i]	512/512	可以将物理编号分配给逻辑编号(进行再定义)
群组输入/输出	GI[i]/GO[i]	0~32767	
模拟输入/输出	AI[i]/AO[i]	0~16383	

专用 I/O 信号是用途已经确定的 I/O 信号,专用 I/O 信号分类见表 5.4.4。

表 5.4.4 专用 I/O 信号分类

名称	表示形式	数量	说明
外围设备(UOP)系统输入/输出	UI[i]/UO[i]	18/20	可以将物理编号分配给逻辑编号(进行再定义)
MDI 面板(SOP)输入/输出	SI[i]/SO[i]	15/15	其物理号码被固定为逻辑号码,因而不能进行再定义
机器人输入/输出	RI[i]/RO[i]	8/8	其物理号码被固定为逻辑号码,因而不能进行再定义

2. CRMA15/CRMA16 I/O 模块

FANUC 工业机器人 I/O 模块的硬件种类有 I/O 印制电路板、I/O 单元 MODELA/B、CRMA15/CRMA16。其中,CRMA15/CRMA16 为 FANUC 工业机器人的一种典型 I/O 模块,各有 50 个端口,包含的端口类型有数字量输入(IN1~IN28)、数字量输出(IN1~IN24)、24 V、0 V、输入公共端、输出公共端以及未定义的厂家保留端口,其相应的端口物理地址见表 5.4.5、表 5.4.6。

表 5.4.5　CRMA15 板端口物理地址

插孔编号	物理地址	插孔编号	物理地址	插孔编号	物理地址
01	IN1	18	0 V	35	OUT3
02	IN2	19	输入公共端1	36	OUT4
03	IN3	20	输入公共端2	37	OUT5
04	IN4	21	厂家保留	38	OUT6
05	IN5	22	IN17	39	OUT7
06	IN6	23	IN18	40	OUT8
07	IN7	24	IN19	41	厂家保留
08	IN8	25	IN20	42	厂家保留
09	IN9	26	厂家保留	43	厂家保留
10	IN10	27	厂家保留	44	厂家保留
11	IN11	28	厂家保留	45	厂家保留
12	IN12	29	0 V	46	厂家保留
13	IN13	30	0 V	47	厂家保留
14	IN14	31	输出公共端1	48	厂家保留
15	IN15	32	输出公共端1	49	24 V
16	IN16	33	OUT1	50	24 V
17	0 V	34	OUT2		

表 5.4.6　CRMA16 板端口物理地址

插孔编号	物理地址	插孔编号	物理地址	插孔编号	物理地址
01	IN21	12	厂家保留	23	厂家保留
02	IN22	13	厂家保留	24	厂家保留
03	IN23	14	厂家保留	25	厂家保留
04	IN24	15	厂家保留	26	OUT17
05	IN25	16	厂家保留	27	OUT18
06	IN26	17	0 V	28	OUT19
07	IN27	18	0 V	29	0 V
08	IN28	19	输入公共端3	30	0 V
09	厂家保留	20	厂家保留	31	输出公共端2
10	厂家保留	21	OUT20	32	输出公共端2
11	厂家保留	22	厂家保留	33	OUT21

续表

插孔编号	物理地址	插孔编号	物理地址	插孔编号	物理地址
34	OUT22	40	厂家保留	46	OUT14
35	OUT23	41	OUT9	47	OUT15
36	OUT24	42	OUT10	48	OUT16
37	厂家保留	43	OUT11	49	24 V
38	厂家保留	44	OUT12	50	24 V
39	厂家保留	45	OUT13		

注意：CRMA15、CRMA16 两块 I/O 通信板加起来的输入端口有 28 个，即 IN1~IN28，该 28 个端口只能用于配置 DI、UI、GI 信号。输出端口有 24 个，即 OUT1~OUT24，该 24 个端口只能用于配置 DO、UO、GO 信号。

3. 信号配置

将 FANUC 工业机器人的通用 I/O 信号和专用 I/O 信号地址定义到 I/O 通信板上的对应端口，该过程称之为信号配置，FANUC 工业机器人允许用户根据实际需求进行完整配置或者简易配置。

（1）完整配置。即把 18 个 UI 信号和 20 个 UO 信号全部配置到 CRMA15/CRMA16 板中的端口，剩下的端口用于 DI/DO、GI/GO、AI/AO 信号的配置，这种配置方式称为完整配置。

（2）简易配置。是只选取当前所组建的工作站需要用到的部分 UI 和 UO 信号进行分配定义，其余的端口相应分配成 DI/DO、GI/GO、AI/AO 信号。

【任务自测】

一、单选题

1. 使用 PLC 信号跟踪功能，最多可以记录_____个信号点的信号变化。
   A. 32　　　　　　B. 28　　　　　　C. 64　　　　　　D. 16
2. PLC 信号跟踪由跟踪参数设定页面、_____和信号跟踪显示页面构成。
   A. 采样信号设定页面　　　　　B. 采样样品设定页面
   C. 采样线路设定页面　　　　　D. 采样地址设定页面
3. 下列哪项不是 PLC 信号跟踪功能的特点_____。
   A. 记录信号肉眼观察结果　　　B. 记录信号的瞬时变化
   C. 记录信号间时序关系　　　　D. 记录信号随时间变化的周期

二、判断题

1. 信号跟踪参数设定完成后按【跟踪】软键，进入信号追踪页面。（　　）
2. 只有设定的停止条件满足时，才可以停止信号的追踪。（　　）

三、简答题

简述 PMC 信号跟踪页面操作流程。

项目六　辅助装置及刀库故障诊断与维修

任务 6.1　加工中心刀库的原理与维修

【任务导入】

某采用凸轮机械手换刀的加工中心如图 6.1.1 所示,在换刀过程中出现动作中断,数控系统发出机械手伸出故障报警。本任务主要学习加工中心刀库的原理与维修。

刀库结构
及原理

图 6.1.1　凸轮机械手换刀的加工中心

【任务目标】

1. 知识目标

(1) 学习加工中心自动换刀装置的常见形式。
(2) 学习刀库移动式换刀装置的典型结构与原理。
(3) 学习凸轮联动机械手换刀装置的典型结构与原理。

2. 能力目标

(1) 能够进行刀库的机械结构分析。
(2) 能够进行刀库的电气控制系统分析。
(3) 能够进行自动换刀装置的故障诊断与维修。

3. 素养目标

(1) 通过学习加工中心刀库的原理与维修,提高自主学习和实践应用的能力。

(2)强化安全生产意识。

(3)培养精益求精、踏实严谨的工匠精神。

【任务分析】

加工中心的自动换刀装置种类繁多,其结构、原理和性能相差不同,结构、动作与机床结构密切相关。足够的强度与刚性、定位准确、换刀快捷、动作可靠是加工中心对自动换刀装置的基本要求。数控系统的报警表明,换刀故障的原因是机械手不能进行伸出动作。由于凸轮机械手换刀装置的每一步动作都需要检查上一动作的完成信号,只有当刀库和主轴侧的刀具同时松开后,机械手才能进行伸出、拔刀动作。因此,本任务需要学习加工中心的自动换刀装置的原理、结构、控制,从而能够分析原因,解决问题。如图 6.1.2 所示为圆盘式刀库机械手换刀机构。

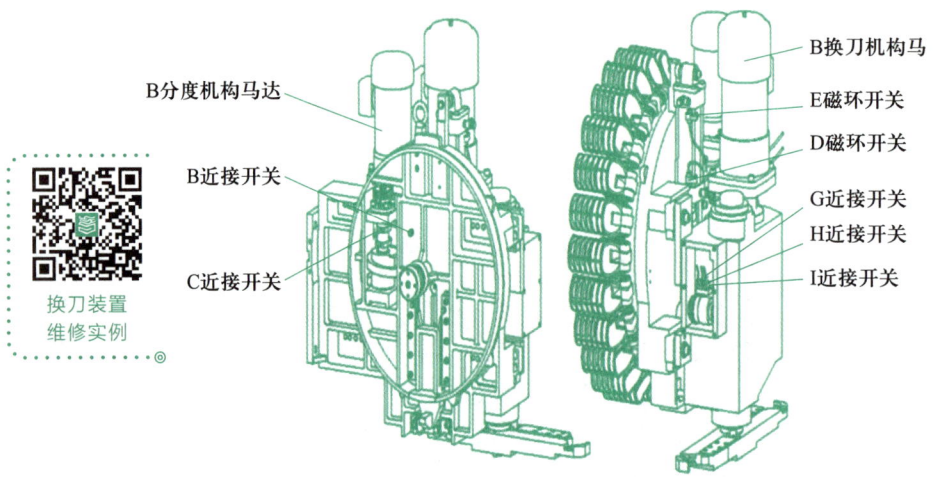

图 6.1.2 圆盘式刀库机械手换刀机构

【知识衔接】

6.1.1 自动换刀装置的常见形式

1. 直接换刀(夹臂式刀库、转塔式刀库)

采用直接换刀的加工中心不需要机械手,换刀时一般只需要刀库的回转便可以将所需要的刀具直接移动到机床主轴的轴线上,而不需要其他的运动,其刀具的装卸可直接利用 Z 轴的上下运动和刀具的松开、夹紧动作便可完成。

如图 6.1.3(a)所示是一种典型的直接换刀立式加工中心,该机床的刀库形状如图 6.1.3(b) 所示。换刀时只需要刀库做回转运动选刀、Z 轴的上下运动实现换刀。

采用直接换刀的加工中心结构简单、换刀快捷,同时,由于刀具交换前后的安装位置固定不变,因此,选刀错误的故障相对较少。但由于结构所限,刀库可安装的刀具数量通常较少,并且如果刀具的尺寸过大将会影响机床的工件安装和 Z 轴的加工行程;此外,机床加工

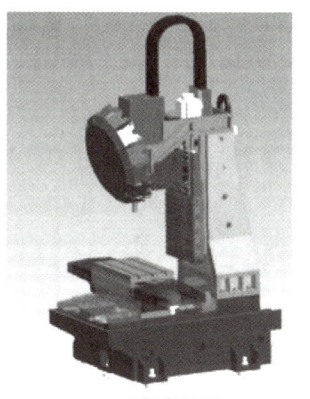

刀库换刀装置常见故障及处理

(a) 机床外形　　　　　(b) 刀库

图 6.1.3　直接换刀（夹臂式刀库）

时也不能进行刀具装卸,不是很方便,相对地,对刀具安装的准确性要求很高。因此,这是一种用在小型加工中心和钻削中心的自动换刀形式。

2. 刀库移动式换刀

采用刀库移动式换刀（斗笠式刀库）的加工中心同样不需要机械手,但换刀时需要进行刀库的平移、上下等运动,所需要的刀具也能够直接移动到机床主轴的轴线上,其刀具的装卸可直接利用 Z 轴（或刀库）的上下运动完成。

如图 6.1.4(a) 所示为一种典型的刀库移动式换刀的立式加工中心,该机床的刀具装卸通过图 6.1.4(b) 所示的刀库平移和 Z 轴的上下运动实现。换刀时刀库只需要进行平移和回转运动,而不需要做上下运动。这种移动式换刀的刀库外形类似于斗笠,在某些场合又称为斗笠式刀库。

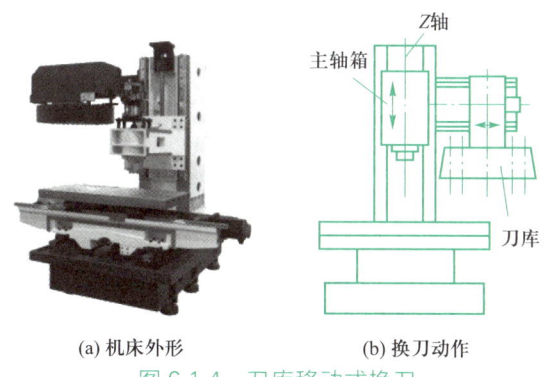

(a) 机床外形　　　　　(b) 换刀动作

图 6.1.4　刀库移动式换刀

采用刀具移动式换刀的加工中心结构简单、控制容易、换刀可靠,刀具交换前后的安装位置固定不变。目前常用的刀库容量有 16、20、24 和 30 把。

3. 机械手换刀

机械手换刀的形式繁多,但总体上都是通过机械手运动完成刀库侧和主轴侧的刀具交换和装卸动作,其机械手需要进行上下、180°旋转、刀具松夹等运动,在大型机床上有时还需要做平移等运动;而刀库需要进行回转选刀,有时还需要进行换刀位置的 90°翻转动作;自动换刀装置的部件众多,机械结构复杂。圆盘式刀库机械手换刀如图 6.1.5 所示。

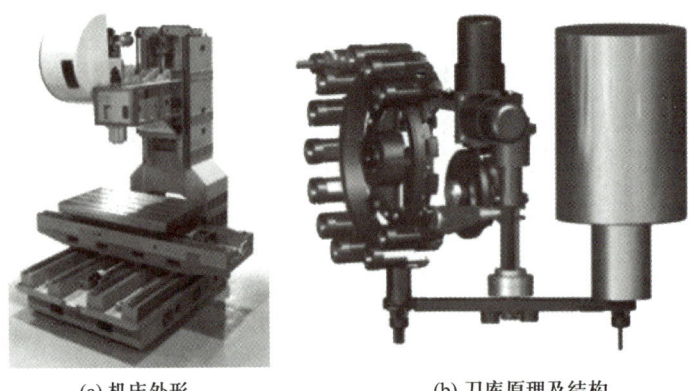

(a) 机床外形　　　　　　　(b) 刀库原理及结构

图 6.1.5　圆盘式刀库机械手换刀

如图 6.1.5(a)所示是配置圆盘式刀库的立式加工中心,该机床的刀具装卸通过图 6.1.5(b)所示的机械手上下和 180°回转实现。在换刀前,刀库先通过回转运动,将所需要的下一把刀具预先旋转到换刀位置上,换刀时刀库侧刀具翻转 90°,Z 轴上升到换刀位;然后,通过机械手的运动,交换刀库与主轴侧的刀具;换刀后,刀库换刀位上的刀具将被改变。

用机械手换刀的加工中心换刀快捷,刀库可以布置在机床侧面,其刀库容量、刀具的尺寸不受限制,是一种适用于多刀具交换的大中型加工中心的自动换刀形式。如图 6.1.6 所示为链式刀库的外形。

图 6.1.6　链式刀库的外形

6.1.2　斗笠式刀库的结构与原理

斗笠式刀库结构简单,控制容易,换刀可靠,是中小型立式加工中心最为常用的自动换刀装置,它需要通过刀库与机床 Z 轴的相对运动,实现刀具的装卸与交换。其结构如图 6.1.7、图 6.1.8 所示。

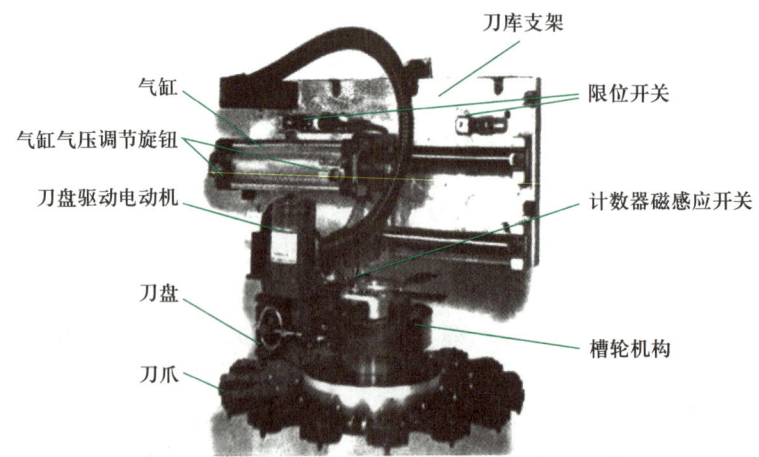

图 6.1.7　斗笠式刀库结构

图 6.1.8　主轴打刀缸

1. 刀库结构

2. 换刀过程与原理

（1）系统得到换刀信息后，主轴（刀具）自动返回到换刀点，且实现主轴定向准停控制，如图 6.1.9（a）所示。

（2）刀盘从原位自动进刀（气缸活塞移动），当刀盘到位开关接通后，刀盘立即停止，做好准备接刀动作，如图 6.1.9（b）所示。

（3）主轴自动松刀并进行吹气控制，当主轴松刀到位开关接通后，完成刀盘接刀控制动作（把当前主轴上的刀具放回刀库）。

（4）主轴上移（一般返回机床的参考点），如图 6.1.9（c）所示。

（5）根据程序的 T 指令进行就近选刀（刀盘电动机正转或反转）控制，即电动机通过槽轮套驱动马氏槽轮，带动刀盘间歇运动（刀盘分度），同时刀盘计数开关计数，当选刀到位（计数器为 0），刀盘电动机立即停止，如图 6.1.9（d）所示。

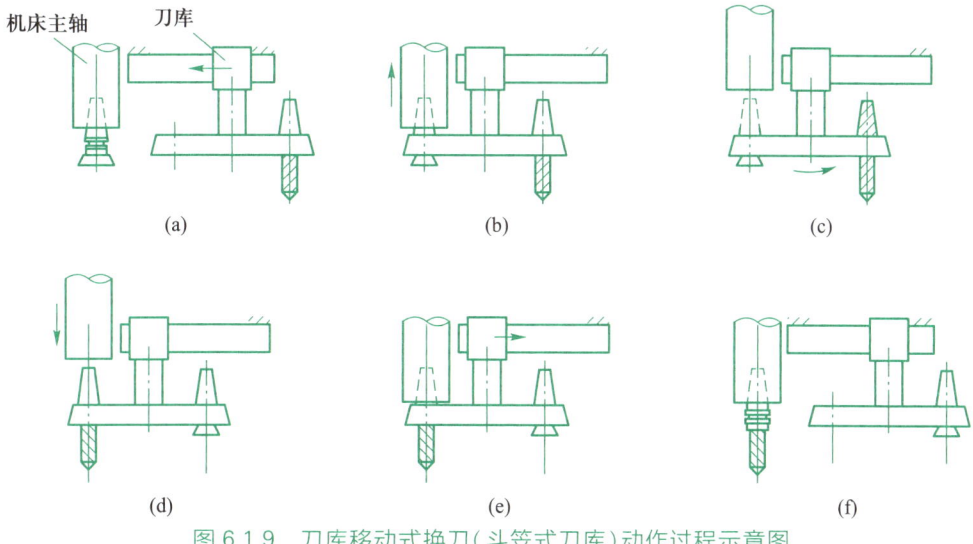

图 6.1.9　刀库移动式换刀（斗笠式刀库）动作过程示意图

(6) 主轴再次下移到换刀点,进行主轴接刀控制,如图 6.1.9(e)所示。

(7) 主轴到达换刀点后,实现主轴锁紧刀具控制。

(8) 当主轴锁紧到位开关接通后,刀盘退回到原位(气缸活塞移动),如图 6.1.9(f)所示。

(9) 当刀盘原位开关接通时,完成自动换刀的控制。

以上换刀方式不需要机械手,其结构非常简单、动作可靠,但不能实现刀具的预选动作,即在换刀时应先将原来主轴上的刀具放回到刀库,然后再通过刀库的旋转选择新刀具。因此选刀需要一定时间,而且每次换刀,刀库和 Z 轴还需要进行一次往复运动,其换刀时间往往较长。此外,刀库上的刀具安装也不是很方便。换刀流程示意图如图 6.1.10 所示。

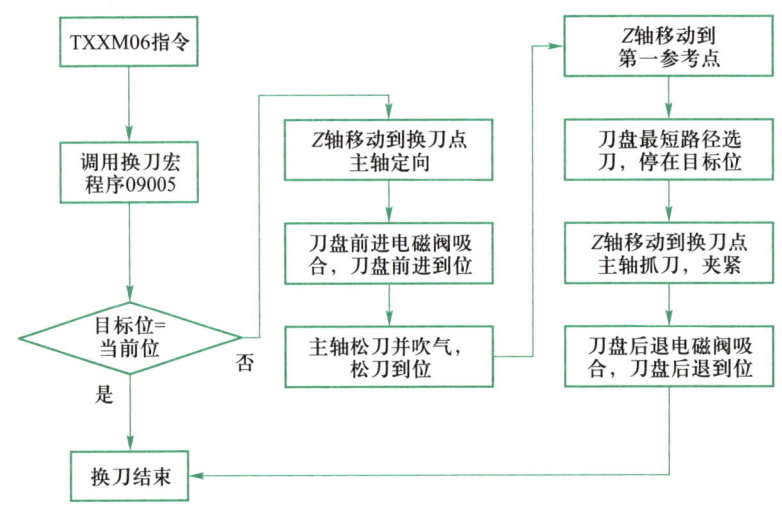

图 6.1.10　换刀流程示意图

换刀宏程序(M06)如下:

O9005;(系统参数 6701 设定为 6,即调用程序 O9005 的 M 代码)
M05;(主轴停止)
G4X0.2;(延时 0.2 s)
IF[#1000EQ1]GOTO100;(如果所选择的刀具在主轴上,退出换刀程序)
#3003=1;(自动换刀时,机床面板的程序单段功能无效)
#23=#4003;(通过变量#23 设定是绝对坐标还是增量坐标)
#26=#4006;(通过变量#26 设定是公制还是英制)
G91G30Z0;(Z 轴返回机床第 2 参考点,即换刀点)
M19;(主轴定向准停控制)
N20M81;(刀盘前进到接刀位置控制)
G4X1.0;(延时 1 s)
M71;(主轴松刀和主轴吹气控制)
G91G28Z0;(Z 轴返回机床第 1 参考点,即机床原点)
M79;(实现 T 指令控制,即把选择的刀就近转到换刀位置)

C91G30Z0;(Z轴返回机床第2参考点,即换刀点)
M72;(主轴锁紧刀具控制)
M82;(刀盘后退到原位控制)
#23=0;(为绝对坐标G90)
#26=0;(坐标单位为公制G20)
#3003=0;(自动换刀结束后,机床面板的程序单段功能有效)
N00M99;(换刀程序结束)

6.1.3 机械手换刀装置的结构与原理

采用机械手换刀的加工中心,其刀库布置灵活,刀具数量不受结构的限制,还可实现刀具预选。此外,如采用机械凸轮控制,其动作迅捷,可大大提高换刀速度,因此,这是一种高速、高性能加工中心普遍采用的换刀方式。机械手的运动控制可通过气动、液压、机械、凸轮联动机构等实现,与气动、液压控制相比,机械凸轮联动换刀具有换刀迅捷、定位准确等突出优点,在加工中心得到广泛的应用。

如图 6.1.11 所示为一种立式加工中心广泛使用的单臂双爪回转式凸轮联动的机械手换刀过程示意图,其换刀动作过程如下:

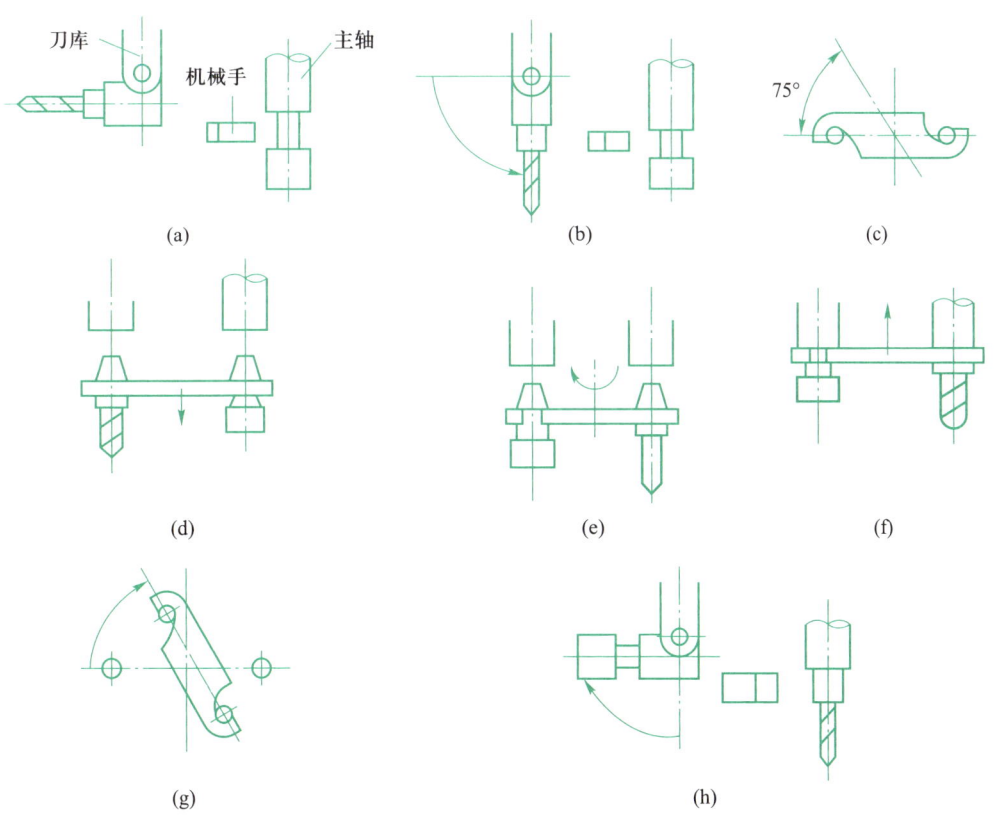

图 6.1.11 机械手换刀过程示意图

（1）刀具预选。在机床加工时，根据数控系统下一把刀的 T 指令，由刀库回转电动机将下一把刀具回转到刀具交换位置，完成刀具的预选动作，如图 6.1.11（a）所示。

（2）主轴定向准停和 Z 轴运动。当 CNC 的换刀指令发出后，先进行主轴定向准停，使主轴上的定位键和刀库定位键方向一致。与此同时，Z 轴快速向上运动到换刀位置，刀座转位汽缸将预选的刀具连同刀座向下翻转 90°，如图 6.1.11（b）所示，使刀具的轴线和主轴轴线平行。

（3）机械手回转。当 Z 轴到达换刀位置，刀库上的刀具完成 90°翻转动作后，机械手在电动机和凸轮换刀机构或其他液压、气动控制装置的驱动下回转，如图 6.1.11（c）所示为 75°，使两边的手爪分别夹持刀库换刀位及主轴上的刀具。

（4）卸刀。机械手完成夹刀动作后，同时松开刀库及主轴内的刀具；刀具松开后，机械手在电动机和凸轮换刀机构或其他液压、气动控制装置的驱动下再向下伸出，刀库和主轴上的刀具被同时取出，完成卸刀动作，如图 6.1.11（d）所示。

（5）刀具换位。卸刀完成后，机械手在电动机和凸轮换刀机构或其他液压、气动控制装置的驱动下旋转 180°，进行刀库侧和主轴侧的刀具互换，如图 6.1.11（e）所示。

（6）装刀。刀具完成换位后，机械手在电动机和凸轮换刀机构或其他液压、气动控制装置的驱动下向上缩回，将刀库侧和主轴侧的刀具同时装入刀库刀座和主轴并夹紧，如图 6.1.11（f）所示。

（7）机械手返回。刀库和主轴内的刀具夹紧后，机械手在电动机和凸轮换刀机构或其他液压、气动控制装置的驱动下反向旋转回到起始位置，换刀动作完成，如图 6.1.11（g）所示。

（8）换刀完成后，Z 轴便可向下运动进行加工，同时，刀座转位气缸将从主轴上换下的刀具连同刀座向上翻转 90°，如图 6.1.11（h）所示。然后，根据下一把刀的 T 指令，再次进行刀具的预选。

【任务实施】

如图 6.1.12 所示为一立式加工中心的自动换刀控制示意图。当换刀臂平移至位置 C 时，无拔刀动作，试分析并解决故障。

1. 故障分析与排除

数控机床上刀具及托盘等装置的自动交换动作都是按照一定顺序来完成的，因此观察机械装置的运动过程，比较正常与故障时的区别，就可发现疑点，诊断出故障的原因。自动换刀装置（ATC）动作的起始状态是：① 主轴要保持交换的旧刀具；② 换刀臂在位置 B；③ 换刀臂在上部位置；④ 刀库已将要交换的新刀具定位。

2. 自动换刀的顺序

换刀臂左移（B→A）→换刀臂下降（从刀库拔刀）→换刀臂右移（A→B）→换刀臂上升→换刀臂右移（B→C，抓住主轴中刀具）→主轴液压缸

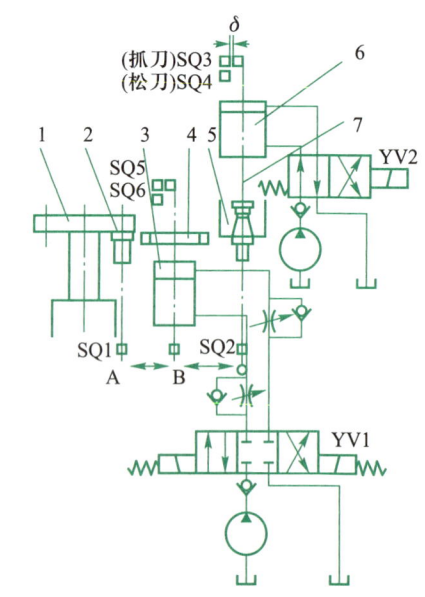

图 6.1.12　自动换刀控制示意图

1—刀库；2—刀具；3—换刀臂升降液压缸；4—换刀臂；
5—主轴；6—主轴液压缸；7—拉杆

下降(松刀)→换刀臂下降(从主轴拔刀)→换刀臂旋转 180°(两刀具交换位置)→换刀臂上升(装刀)→主轴液压缸上升(抓刀)→刀臂左移(C→B)刀库转动(找出旧刀具位置)→换刀臂左移(B→A,返回旧刀具给刀库)→换刀臂右移(A→B)刀库转动(找下一把刀具)。

3. 换刀臂平移至 C 位置时,无拔刀动作,分析原因

(1) SQ2 无信号,使松刀电磁阀 YV2 未励磁,主轴仍处于抓刀状态,换刀臂不能下降。

(2) 松开后,接近开关 SQ4 无信号,则换刀臂升降电磁阀 YV1 状态不变,换刀臂不下降。

(3) 电磁阀有故障,即使给予信号也不能动作。

结合机床 PMC 状态进行逐步检查,发现 SQ4 未发出信号,进一步对 SQ4 检查,发现感应间隙过大,导致接近开关无信号输出,产生动作障碍。调整接近开关位置,故障解除。

【任务评价】

根据本任务完成情况填写任务评价表。

任务评价表

小组			姓名			
序号	考核项目	考核内容	配分	自评	互评	师评
1	职业素养	行为符合规范	10			
2		遵守纪律	10			
3	文明生产	工位整洁,设备清理干净,日常维护正确	10			
4		按有关规定安全文明操作	10			
5	技能操作	故障分析与排除	20			
6		自动换刀的顺序	20			
7		换刀臂平移至位置 C 时,无拔刀动作,分析原因	20			
		总计	100			

【任务拓展】

通过学习本任务,使学习者理解加工中心刀库的原理与维修方法。下面拓展学习刀库换刀功能。

刀库电动机的电源电路原理是电源总开关→QF3 断路器→KM2(KM3)接触器→刀库电动机。刀库采用 12 工位圆盘刀库,控制分为刀库电动机与刀位信号。刀库电动机采用三相异步电动机,通过交流接触器的方式完成正反转。正转接触器的控制来自 PMC 的输出地址(Y10.1),Y10.1 有输出时,XT5 板上的 KA12 继电器吸合,接触器 KM2 吸合,刀库正转,在线圈控制中加入了互锁触点,防止相间短路。反转接触器的控制来自 PMC 的输出地址(Y10.2),Y10.2 有输出时,XT5 板上的 KA13 继电器吸合,接触器 KM3 吸合,刀库反转锁紧。刀库的正转与反转受 PMC 的控制。刀架的信号包含刀库计数信号 X10.7,刀库前位信号 X10.4,刀库后位信号 X10.5,其电路控制图如图 6.1.13 所示。

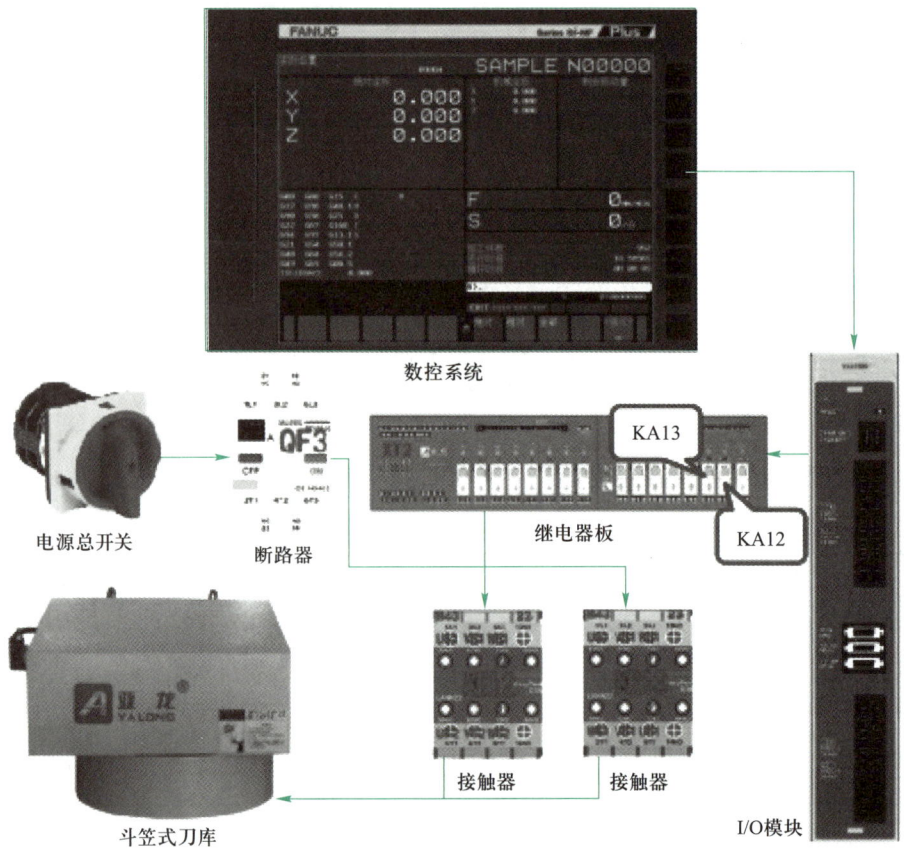

图 6.1.13 刀库换刀电路控制图

【任务自测】

一、单选题

1. _____ 特点是无机械手式主轴换刀,利用工作台运动和刀库转动,由主轴箱上下运动进行选刀和换刀。

　　A. 转塔头加工中心　　　　　　　　B. 刀库+主轴换刀加工中心
　　C. 刀库+机械手+主轴换刀加工中心　　D. 刀库+机械手+双主轴转塔头加工中心

2. _____ 在主轴上的刀具进行切削时,通过机械手将下一步所用的刀具换到转塔头的非切削主轴上,当主轴上的刀具切削完毕后,转塔头即回转,完成换刀工作,换刀时间短。

　　A. 转塔头加工中心　　　　　　　　B. 刀库+主轴换刀加工中心
　　C. 刀库+机械手+主轴换刀加工中心　　D. 刀库+机械手+双主轴转塔头加工中心

3. 加工中心是在数控 _____ 的基础上发展而成的。

　　A. 车床　　　　B. 铣床　　　　C. 钻床　　　　D. 磨床

二、判断题

1. 刀库存放刀具的数量,一般根据加工工艺要求而定。(　　)
2. 小型加工中心一般使用刀库移动实现换刀。(　　)

三、简答题

1. 探讨刀库移动式换刀的主要特点、动作过程以及容易产生故障的点。
2. 探讨凸轮联动机械手换刀装置的主要特点、动作过程以及容易产生故障的点。

任务 6.2　液压装置的装调与维修

【任务导入】

液压技术在机械设备中的应用非常广泛，具有结构简单、体积小、质量轻的优点，如图 6.2.1 所示为一个典型的液压、电气控制回路，本任务主要介绍液压装置的装调与维修。

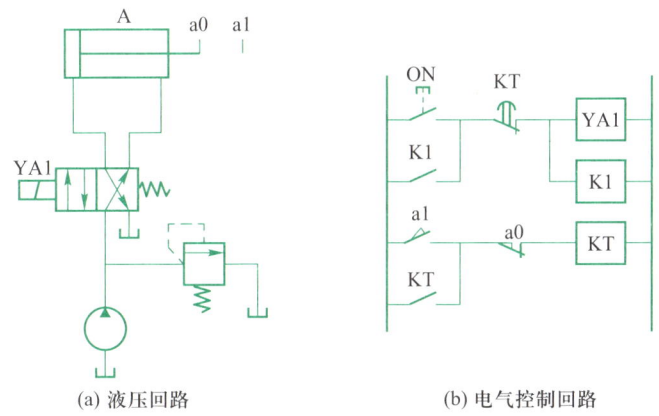

(a) 液压回路　　　　　　　　(b) 电气控制回路

图 6.2.1　液压、电气控制回路

【任务目标】

1. 知识目标

（1）学习液压系统的基本知识。
（2）学习数控机床液压装置的基本组成与结构。

2. 能力目标

（1）能认识数控车床液压系统的元件。
（2）能掌握数控车床液压系统的装调。

3. 素养目标

（1）培养团队协作，自主学习液压装置装调与维修的能力。
（2）培养动手能力，查阅资料能力，以及分析和解决问题的能力。
（3）培养精益求精、踏实严谨的工匠精神。

【任务分析】

数控机床的液压系统主要驱动对象有液压卡盘、静压导轨、拨叉变速液压缸、主轴箱的液压平衡装置、液压驱动机械手和主轴上的松刀液压缸等,如图 6.2.2 所示为数控机床液压卡盘。

液压系统的维护要点:
(1) 保持油液清洁。
(2) 控制液压系统中油液的温升。油温变化范围大会影响液压泵的吸油能力及容积效率;系统工作不正常,压力、速度不稳定,动作不可靠;液压元件内外泄漏增加;加速油液的氧化变质。
(3) 控制液压系统泄漏。提高液压元件的装配质量以及管道系统的安装质量,应注意密封件的安装使用与定期更换,加强日常维护。
(4) 防止液压系统振动与噪声。

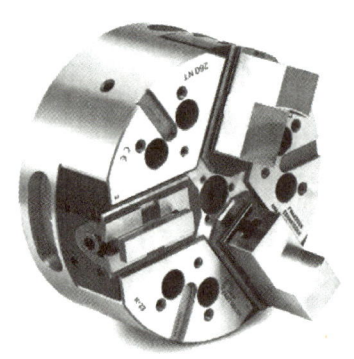

图 6.2.2 数控机床液压卡盘

【知识衔接】

6.2.1 液压传动装置的组成

1. 液压动力元件

把机械能转换成液体压力能的元件,如液压泵、叶片泵在机床液压系统中应用最广,常用于性能较好的中压、中高压系统,如图 6.2.3 所示为单作用叶片泵的结构及工作原理。

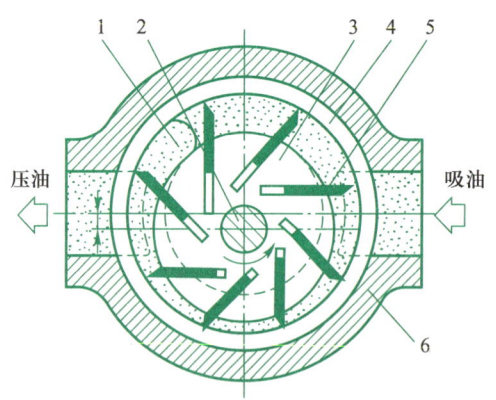

图 6.2.3 单作用叶片泵的结构及工作原理
1—配流盘;2—传动轴;3—转子;4—定子;5—叶片;6—泵体

2. 液压执行元件

把液体压力能转换成机械能的元件。如液压缸、液压马达等元件,如图 6.2.4 所示为单作用活塞液压缸。

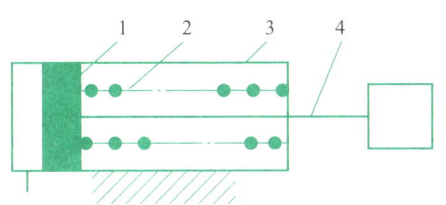

图 6.2.4 单作用活塞液压缸
1—活塞；2—弹簧；3—缸筒；4—活塞杆

3. 液压控制元件

通过对液体的方向、压力、流量的控制，实现对执行元件的运动方向、作用力、速度的控制，如换向阀、减压阀等元件。如图 6.2.5 所示为单向阀结构及图形符号。

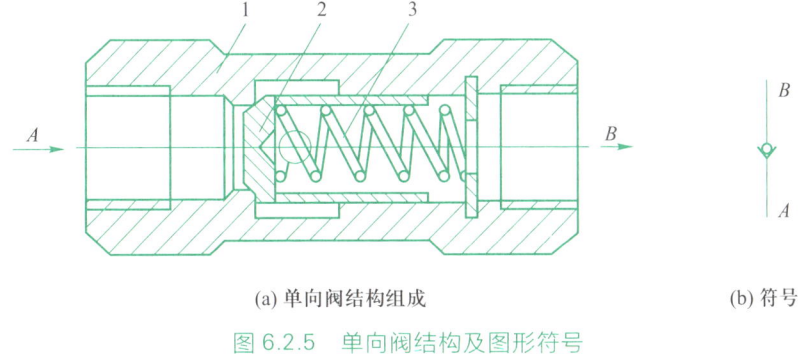

(a) 单向阀结构组成　　　　　　　(b) 符号

图 6.2.5 单向阀结构及图形符号
1—阀体；2—阀芯；3—弹簧

方向控制阀是用来控制和改变液压系统中液流方向的阀类，如单向阀、液控单向阀、换向阀等。压力控制阀是用来控制或调节液压系统液流压力以及利用压力实现控制的阀类，如溢流阀、减压阀、顺序阀等。流量控制阀是用来控制或调节液压系统液流流量的阀类，如节流阀、调速阀、溢流节流阀、二通比例流量阀、三通比例流量阀等。

4. 液压辅助元件

上述 3 个组成部分以外的其他元件，如管道、管接头、油箱、滤油器等为辅助元件，如图 6.2.6 所示。

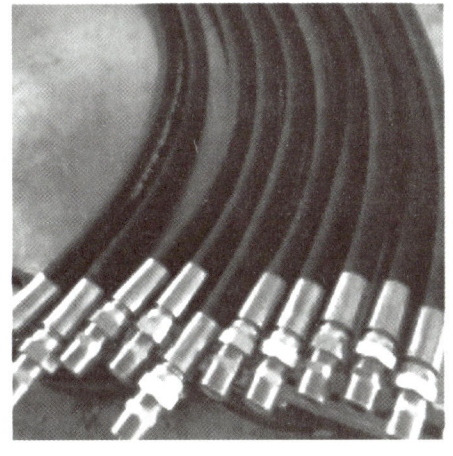

图 6.2.6 液压辅助元件

6.2.2 数控车床的液压系统

数控车床液压系统的主要驱动对象有液压卡盘、静压导轨、拨叉变速液压缸、主轴箱的液压平衡、液压驱动机械手和主轴上的松刀液压缸等,如图 6.2.7 所示为数控车床的液压系统图。

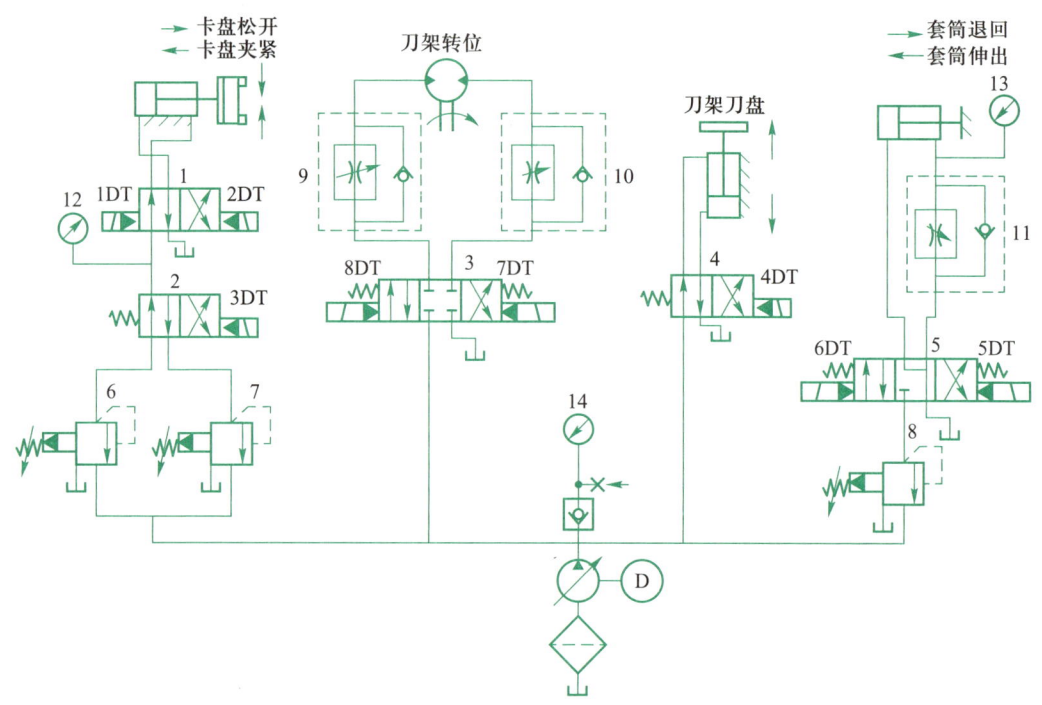

图 6.2.7 数控车床的液压系统图

液压动力部分如图 6.2.8 所示。

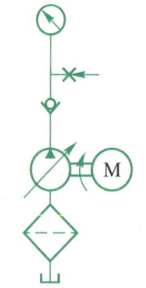

图 6.2.8 液压动力部分

主轴夹紧与松开回路如图 6.2.9 所示。
刀塔回转回路如图 6.2.10 所示。
尾架套筒伸缩回路如图 6.2.11 所示。

任务 6.2　液压装置的装调与维修

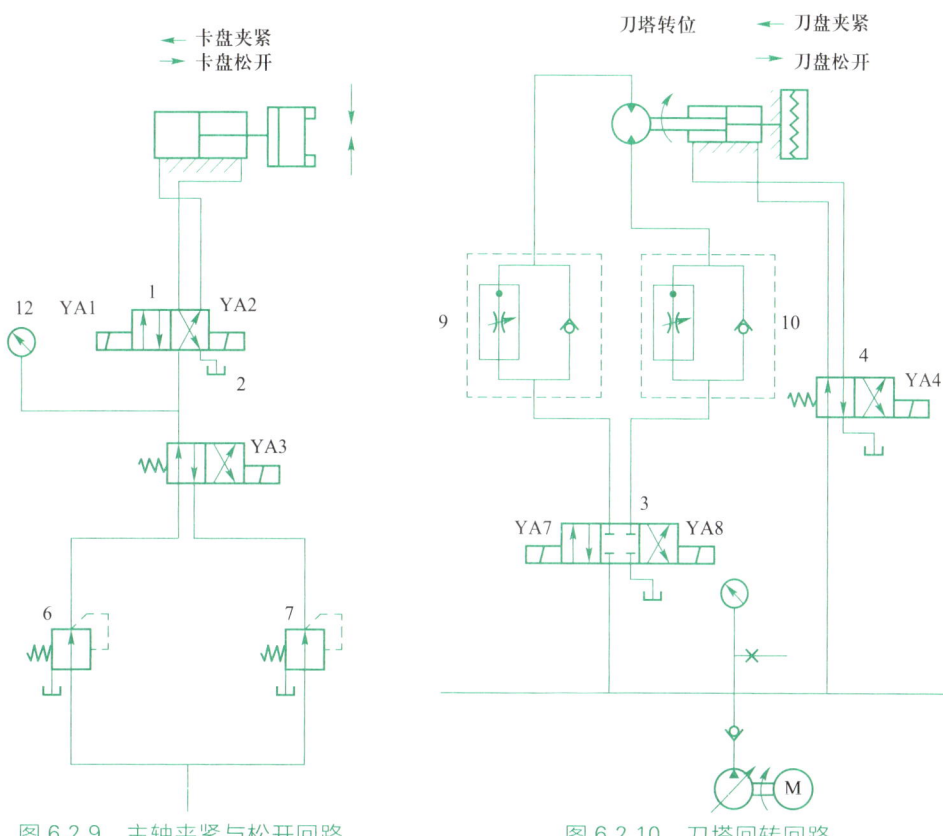

图 6.2.9　主轴夹紧与松开回路

图 6.2.10　刀塔回转回路

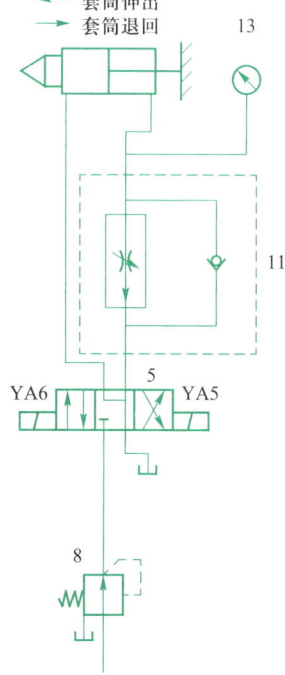

图 6.2.11　尾架套筒伸缩回路

207

项目六　辅助装置及刀库故障诊断与维修

【任务实施】

液压站的维护如图 6.2.12 所示。

液压油冷却装置的维护如图 6.2.13 所示。

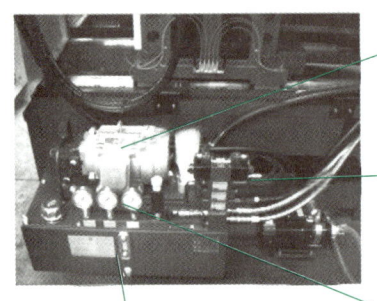

图 6.2.12　液压站的维护

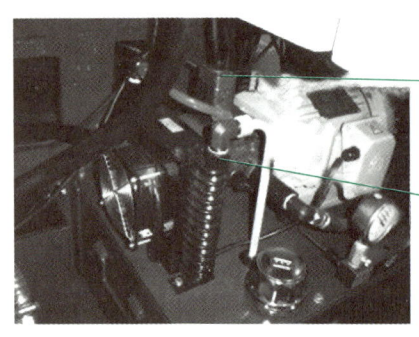

图 6.2.13　液压油冷却装置的维护

液压油箱的维护如图 6.2.14 所示。

图 6.2.14　液压油箱的维护

油水分离器的维护如图 6.2.15 所示。

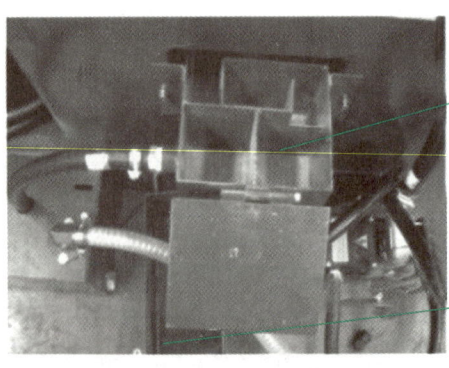

图 6.2.15　油水分离器的维护

填写数控车床液压系统维护内容,见表 6.2.1。

表 6.2.1　数控车床液压系统维护内容

维护部位	维护内容
液压站	
液压油冷却装置	
液压油箱	
油水分离器	

【任务评价】

根据本任务完成情况填写任务评价表。

任务评价表

小组			姓名			
序号	考核项目	考核内容	配分	自评	互评	师评
1	职业素养	行为符合规范	5			
2		遵守纪律	5			
3	文明生产	工位整洁,设备清理干净,日常维护正确	10			
4		按有关规定安全文明操作	10			
5	技能操作	液压站的维护	10			
6		液压油冷却装置的维护	15			
7		液压油箱的维护	15			
8		油水分离器的维护	15			
9		数控车床的液压系统维护内容填写	15			
		总计	100			

【任务拓展】

通过学习本任务,使学习者理解液压装置装调与维修方法。下面介绍机床气动平口钳装置。

气动平口钳是一种常用的自动夹紧装置,广泛应用于加工中心和数控机床等精密加工设备。气动平口钳的主要作用是在加工过程中,对工件进行可靠且精确的定位和夹紧,保证加工质量和效率。

气动平口钳适用于各种尺寸和形状的工件夹紧,尤其是在加工精度要求较高的场合,如模具加工、汽车零部件加工等领域。气动平口钳的使用可以节省人力,提高生产效率,同时也可以保证加工质量和加工效率。

在手动模式下,按 MDI 面板上的【K1】按键或者程序执行 M72 时,根据实训设备电气原理图分析可知,数控系统 PMC 输出 Y8.2 信号,控制中间电磁阀线圈吸合,进而控制平口钳动作,如图 6.2.16 所示。

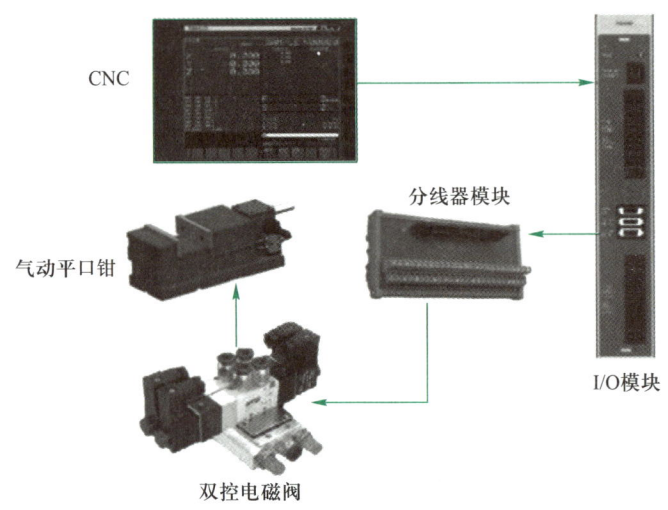

图 6.2.16 平口钳控制流程

【任务自测】

一、单选题

1. 压力控制阀主要有_____等。

A. 溢流阀

B. 减压阀

C. 顺序阀和压力继电器

D. 溢流阀、减压阀、顺序阀和压力继电器

2. _____是液压系统的储能元件,它能储存液体压力能,并在需要时释放出来供给液压系统。

A. 油箱   B. 过滤器

C. 蓄能器   D. 压力计

3. 液压控制阀采用适用于_____流量的法兰盘进行连接。

A. 小   B. 大

C. 中等   D. 超大

二、判断题

1. 方向控制阀是用来控制和改变液压系统中液流方向的阀类。(　　)

2. 液压执行元件是把液体压力能转换成机械能的元件。(　　)

三、简答题

液压系统通常都由哪些部分组成?各部分的主要作用是什么?

任务 6.3 润滑冷却装置的装调与维修

【任务导入】

润滑系统在机床中占有十分重要的位置,润滑可以起到降低摩擦阻力、减少磨损、降温冷却、防锈、减振的作用,机床润滑系统对提高机床加工精度、延长机床使用寿命具有十分重要的作用。现代机床导轨、丝杆等滑动副的润滑,基本上都是采用集中润滑系统。机床冷却系统主要是对加工件进行冷却,保证零件的加工性能和加工质量。

某立式加工中心在使用时,发现其集中润滑站的润滑油损耗特别大,隔一天就要向润滑站重新加油,机床冷却液中明显有大量的润滑油,本任务将介绍这一故障的维修。如图 6.3.1 所示为抵抗式(AMR)润滑泵的外观。

图 6.3.1　抵抗式(AMR)润滑泵的外观

【任务目标】

1. 知识目标

(1) 学习数控机床润滑、冷却系统的基本组成知识。
(2) 掌握数控机床集中润滑系统的类型与特点。
(3) 掌握数控机床冷却装置的类型与特点。

2. 能力目标

(1) 能够进行润滑、冷却装置的元器件选型。
(2) 能够进行润滑、冷却装置的故障诊断与维修。

3. 素养目标

(1) 培养自主学习润滑冷却装置的装调与维修方法,提高自主学习能力。
(2) 养成爱护设备及工具的习惯。

【任务分析】

该加工中心润滑系统采用的是容积式润滑系统。根据现象分析,故障可能的原因是润滑管路泄漏或润滑周期太短,导致润滑过于频繁而产生的润滑油损耗。为此,首先应检查润滑管路,并确认其无泄漏;然后,通过数控系统参数将润滑间隔延长到 2 倍以上进行试验,检查发现此时的油耗虽有所改善,但效果不明显。进一步检查发现,机床润滑油最大的消耗来自 Y 轴丝杠螺母,因此,判定故障应在 Y 轴丝杠螺母润滑上。

故障处理:打开 Y 轴丝杠螺母润滑分配器检查,发现该管路计量件上的 Y 型密封圈已经破损,更换新的润滑计量件后故障排除。如图 6.3.2 所示为润滑控制流程示意图。

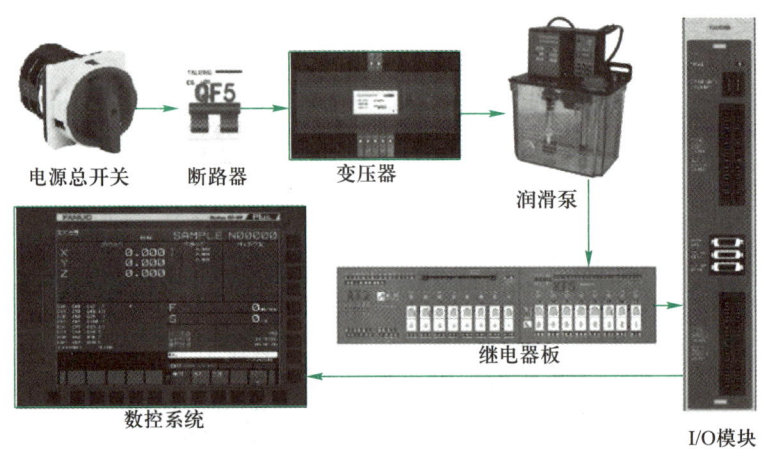

图 6.3.2　润滑控制流程示意图

本任务通过对数控机床润滑、冷却系统的原理和组成的学习,掌握数控机床润滑、冷却装置维修的基本知识,并能对其元器件进行选型及基本故障诊断与维修。

【知识衔接】

6.3.1　润滑系统的组成

润滑系统由液压泵提供一定排量和压力的润滑油,为系统中所有的主、次油路上的分流器供油,而分流器将油按所需油量分配到各润滑点。同时,由控制器完成润滑时间、次数的监控和故障报警以及停机等功能。

1. 系统组成

润滑系统的组成如图 6.3.3 所示,一般由供油装置、过滤装置、油量分配装置、控制装置、管路与附件等部件组成。

(1)供油装置。供油装置可为润滑系统提供一定流量和压力的润滑油,它可以是手动润滑泵、电动润滑泵、气动润滑泵、液动润滑泵等。

(2)过滤装置。过滤装置用于油或油脂的过滤,分为滤油器、滤脂器等。

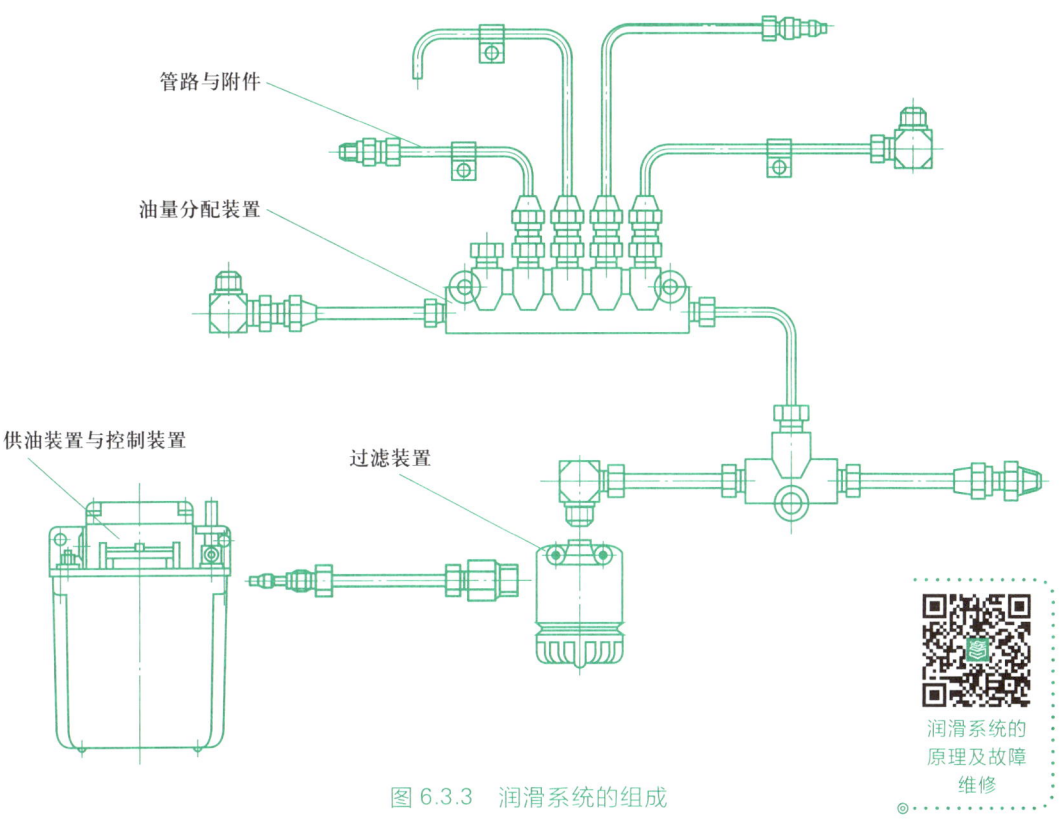

图 6.3.3 润滑系统的组成

(3) 油量分配装置。油量分配装置可将润滑油按所需油量分配到各润滑点,它包括计量件和控制件等。

(4) 控制装置。控制器具有润滑时间、周期、压力的自动控制和故障报警等功能,它包括润滑周期与润滑时间控制器、液位开关、压力开关等。

(5) 管路与附件。包括各种接头、软管、硬管、管夹、压力表、空气滤清器等。

2. 润滑泵与控制装置

数控机床需要润滑的部件有导轨、丝杠、齿轮箱、轴承等。为了便于使用与维修,通常都采用集中润滑装置进行润滑。集中润滑系统具有定时、定量、准确、高效和使用方便、工作可靠、维护容易等特点,对提高机床使用寿命、保障机床性能有着重要的作用,是所有数控机床应配备的辅助控制装置。

根据润滑系统要求和类型的不同,常用的集中润滑装置有图 6.3.4 所示的三种。

3. 机床常用润滑系统的形式

(1) 抵抗式:其特点是系统工作无需卸荷机构,且结构简单、造价低,但油量计量误差比较大,对管路过长、过高的润滑点润滑难以保障,一般只用于润滑点较少、油量精度要求不高的小型机床,如图 6.3.5 所示。

(2) 定量式:其特点是系统对润滑点的给油精度高,且不会受到管路距离的影响。系统安装简单,分配器可以并联串联任意排列,可同时向数百个润滑点供油。

抵抗式(AMR)与定量式(AMO)润滑泵的外观如图 6.3.5 所示。

(a) 柱塞泵润滑站　　(b) 齿轮泵润滑站　　(c) 大型润滑站

图 6.3.4　常用的集中润滑装置

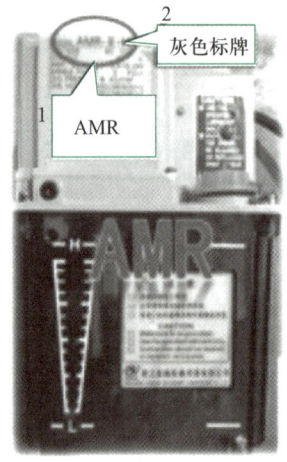 

0.8 MPa 抵抗式　　　　　　　　　　2.0 MPa 定量式

图 6.3.5　抵抗式与定量式润滑泵的外观

抵抗式与定量式润滑泵工作原理如图 6.3.6 所示。

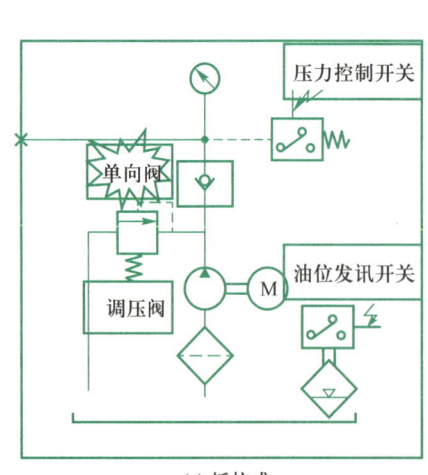 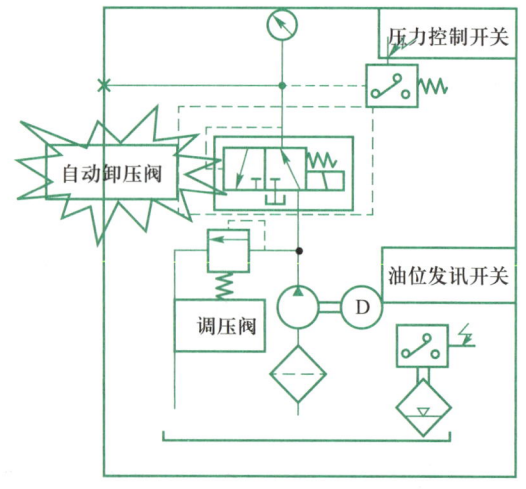

(a) 抵抗式　　　　　　　　　　(b) 定量式

图 6.3.6　抵抗式与定量式润滑泵工作原理

机床导轨是机床润滑的重点和难点,导轨的运动是反复式的,而且速度及载荷变化很大,容易出现爬行现象,造成加工精度降低甚至导致机床报废,所以选择时要考虑黏度和抗爬行性好的润滑油脂。不同的油量分配装置如图6.3.7、图6.3.8所示。

(a) 阻尼式计量控制件

(b) 递进式分配器

图6.3.7　阻尼式和递进式油量分配装置

图6.3.8　容积式定量分配器

6.3.2　冷却系统的结构

1. 外冷却原理简述

冷却液在主水箱中,通过水泵及管路进入主轴箱,在主轴箱下方的水管喷出后,循环流入排屑器水箱,并回流至主水箱,其结构及实物外观如图6.3.9、图6.3.10所示。

2. 内冷却原理简述

冷却液在主水箱中,通过内冷进水管路及旋转接头进入主轴,在主轴箱中心孔喷出后,循环流入排屑器水箱,并回流至主水箱。

3. 冷却系统电气控制

如图6.3.11所示为冷却系统电气控制原理图。其中,QF7为冷却泵电动机的断路器,实现电动机的短路与过载保护,输入信号为X7.4;SL1为冷却系统液面检测开关(润滑油面下限到位开关),作为系统冷却液过低报警提示(需要添加润滑油)的输入信号;SB5为数控机床面板上的手动冷却开关,作为系统手动冷却的输入信号;HL为系统控制冷却电动机工作的指示灯;KA13为系统控制冷却电动机工作的中间继电器;KM6为系统控制冷却电动机工作的接触器。

冷却系统的原理及故障维修

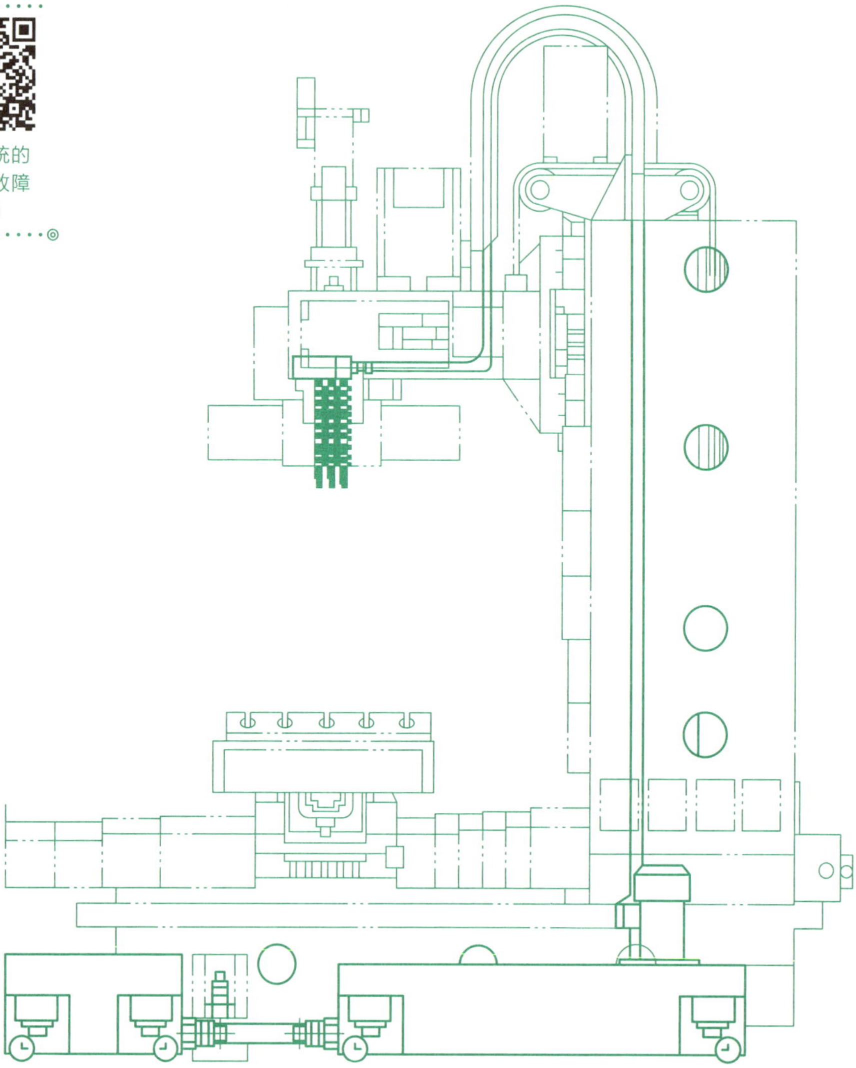

图 6.3.9 冷却系统的结构

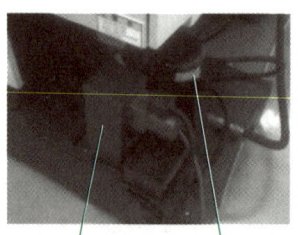
带式油水分离器　水泵电动机

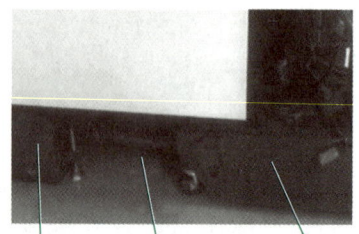
排削器水箱　冷却水箱连接水管　主水箱

图 6.3.10 外冷却系统实物外观

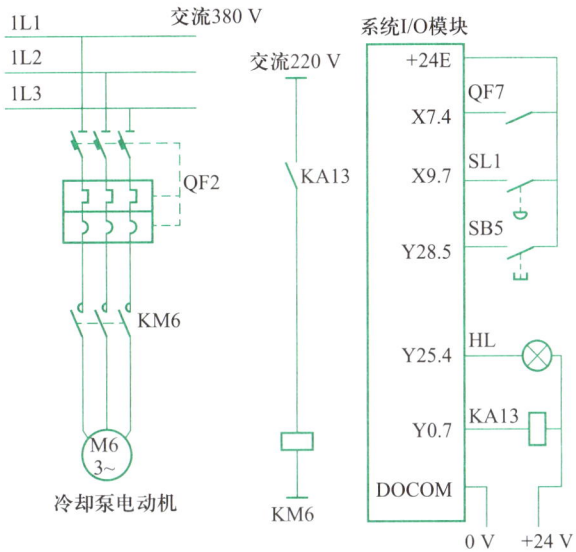

图 6.3.11　冷却系统电气控制原理图

【任务实施】

1. 数控机床的润滑系统装调维修

数控机床润滑系统的结构、原理都相对简单,故障维修较为容易,润滑系统的故障维修与液压系统较为类似。润滑系统的常见故障及分析与处理办法见表 6.3.1。

表 6.3.1　润滑系统的常见故障及分析与处理办法

故障现象	检测手段	分析与处理办法
润滑油位低	目测润滑泵油位高低、系统页面显示	① 及时加注润滑油 ② 液位检测开关及回路故障
润滑压力不足	目测润滑泵压力表、系统页面显示	① 检测管路是否有破裂 ② 油品型号是否正确 ③ 润滑泵工作是否异常 ④ 过滤网是否堵塞 ⑤ 分油器是否异常
润滑泵电动机工作正常,但压力不足	目测、万用表检测、系统页面报警显示	① 相序是否反向 ② 压力表是否损坏 ③ 管路中是否有空气
导轨、丝杠润滑面无油	目测、手触摸	① 检测管路是否破裂堵塞 ② 分油器堵塞 ③ 系统设置的打油时间是否合理 ④ 控制电路是否异常
润滑油消耗过快	目测、统计	① 检测管路是否破裂 ② 分油器油堵是否存在 ③ 系统设置的打油时间是否合理

217

项目六　辅助装置及刀库故障诊断与维修

2. 数控机床的冷却系统装调维修

冷却系统的常见故障及处理办法见表 6.3.2。

表 6.3.2　冷却系统的常见故障及处理办法

故障现象	检测手段	处理办法
液位报警	系统页面报警显示	① 在查明泄漏点和回水不畅的原因后,及时注水,以消除报警 ② 液位检测开关及回路故障
外冷不出冷却液	目测	① 检测水泵电动机是否正常工作,控制电路是否正常 ② 泵体是否漏液,连接件是否松动 ③ 水泵过滤网是否堵塞,液位是否达标 ④ 外冷开闭电磁阀工作是否正常 ⑤ 管路、接头是否破裂、松动 ⑥ 电磁阀控制回路是否正常
外冷压力不足	目测、确认零件加工精度及刀具磨损程度	① 电动机是否在缺相状态下工作 ② 泵体是否因进铁屑或其他原因导致非正常运转漏液,压力不达标 ③ 水箱回水不畅,液面不理想;管路、接头是否破裂、松动 ④ 冷却液品质是否有问题
电动机泵体漏液	目测	① 水泵本身质量是否有问题 ② 查找铁屑进入到泵体的原因,及时清理水箱和泵体

【任务评价】

根据本任务完成情况填写任务评价表。

任务评价表

小组序号	考核项目	考核内容	配分	姓名		
				自评	互评	师评
1	职业素养	行为符合规范	5			
2		遵守纪律	5			
3		工位整洁,设备清理干净,日常维护正确	10			
4	文明生产	按有关规定安全文明操作	10			
5		润滑油位低	5			
6		润滑压力不足	5			
7		润滑泵电动机工作正常,但压力不足	10			
8		导轨、丝杠润滑面无油	10			
9	技能操作	润滑油消耗过快	10			
10		液位报警	5			
11		外冷不出冷却液	5			
12		外冷压力不足	10			
13		电动机泵体漏液	10			
		总计	100			

【任务拓展】

通过学习本任务,使学习者理解润滑冷却装置装调与维修的方法。下面介绍亚龙 YL-59 型 0iMF 数控机床润滑系统的组成。

设备中采用的润滑泵型号为 DRB 型电动齿轮润滑泵。油箱内油液高度低于最低液位时,蜂鸣器鸣响报警,指示灯呈红色。当油位高于低位时,蜂鸣器停止。

手动润滑:手动按钮可根据客户需要进行润滑,按下【手动】按钮,润滑泵工作输油,指示灯呈绿色。松开【手动】按钮,润滑泵停止工作。

润滑时间由润滑泵控制器设定。设备使用的 WGKX-1 型控制器采用新型的电脑芯片,是一种可控制油泵输油时间、停机时间及输油频次的控制装置。

工作时间、间隔时间、工作模式可以通过 4 位 LED 数码管显示,具有油位、油压检测报警功能。供油时间范围为 1~9 999 s,间隔时间范围为 1~9 999 min。具有 3 种工作模式 C000、C001、C002。该控制器还具有失电记忆功能,润滑操作页面如图 6.3.12 所示。

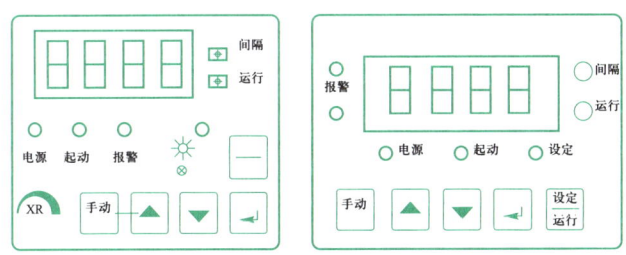

润滑泵供电为单相220 VAC电源,采用子弹型接头相连接。

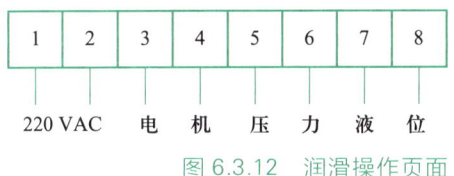

图 6.3.12 润滑操作页面

【任务自测】

一、单选题

1. 爱岗敬业的具体要求是_____。
   A. 看效益决定是否爱岗 B. 转变择业观念
   C. 提高职业技能 D. 增强把握择业的机遇意识
2. 防止周围环境中的水汽、二氧化硫等有害物质侵蚀是润滑剂的_____。
   A. 密封作用 B. 防锈作用
   C. 洗涤作用 D. 润滑作用
3. 数控机床同一润滑部位的润滑油应该_____。
   A. 用同一牌号 B. 可混合
   C. 使用不同型号 D. 只要润滑效果好就行

二、判断题

1. 数控机床需要润滑的部分有导轨、丝杆、齿轮箱、轴承等。（   ）
2. 过滤装置用于油或油脂的过滤,分为滤油器、滤脂器等。（   ）

三、简答题

1. 数控机床中除了加工件需要冷却外,还有哪些需要冷却?
2. 如何确定一台数控机床的润滑系统种类?应该从哪些方面入手?

任务 6.4 气动排屑装置的装调与维修

【任务导入】

加工中心的主轴吹气功能、刀套上下、刀具夹紧、松开等动作,往往是利用气动装置来完成;在数控车床上也有气动卡盘等装置。如图 6.4.1 所示为数控机床气动系统的实物外形。

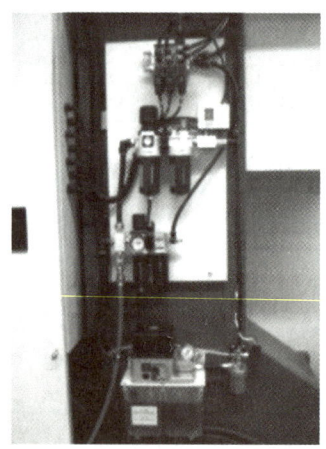

图 6.4.1 数控机床气动系统的实物外形

【任务目标】

1. 知识目标

（1）熟悉数控机床气动系统的基本组成和特点。
（2）熟悉加工中心典型气动系统。
（3）了解数控机床排屑装置的种类及特点。

2. 能力目标

（1）能够进行气动系统的常见故障诊断与维修。
（2）能够进行排屑装置的常见故障诊断与维修。

3. 素养目标

（1）通过学习气动排屑装置装调与维修，提高实践操作水平和解决问题的能力。

（2）养成遵守操作规程的习惯，确保操作的安全性、准确性。

【任务分析】

数控机床气动系统的作用和原理与液压系统相似，同样用于数控机床的辅助部件运动控制，如自动换刀、主轴辅助变速、工件与刀具的松夹等。但是，由于气动系统的工作压力通常较低，且执行元件的输出力较小，故较少用于车床刀架、立式数控转台、交换工作台等要求夹紧力大、压力高的场合。因此，气动系统多用于小型立式加工中心、钻削中心的控制。排屑装置的主要作用是将加工过程中产生的切屑从加工区排出，迅速、有效地排除切屑也是保证数控机床正常加工的重要条件，因此，数控机床一般都配套自动排屑装置。如图 6.4.2 所示为立式加工中心的气动控制原理图。

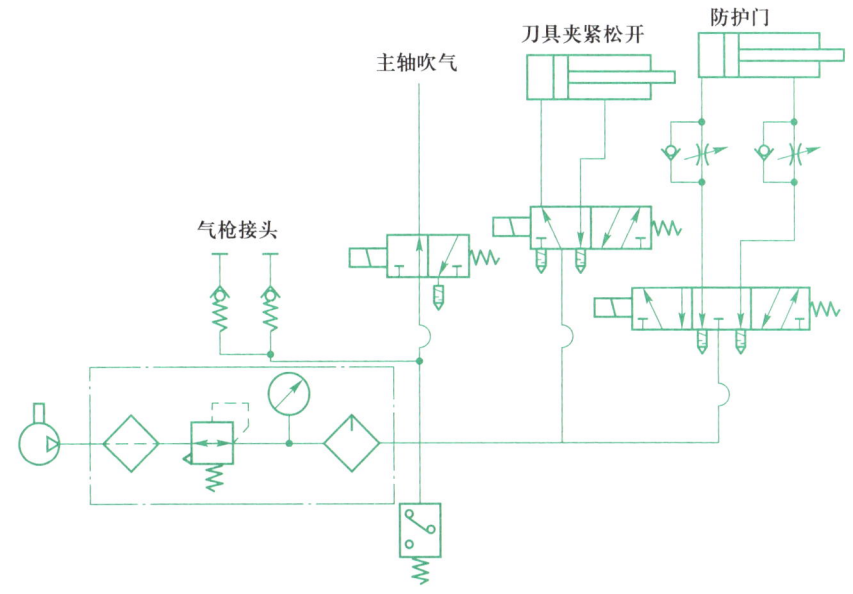

图 6.4.2　立式加工中心的气动控制原理图

【知识衔接】

6.4.1　数控机床气动系统的基本组成与特点

1. 基本组成

气动系统是通过压缩空气传递运动和动力来控制机械部件运动的。气动系统的基本组成如图 6.4.3 所示，下面介绍各部分的作用。

（1）气源。气源是将电能或其他能量转换为空气压力能的装置，其作用是产生并向系统提供压缩空气，空气压缩机是一种提供压缩空气的机器，通常也将此称为气动系统的

气动系统的基本组成及常见故障处理

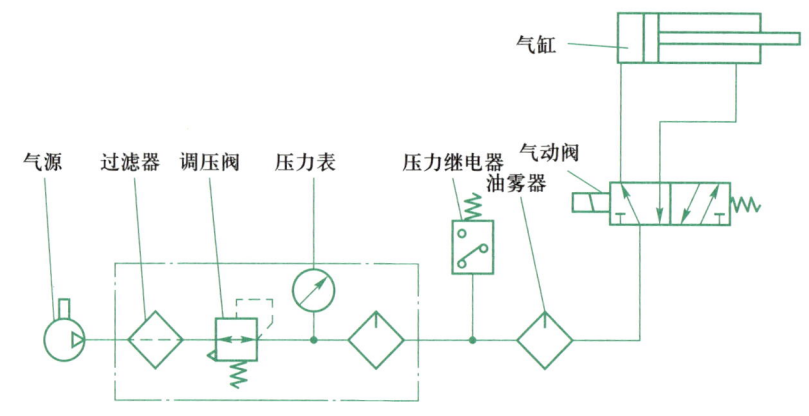

图 6.4.3 气动系统的基本组成

气源。

（2）气缸和气动马达。气缸和气动马达是将空气压力能转换为机械能，驱动机械部件（负载）做直线或回转运动的装置。

（3）气动阀。气动阀是对系统压力、流量或方向进行调节、控制，改变运动部件速度、位置和方向的装置，其种类繁多，常用的有压力阀、调压阀、流量阀、方向阀、逻辑阀等，每类阀还可根据其结构和控制形式分为多种。

（4）辅助装置。辅助装置是保证气压系统正常工作的其他装置，如干燥器、过滤器、消声器、压力表、压力继电器、油雾器等。

2. 基本特点

气压系统的结构简单、安装容易、维护方便。与液压系统比较，气动系统具有气源容易获得、工作介质不污染环境的突出优点，而且其反应快、动作迅速；管路不容易堵塞，也无需补充介质，使用维护简单、运行成本低。气压系统的压缩空气流动损失小，可远距离输送，集中供气方便。气动系统的工作压力低，且还能用于易燃易爆的场合，故其环境适应性和安全性好。因此，在中小型数控机床上得到广泛应用。但是，由于空气比油液更容易压缩和泄漏，因此，负载变化对工作速度的影响较大。由于气压系统的工作压力一般在 0.4~0.8 MPa，远低于液压系统可达到的工作压力（20 MPa 以上），因此，不能用于输出力大的控制场合。此外，由于压缩空气本身不具备润滑性，故需要另加油雾器进行润滑。

6.4.2 排屑装置的装调与维修

1. 常见的排屑装置

排屑装置的种类繁多，如图 6.4.4 所示为金属切削机床常用的排屑装置。

（1）平板链式。平板链式排屑装置以链轮牵引钢制平板在封闭箱中运转，落到链带上的切屑经过提升部分进行冷却液分离，并将切屑排入收集箱。平板链式排屑装置可以排除各种形状的切屑，其适应性较强，可以用于各类机床。在数控车床上使用时，排屑装置多与机床冷却液箱合为一体，以简化结构。

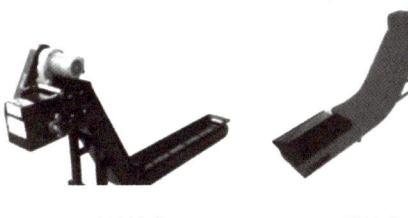 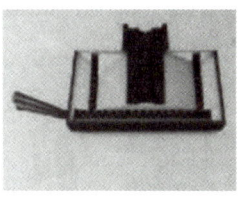 

(a) 平板链式　　　　　(b) 刮板式　　　　　(c) 螺旋式

图 6.4.4　常见的排屑装置

（2）刮板式。刮板式排屑装置与平板链式的区别只是链板不同，它使用的是刮板链板。刮板式排屑装置常用于输送各种材料的短小切屑，其排屑能力较强，但负载较大，故需采用较大功率的驱动电动机。

（3）螺旋式。螺旋式排屑装置是通过电动机和减速驱动装置，安装在沟槽中的一根长螺旋杆上进行排屑，当螺旋杆转动时，沟槽中的切屑将在螺旋杆的推动下连续向前运动，最终排入切屑收集箱。螺旋杆有两种形式，一种是用扁形钢条卷成螺旋弹簧状，另一种是在轴上焊接螺旋形钢板，后者的体积较小，可以用于空隙狭小的场合。螺旋式排屑装置的结构简单，排屑性能良好，但只适合沿水平或小角度倾斜方向排屑，不能用于大角度倾斜、提升的场合。

2. 排屑装置的使用与维护

为了简化排屑装置结构、减少占地面积、提高排屑效率，排屑装置的安装位置都靠近刀具的切削区域，如车床的排屑装置通常安装在主轴的下方，铣床和加工中心的排屑装置通常安装在床身的回水槽上或工作台侧。排出的切屑一般都需要通过切屑收集箱或小车收集，部分场合也有直接排入车间的情况。排屑装置使用时，要经常检查减速器润滑情况，如果润滑油不足，应及时补充。此外，初次使用时，还应检查排屑器的运动方向是否正确。

对于装有过载保险离合器的排屑器，如工作过程中发现摩擦片有打滑现象，应尽快停止运动，并检查排屑装置是否有异物卡住、过载保险离合器的摩擦片压紧力是否调整恰当，并根据情况进行相应的处理。

【任务实施】

1. 数控机床准备

确认数控系统工作正常，是否有急停等报警情况发生；确认机床处于水平状态，用水平仪校正与调整。

2. 气动及排屑装置的认识

掌握数控机床气动系统的基本组成与特点；气动装置的维护与检修；常见排屑装置的使用与维护。

3. 结果记录与分析

气动及排屑装置在中小型数控机床上得到广泛应用，是机床装调维修及日常保养的基本内容，完成任务并填写数控机床气动及排屑装置实训记录单，见表 6.4.1。

表 6.4.1 数控机床气动及排屑装置实训记录单

机床型号	实验日期
实验项目	实验结果
气动系统的基本组成	
气动装置的维护与检修	
常见排屑装置	
排屑装置的使用与维护	

【任务评价】

根据本任务完成情况填写任务评价表。

任务评价表

小组			姓名			
序号	考核项目	考核内容	配分	自评	互评	师评
1	职业素养	行为符合规范	10			
2		遵守纪律	10			
3		工位整洁,设备清理干净,日常维护正确	10			
4	文明生产	按有关规定安全文明操作	10			
5	技能操作	数控机床准备	20			
6		气动及排屑装置的认识	20			
7		结果记录与分析	20			
		总计	100			

【任务拓展】

通过学习本任务,使学习者理解气动排屑装置装调与维修的方法。下面介绍亚龙 YL-59 型 0iMF 数控机床气动门装置的基本知识。

气动门通过数控系统输出信号 Y8.0(机床门开)、Y8.1(机床门关)控制电磁阀使气缸执行相关动作;气动门采用伸缩气缸、三位五通电磁阀,实现机床门的打开与关闭,气缸上共有 4 个磁性感应传感器,当机床门开或关闭时,左右门气缸上磁性传感器到位信号输入给数控系统,从而判断机床门开或关到位,进而执行后面的动作(如程序加工、机器人上下料等),如图 6.4.5 所示为气动门机构控制流程。

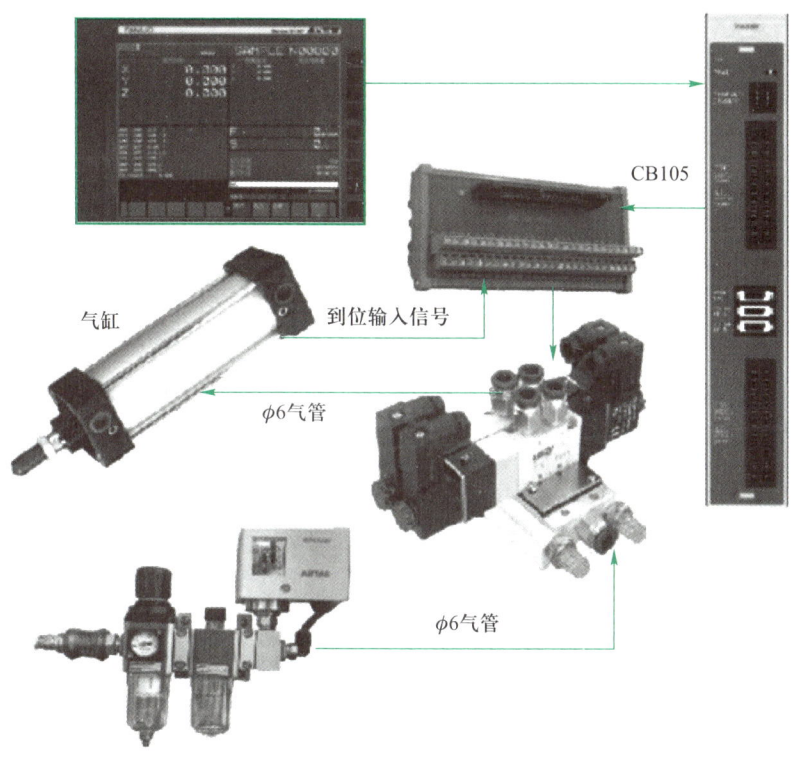

图 6.4.5 气动门机构控制流程

【任务自测】

一、单选题

1. 不符合文明生产基本要求的是_____。
   A. 执行规章制度　　　　　　　　B. 贯彻操作规程
   C. 自行维护设备　　　　　　　　D. 遵守生产纪律
2. 在气动系统中,用以连接元件,以及对系统进行消音、冷却、测量等的元件称为_____。
   A. 辅助元件　　B. 控制元件　　C. 执行元件　　D. 过渡元件
3. 气动三大件联合使用的正确安装顺序为_____。
   A. 空气过滤器→油雾器→减压阀　　B. 减压阀→空气过滤器→油雾器
   C. 减压阀→油雾器→空气过滤器　　D. 空气过滤器→减压阀→油雾器

二、判断题

1. 气动系统是通过压缩空气传递运动和动力、控制机械部件运动的控制系统。(　　)
2. 辅助装置是保证气压系统正常工作的装置。(　　)

三、简答题

1. 简述排屑装置的使用与维护。
2. 简述数控机床气动系统的基本组成与特点。

项目七　机械故障维修与调整

任务 7.1　数控机床的水平调整

【任务导入】

如图 7.1.1 所示为一台床身导轨为 4 000 mm 的 CK6136 卧式车床,本任务学习对该机床的水平调整,调整后对数据进行分析,确定水平调整是否合格。

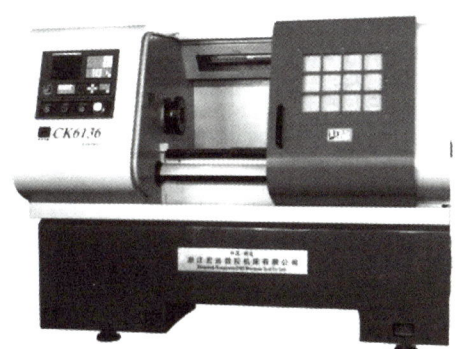

图 7.1.1　CK6136 卧式车床

【任务目标】

1. 知识目标

(1)掌握数控机床水平调整方法。

(2)掌握机床水平调整后的数据分析和处理。

2. 能力目标

(1)能对数控机床进行水平调整。

(2)能对机床水平调整后的数据进行分析和处理。

3. 素养目标

通过学习数控机床的水平调整方法,培养逻辑思维能力。

项目七 机械故障维修与调整

【任务分析】

机床的制造安装是在水平状态下进行机械装配和几何精度调整的,因此出厂后安装检测和生产都应在水平状态下进行。水平调整是机床工作的前提。本任务以 CK6136 卧式车床为工作载体,通过该机床的安装及水平调整的学习,掌握相关方法,能够对一般中小型机床进行水平调整和数据处理。如图 7.1.2 所示为用千分表和标准检验棒检测平行度。

图 7.1.2　用千分表和标准检验棒检测平行度

【知识衔接】

水平仪是利用液体流动和液面水平的原理,以水准泡直接显示相对于水平和铅垂位置微小倾斜角度的一种正方形通用角度测量器具。如图 7.1.3 所示,是框式水平仪。

图 7.1.3　框式水平仪

框式水平仪由框架和水准器组成。水准器是一个带有刻度的弧形密封玻璃管,装有酒精或乙醚,并留有一定长度的气泡,当水平仪移动时,气泡移动一定距离。对于精度为 0.02 mm/1 000 mm 的水平仪,当气泡移动一格时,水平仪的角度变化为 4″,即在 1 000 mm 长度上,两端的高度差为 0.02 mm($\tan 4″ = 1.939 \times 10^{-5} \approx 0.02/1\ 000$,其误差为 6.1×10^{-7})。可根据气泡移动格数、被测平面长度和水平仪精度按比例关系计算被测平面两端的高度差。水平仪测量原理图如图 7.1.4 所示。

任务 7.1　数控机床的水平调整

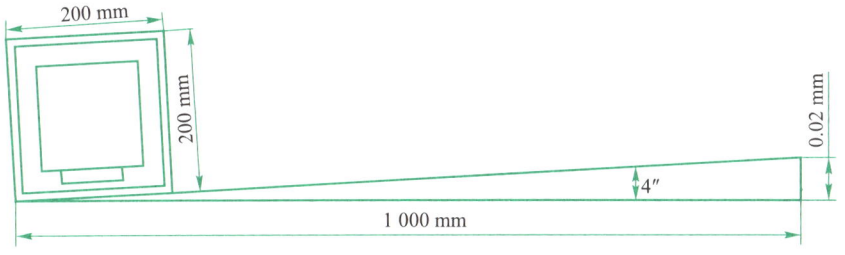

机床水平的调整

图 7.1.4　水平仪测量原理图

【任务实施】

1. 水平调整的准备工作和具体方法

（1）根据机床的规格，按照说明书打好地基，将机床垫铁放置在要求的位置。

（2）把机床吊离地面，先将地脚螺钉上在机床的地脚孔上，然后与地基孔一一对应，把机床搁置在调节垫铁上，通过垫铁粗调床身水平。

（3）粗调水平。用三点调整法，即用水平仪分别在机床导轨的两端和中间位置，初步测量和调整导轨横向和纵向的水平状态。要求全长水平在 5 格之内，即 0.1 mm。先调整横向水平，再调整纵向水平。具体方法如下：

① 将水平仪平稳地放置在导轨平面上距离主轴最近的位置，水平仪的方向与导轨长度方向成 90°。调整水平仪中的水泡位置，尽量使其在中间如图 7.1.5 所示，待其平稳后，记录下水泡一端的位置，此位置为水平仪的零点。

② 将水平仪放在导轨的中间位置，待水泡静止后，记录其位置。水泡向哪边移动，说明哪边导轨平面高，远离哪边就说明哪边低。在高的一侧向外调节楔铁，同时在低的一侧向内调节楔铁，使水泡回到（或接近）零点的位置。

③ 将水平仪放在导轨尾部位置，重复上一步的操作，使水泡在（或接近）零点位置。往复上述三步，通过调节楔铁，控制水泡在 3 个位置的移动范围在 5 格之内。

④ 纵向水平的调整和横向水平的调整原理是一样的，但水平仪的方向要和导轨长度方向一致，然后确定哪端高或哪端低时，要同时拧紧横向方向上的螺母或调节楔铁。直到水泡在导轨两端和中间 3 个位置的移动范围在 5 格之内为止，此时粗调水平结束。防振垫铁及其在数控车床的使用如图 7.1.6 所示。

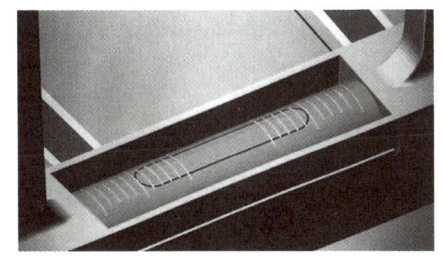

图 7.1.5　水平仪水泡处于中间位置　　图 7.1.6　防振垫铁及其在数控车床的使用

粗调水平以后，将螺帽调整到有上下调整量的状态，然后用混凝土将地脚螺钉固定在地基孔内,待充分干涸后精调机床水平。

（4）精调水平。分段调整法,即将导轨分成相等的若干整段来进行测量,使头尾平稳的衔接,逐段检查并读数,然后确定水平仪气泡的运动方向和水平仪实际刻度及格数。进行记录,填写"+""-"符号,用画坐标图的方法来确定机床导轨直线度精度误差值。注意:先调整二项水平,再调整一项水平。

2. 二项水平的调整

二项水平是通过图 7.1.7 所示中的水平仪 AB 来调整的。

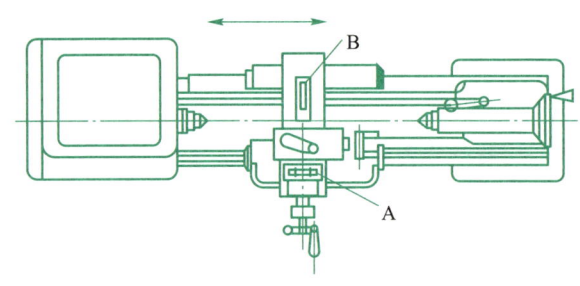

图 7.1.7　水平仪 AB

（1）调整水平仪的零点,并记录水泡的位置。

（2）每走一平,观察并记录水泡的位置,水泡向哪边移动就说明哪边高。高的一侧就要通过地脚螺母向下压,同时,与之相对应低的一侧要通过楔铁往上起。

根据 GB/T 4020—1997《卧式车床　精度检验》的规定和测量时的条件,调整好的水平仪,每米水泡的移动应在 2 格之内。

3. 一项水平的调整

（1）测量导轨时,水平仪的气泡一般按照一个方向运动,机床导轨的凸凹由水平仪的移动方向和该气泡的运动方向来确定。水平仪的移动方向与气泡的运动方向相同,称为凸,用符号"+"表示;水平仪的移动方向与气泡的运动方向相反,称为凹,用符号"-"表示。

（2）调整机床水平时,是通过调节地脚螺母（向下压）和楔铁（向上起）来控制水平仪中水泡的位置的。

（3）将两块水平仪分别放在如图 7.1.7 中 A、B 所示的位置,把床鞍移动至距离主轴箱最近的位置,然后调整并记录水平仪 A 的零点位置。首先通过水平仪 A 调整机床的一项水平,从左至右,移动 1 m,待水泡静止后,记录水泡相对于零点移动的格数,在数值前加"+""-"。逐次,每移动一平,记录下一个数值,走完全长导轨为止。

4. 数据处理画坐标图

一台床身导轨为 4 000 mm 的卧式车床,分别测得水平仪的读数为:+1、+2、+1、0、-1、0、-1、-0.5。如图 7.1.8 所示,按照纵轴方向每一格表示水平仪水泡移动一格的数值;横轴方向表示水平仪的每平测量长度。作出曲线后再将曲线的首尾（两端点）连线,并经曲线的最高点作垂直于水平轴方向的垂线,与连线相交的距离为 n,即为导轨的直线度误差的格数。从误差曲线图可以看到,导轨在全长范围内呈现出中间凸的状态,且凸起值最大的在导轨 1 500~2 000 mm 长度处。

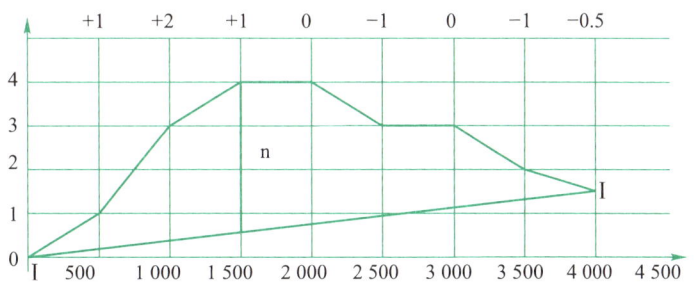

图 7.1.8　导轨在垂直平面内直线度误差曲线图

将水平仪测量的偏差格数换算成标准的直线度误差值

$$\delta = nil$$

式中，n——误差曲线中的最大误差格数；i——水平仪的精度（0.02 mm/1 000 mm）；l——每米测量长度（mm）。

按误差曲线图各数值计算得 $\delta = 3.5 \times 0.02/1\ 000 \times 500 = 0.035$ mm。

根据 GB/T 4020—1997，要求 CW6163/4000 车床的一项水平允差上凸不得超过 0.050 mm，所以此时一项水平合格。按照上述操作填写表 7.1.1。

表 7.1.1　数控车（铣）床水平调整实训报告单

任务名称	数控车（铣）床水平调整	设备型号	
工具清单（规格）		参考资料清单	
允许误差		调试误差	
完成用时		学生签字时间	
检验签字时间		教师签字时间	

【任务评价】

根据本任务完成情况填写任务评价表。

任务评价表

小组				姓名			
序号	考核项目	考核内容		配分	自评	互评	师评
1	职业素养	行为符合规范		5			
2		遵守纪律		5			
3		工位整洁，设备清理干净，日常维护正确		10			

续表

序号	考核项目	考核内容	配分	自评	互评	师评
4	文明生产	按有关规定安全文明操作	10			
5	技能操作	打好地基,放置机床垫铁	10			
6		通过垫铁粗调床身水平	10			
7		粗调水平	20			
8		二项水平的调整	10			
9		一项水平的调整	10			
10		数据处理	10			
		总计	100			

【任务拓展】

激光干涉仪的安装

激光干涉仪的使用

通过学习本任务,使学习者理解数控机床的水平调整方法。下面介绍数控机床几何精度的有关知识。

数控机床的几何精度综合反映了该机床的各关键零部件及其组装后的几何形状误差,因为在几何精度中有些项目是相互联系、影响的,所以机床几何精度的检测应在机床精调后一次完成,不允许调整一项检测一项。

几何精度检测的项目一般包括直线度、平面度、平行度等。如加工中心几何精度检测的内容通常包括:工作台面的平面度、各坐标轴方向移动的相互垂直度、X、Y 轴坐标方向移动时工作台面的平行度、主轴的轴向窜动、主轴孔的径向跳动、主轴箱沿坐标方向移动时主轴轴心线的平行度、主轴回转轴心线对工作台面的垂直度、主轴箱在 Z 坐标方向移动的直线度。

目前,国内检测机床几何精度的常用检测工具主要有平尺、带锥柄的检验棒、顶尖、角尺、精密水平仪、百分表、千分表、磁性表座等;对于其位置精度的检测,主要用的是激光干涉仪及块柜;对于其加工精度的检验,主要用的是千分尺及三坐标测量仪。测试数控机床运行时的噪声可以用噪声仪,测试数控机床的温升可以用温升记录仪或红外热像仪,测试数控机床外观用的主要有光泽度仪。

【任务自测】

一、单选题

1. 闭环控制系统的定位误差主要取决于_____。
A. 机械传动副的间隙及制造误差
B. 机械传动副弹性变形产生的误差
C. 检测元件本身的误差及安装引起的误差
D. 滚珠丝杠副热变形所产生的误差

2. 闭环控制系统的定位误差主要取决于_____。

A. 机械传动副的间隙及制造误差

B. 机械传动副弹性变形产生的误差

C. 检测元件本身的误差及安装引起的误差

D. 滚珠丝杠副热变形所产生的误差

3. 在闭环数控机床上,铣削外圆的圆度主要反映了该机床的_____。

A. 动刚度　　　　　　　　　　　　B. 定位精度

C. 数控系统的插补精度　　　　　　D. 伺服系统的跟随精度

二、判断题

1. 水准器是一个带有刻度的弧形密封玻璃管。(　　)

2. 对数控机床的各项几何精度检测工作应在精调后一气呵成,不允许检测一项调整一项,分别进行。(　　)

三、简答题

1. 解释机床的几何精度。

2. 位置精度中的每一项是什么含义?它们有什么区别?

任务 7.2　主轴传动系统的装调与维修

【任务导入】

主轴传动系统是数控机床的重要组成部分,主轴部件是机床的重要执行元件之一,它的结构尺寸、形状、精度及材料等,对机床的使用性能、加工精度都有很大的影响。如图 7.2.1 所示为立式加工中心主轴部分的外形。

图 7.2.1　立式加工中心主轴部分的外形

【任务目标】

1. 知识目标

（1）学习数控机床对主传动系统的基本要求。

（2）学习立式加工中心的典型主轴部件结构。

2. 能力目标

（1）能够进行主轴的机械装调。

（2）能够进行主轴传动系统的维修与调整。

3. 素养目标

（1）通过学习主轴传动系统的装调与维修，培养实践动手能力。

（2）严格遵守操作规程，增强安全生产意识。

【任务分析】

主轴传动系统的维修与调整

数控机床的主轴传动系统是机床的主运动部件，可以将主轴电动机的动力变成刀具切削加工所需要的切削转矩和切削速度。数控机床的主轴传动系统一般需要选用无级变速的电气变速装置，如交流主轴驱动器、变频器等，因此其机械结构比普通机床简单，传动齿轮、轴类、零件、轴承等数量大为减少，有时还采用主轴电动机直接连接主轴的结构。

为了提高效率、充分发挥机床的性能，大多数数控机床既能满足大切削量的粗加工对机床刚度、强度和抗振性的要求，也能达到精密加工所要求的精度。因此，其主轴电动机的功率一般较大，主要部件的加工、装配精度比普通机床更高，部件的动、静态性能和热稳定性也更好。

了解数控机床常用主轴传动系统的结构和原理，能够更好地进行主轴传动系统的维修与调整，是数控机床维护维修的主要内容之一。如图 7.2.2 所示为电主轴结构示意图。

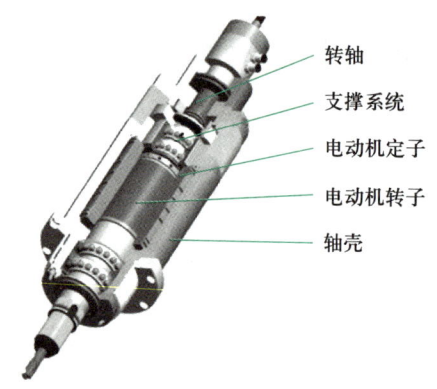

图 7.2.2　电主轴结构示意图

【知识衔接】

7.2.1　主轴电动机与主轴常见的连接方式

（1）主轴电动机与主轴通过传动带连接，其常见结构如图 7.2.3 所示。此种连接方式常用于普通转速或小扭矩的主轴。

这种主轴传动系统的结构较为简单，安装调试方便，且在一定程度上能够满足转速与转矩输出要求，但主轴的调速比范围与直接连接一样，受主轴电动机的约束。为降低噪声与振动，主轴通常采用三角形传动带或同步齿形传动带传动。

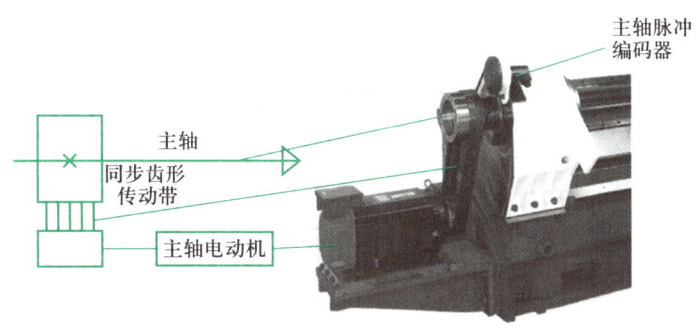

图 7.2.3 传动带连接的常见结构

（2）主轴电动机和主轴通过联轴器直连，其常见结构如图 7.2.4 所示。此种连接方式常用于高转速（10 000 r/min 以上）或小扭矩的主轴。

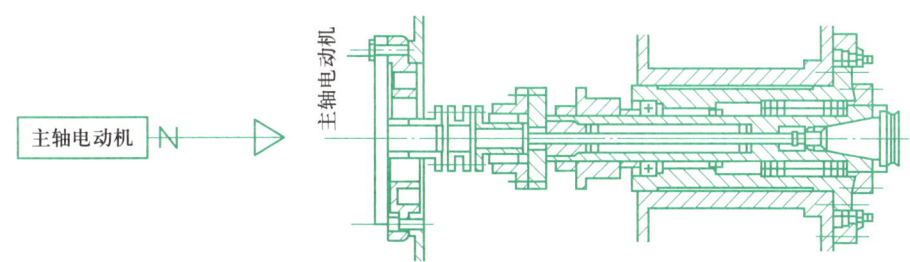

图 7.2.4 联轴器直连的常见结构

在大多数小型数控机床上，主轴电动机和主轴通常采用定传动比或直连的形式。直连时两者可以直接利用联轴器进行连接。这种主轴传动系统的结构最为简单，主轴刚度和可靠性均较高，但是，主轴的输出扭矩、功率、调速范围等主要参数完全取决于主轴电气调速装置，此外，主电动机的发热对机床普通主轴的精度也有一定的影响。

（3）主轴电动机和主轴通过齿轮连接，其常见结构如图 7.2.5 所示。此种连接方式常用于需要同时满足机床高速和重切削的情况。

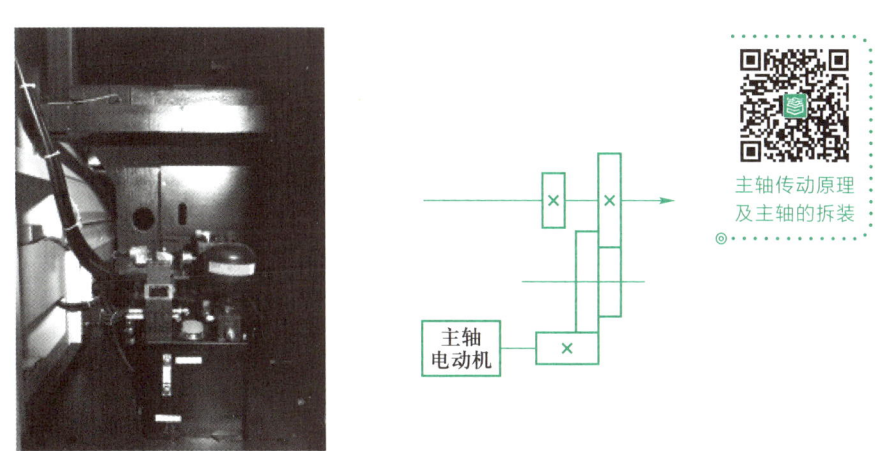

图 7.2.5 齿轮连接的常见结构

在大中型数控机床上,为了提高主轴低速输出转矩并扩大恒功率调速范围,通常在使用电气无级变速装置的基础上,再补充两级或三级辅助机械变速机构,通过分段变速提高主轴低速输出转矩,扩大恒功率调速范围,以同时满足机床高速和重切削的要求。如图 7.2.5 所示的就是机床主轴分段无级变速实物图及传动简图。

7.2.2　主轴的结构与要求

主轴组件具有高精度、高刚性的特点。轴承采用 P4 级主轴专用轴承,整套主轴在恒温条件下组装完成后,均通过动平衡校正及磨合测试,提高了主轴的使用寿命及可靠性。如图 7.2.6 所示,主轴外圆设计了冷却油循环槽结构,通过冷却油的循环冷却方式,为主轴模块降温,保证主轴精度的稳定性。主轴锥孔形式通常采用 BT40,锥面的锥度为 7∶24,拉钉角度为 45°(可选配拉钉角度为 60°),如图 7.2.7 所示,通过拉钉与锥面配合拉紧刀具,并使用端键防止刀具在受到切削力时刀柄转动。

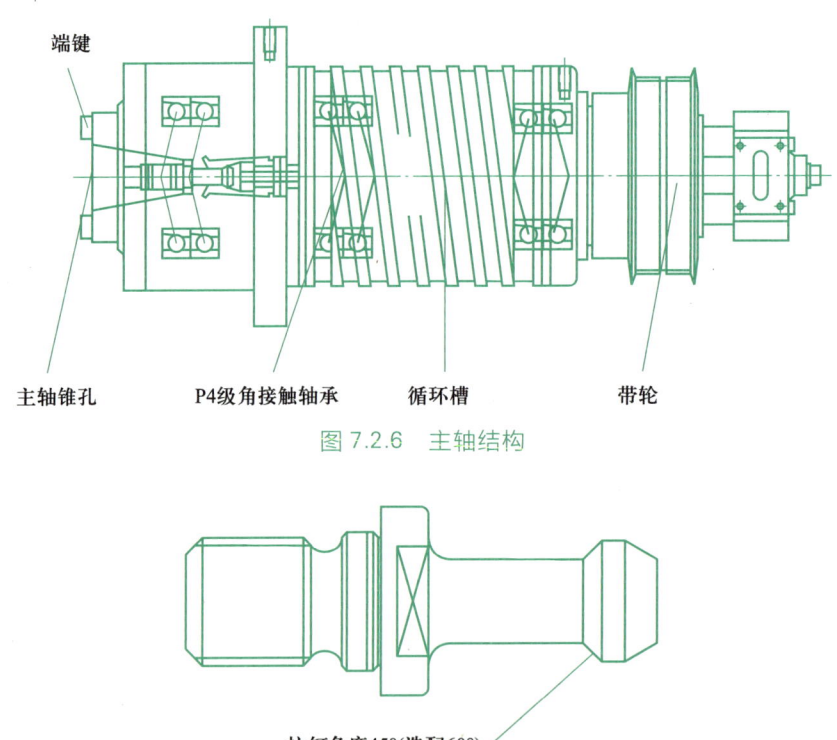

图 7.2.6　主轴结构

图 7.2.7　拉钉

7.2.3　立式加工中心主轴箱结构

主传动部分主要由主轴电动机、主轴箱、主轴组件、打刀缸组件、传动带及带轮组成。动力从电动机经过一级带传动到主轴上,带动主轴旋转。主轴上有打刀装置,在系统控制下,实现主轴松拉刀控制。

主电动机通过电动机座连接在主轴箱上,主电动机与主轴之间的轴距(沿 Y 轴方向)通过调整块及调整螺钉进行调整,如图 7.2.8 所示。主轴电动机轴端通过胀紧套与带轮连接,带轮与主轴上的带轮通过同步齿形传动带连接,传动比通常为 1∶1,即主轴电动机轴旋转角度与主轴旋转角度完全同步。整个主轴系统的控制方式为半闭环,即通过伺服电动机的内置编码器来控制和检测主轴的转速及定位角度,VMC850 主轴箱结构如图 7.2.9 所示。

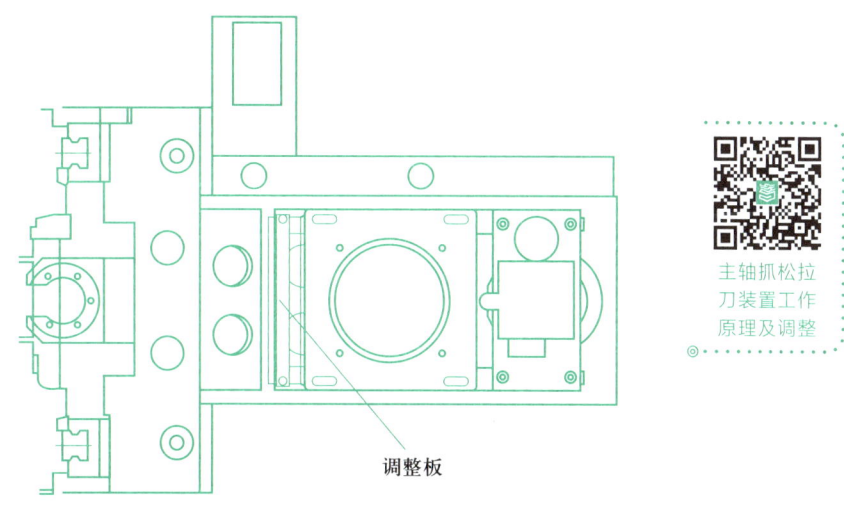

图 7.2.8　主电动机与主轴之间的轴距调整

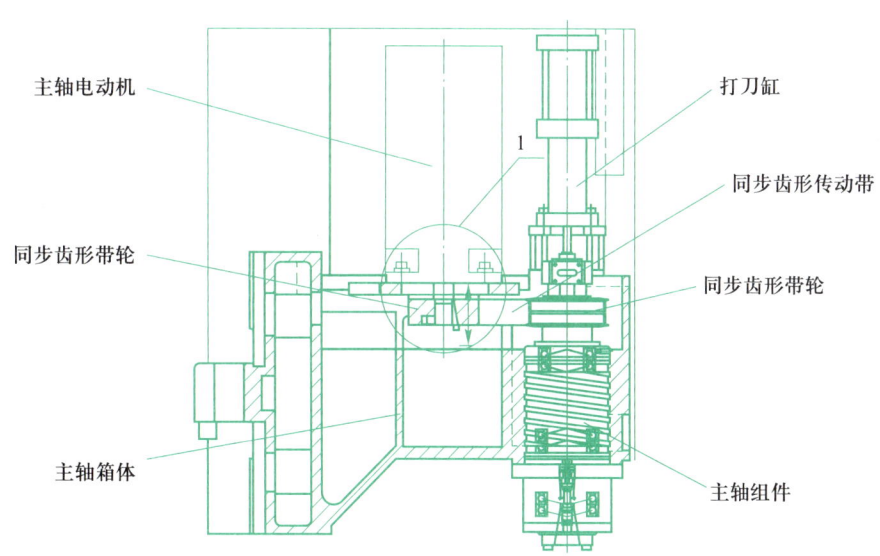

图 7.2.9　VMC850 主轴箱结构

【任务实施】

轴组件装配方法如下:

(1)主轴前端面朝下竖立在工作台面上,前轴承内环加热后装入主轴,镶嵌过程如图 7.2.10(a)所示。轴承镶装前,将轴承内环端面标记与主轴高低标记在圆周相位对齐,3 个轴承外环成对顺序标对齐。轴承内环的加热温度为 60 ℃。

（2）装隔套(722)和前轴承螺母(M72×2)，然后用勾扳手紧固后再松开 45°(用钳口别住定位键(740))，如图 7.2.10(b)所示。

（3）换用力矩扳手再次紧固，其力矩值设定为 166 N·m。

（4）将磁力表座吸在主轴上，表头触在外隔套(720)上，旋转调整外圆与主轴同心，允差≤0.005 mm，如图 7.2.10(c)所示。

（5）用磁力表座吸在轴承外圈上，表头触在后轴承接触圆处，检验其回转跳动≤0.004 mm 即可，如图 7.2.10(d)所示。

（6）磁力表座吸不动，让表头触在轴承外环端面，转动外环检查端跳，允差≤0.02 mm，如图 7.2.10(e)所示。

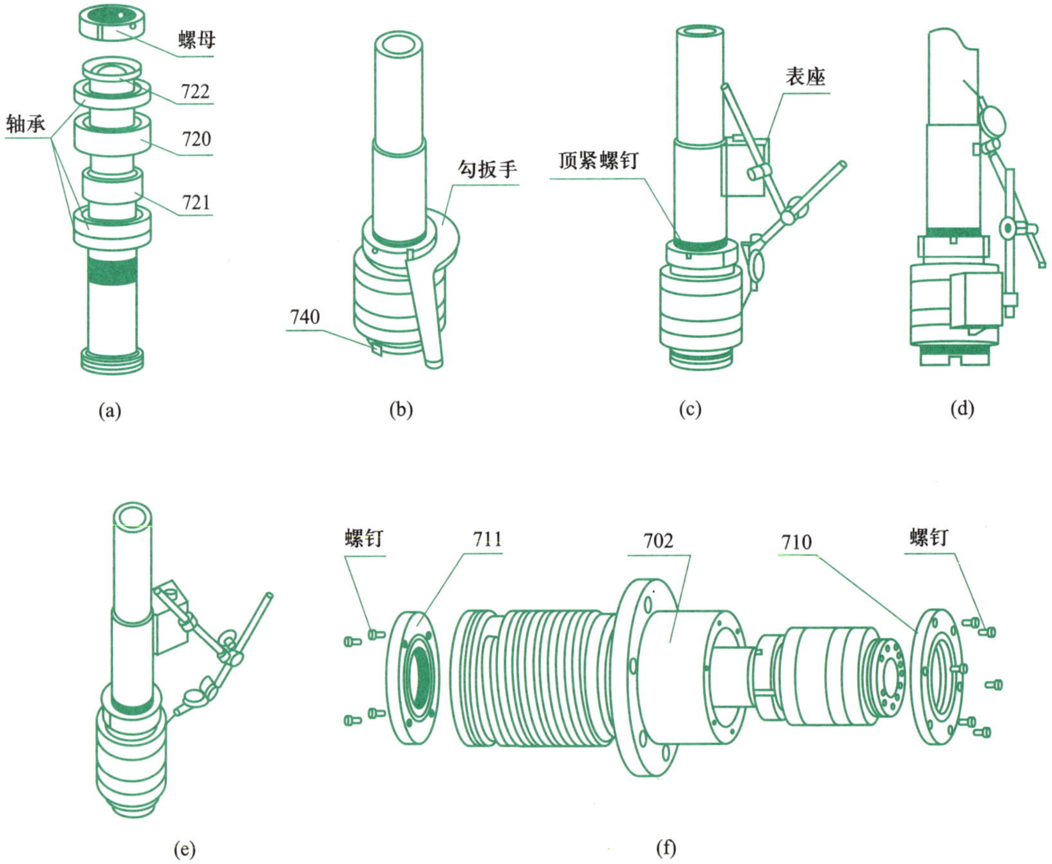

图 7.2.10 主轴装配

（7）以上超差可通过调整预紧螺母上的紧固螺钉或轻敲螺母完成。

（8）主轴套筒(702)与主轴装配后，再安装加热的后轴承，如图 7.2.10(f)所示。

（9）装配前后法兰(710、711)，注意前法兰上的紧固螺钉需涂防松胶，如图 7.2.10(f)所示。其他零件装配不再赘述。

（10）装配前法兰(710)时，用数显卡尺测量角接触轴承外环端面至套筒孔端面的距离 K。并且应在不同位置多次测量，进行加权计算测量平均值 K。最终按 $K_1 = K + 0.02$ 确定修配调整前法兰盘上凸台高度值,如图 7.2.11 所示。

(11) 检查主轴内锥孔跳动。按主轴部件精度检验标准,孔跳动要求允差≤0.006 mm,如图 7.2.12 所示。主轴装配图如图 7.2.13 所示。

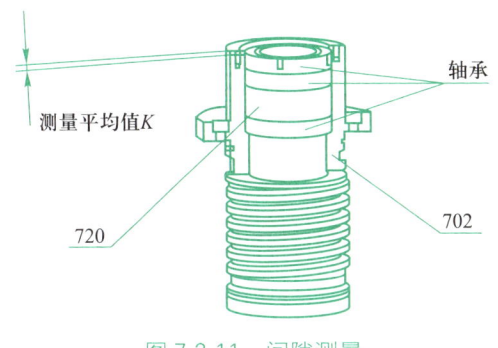

图 7.2.11　间隙测量

图 7.2.12　检查主轴内锥孔跳动

主轴组件主要零件(含标准件)记录单见表 7.2.1。

表 7.2.1　主轴组件主要零件(含标准件)记录单

零件名称	规格型号	简图	数量	功能

主轴组件装配工艺记录表见表 7.2.2。

表 7.2.2　主轴组件装配工艺记录表

工序号	工序内容	工序过程示意图

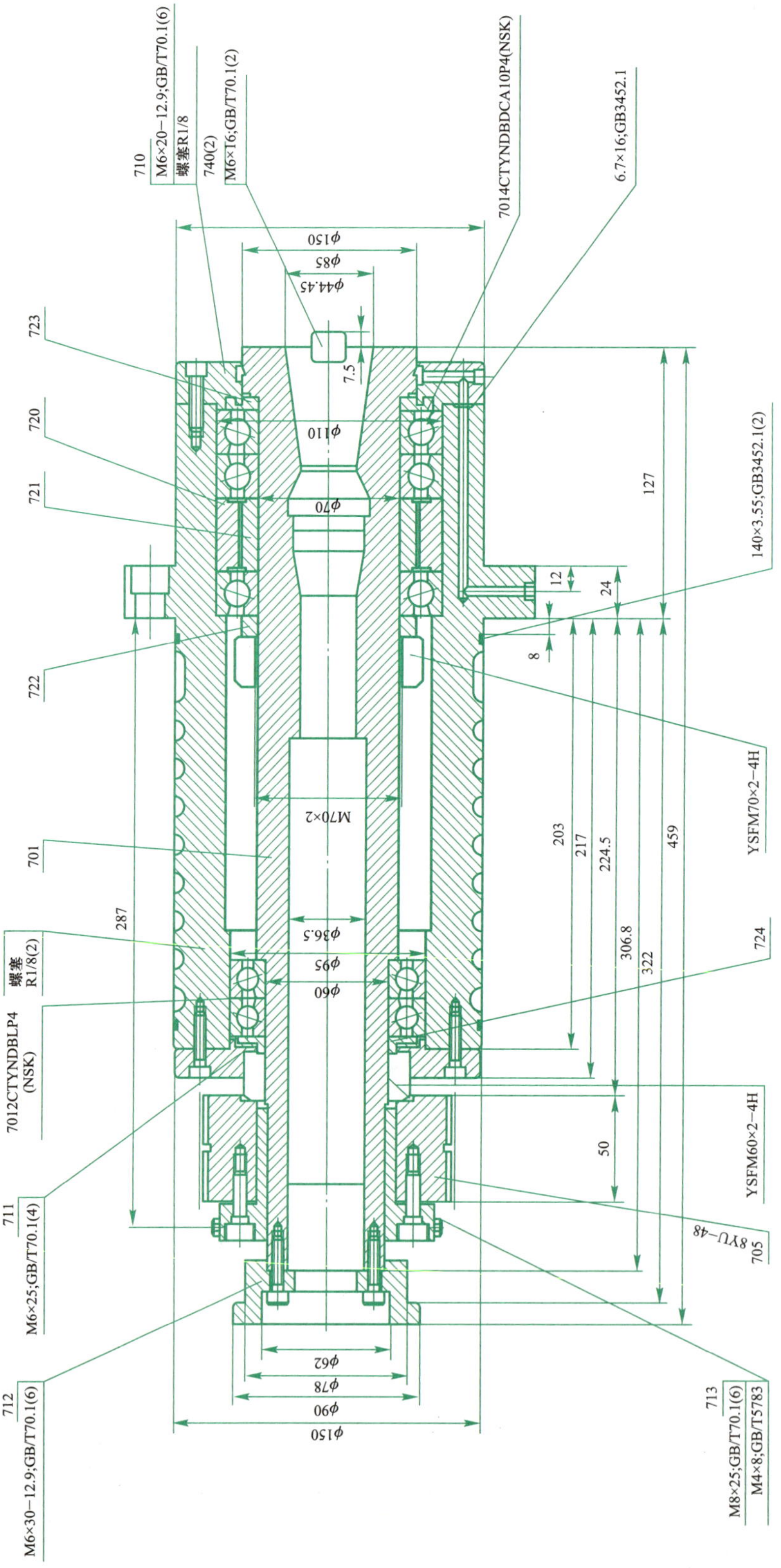
710
M6×20−12.9;GB/T70.1(6)
螺塞R1/8
740(2)
M6×16;GB/T70.1(2)
7014CTYNDBDCA10P4(NSK)
6.7×16;GB3452.1
φ150
φ85
φ44.45
7.5
723
720
721
722
φ110
φ70
127
12
24
8
140×3.55;GB3452.1(2)
YSFM70×2−4H
M70×2
701
203
217
224.5
459
287
702
螺塞
R1/8(2)
7012CTYNDBLP4
(NSK)
φ36.5
φ95
φ60
306.8
322
724
YSFM60×2−4H
50
711
M6×25;GB/T70.1(4)
8YU−48
705
712
M6×30−12.9;GB/T70.1(6)
φ62
φ78
φ90
φ150
713
M8×25;GB/T70.1(6)
M4×8;GB/T5783

图 7.2.13　主轴装配图

【任务评价】

根据本任务完成情况填写任务评价表。

任务评价表

小组				姓名		
序号	考核项目	考核内容	配分	自评	互评	师评
1	职业素养	行为符合规范	5			
2		遵守纪律	5			
3	文明生产	工位整洁,设备清理干净,日常维护正确	10			
4		按有关规定安全文明操作	10			
5	技能操作	前轴承内环加热后装入主轴	5			
6		装隔套(722)、前轴承螺母(M72×2)	5			
7		旋转调整外圆与主轴同心	5			
8		检验其回转跳动	5			
9		转动外环检查端跳	10			
10		主轴套筒(702)与装配的主轴相装后,再安装加热的后轴承	10			
11		前后法兰(710、711)装配	10			
12		测量角接触轴承外环端面至套筒孔端面的距离	10			
13		检查主轴内锥孔跳动	10			
		总计	100			

【任务拓展】

通过学习本任务,使学习者理解主轴传动系统的装调与维修方法。下面介绍亚龙 YL-59 型 0iMF 数控机床主轴功能试运转的相关知识。

选择较低、中间和较高转速进行正转、反转、定向和停止运行,检测主轴运转时产生的噪声(总噪声不超过 80dB),并进行记录,示例如下:

(1)MDI 面板选择【MDI】模式,输入"M03S100",按下循环启动。

(2)MDI 面板选择【POS】,在页面中观察转速并记录。

(3)MDI 面板选择【SYSTEM】→右翻页→主轴设定→主轴监视,记录主轴负载状况。

(4)执行 M05,检查主轴从旋转到停止的过程中刹车是否及时,是否有滑行现象。

(5)主轴转速测试结束后,输入 M19,按下循环启动,观察主轴定向情况,然后填写主轴功能试运转表,见表 7.2.3。

测头的安装

测头的使用

球杆仪的使用

表 7.2.3　主轴功能试运转表

程序代码	实际转速/(r/min)	负载/%	停转情况
M03　S100			正常□　异常□
M03　S500			正常□　异常□
M03　S1000			正常□　异常□
M03　S2000			正常□　异常□
M03　S3000			正常□　异常□
程序代码	能否找到定向位置		主轴锁紧情况
M19	可以□　不可以□		锁紧□　未锁紧□

【任务自测】

一、单选题

1. 主轴准停功能分为机械准停和电气准停，两者相比，机械准停_____。
   A. 结构复杂　　B. 准停时间更短　　C. 可靠性增加　　D. 控制逻辑简化
2. 数控机床主轴部件自变速、准停和换刀等影响机床_____。
   A. 加工精度　　B. 自动化程度　　C. 加工效率　　D. 加工时间
3. 数控机床能满足不同的工艺要求，并能够获得最佳切削速度，主传动系统的要求是_____。
   A. 无级调速　　　　　　　　B. 变速范围宽
   C. 分段无级变速　　　　　　D. 变速范围宽且能无级变速

二、判断题

1. 主电动机的发热对机床普通主轴的精度也有一定的影响。（　　）
2. 主电动机和主轴可以直接利用联轴器进行连接。（　　）

三、简答题

1. 对数控机床主传动系统有哪些要求？
2. 简述数控设备主轴转速偏离指令值的主要故障原因。

任务 7.3　伺服进给传动系统的装调与维修

【任务导入】

数控机床的进给传动系统用来驱动机床的坐标轴运动，可以将伺服电动机的角位置转换为运动轴所需要的直线或回转运动，最终合成为刀具的运动轨迹，实现工件的加工。数控机床的进给传动系统一般采用伺服电动机驱动，无机械变速操作机构，其传动链短、系统刚性好、摩擦阻力小。如图 7.3.1 所示为进给传动系统的组成。

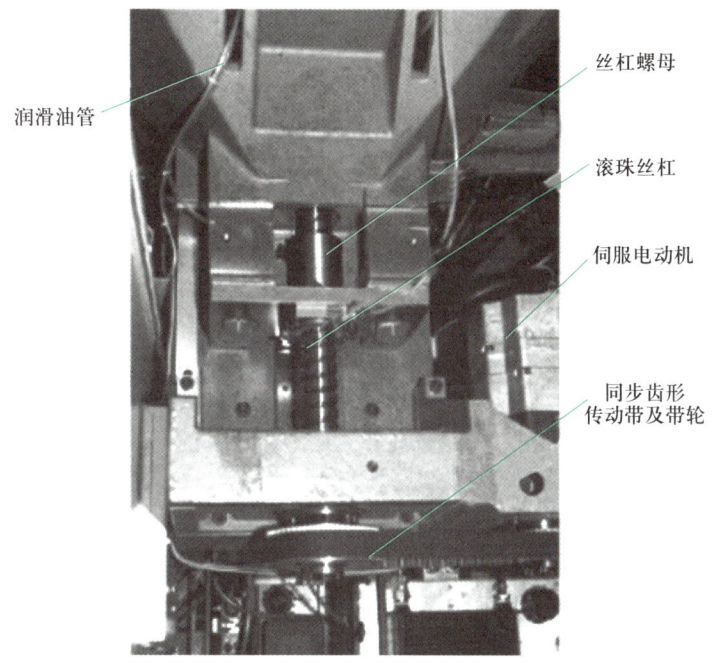

图 7.3.1　进给传动系统的组成

【任务目标】

1. 知识目标

（1）学习数控机床进给传动系统的基本要求和形式。

（2）学习滚珠丝杠的结构、预紧、支承。

2. 能力目标

（1）能正确使用、维护滚珠丝杠。

（2）能够安装和调整滚动导轨。

3. 素养目标

（1）通过学习伺服进给传动系统的装调与维修，养成独立思考和分析问题的能力。

（2）树立严谨认真的工作态度，培养良好的职业道德和责任心。

【任务分析】

数控机床进给系统中的机械传动装置和元件具有高寿命、高刚度、无间隙、高灵敏度和低摩擦的特点，其直线轴进给常采用滚珠丝杠螺母副、静压蜗杆螺母等，回转轴以蜗轮蜗杆传动为主。进给传动系统是直接决定数控机床加工精度、效率的重要组成部件，了解数控机床常用进给传动系统的结构和原理，是数控机床维修的基础。如图 7.3.2 所示为进给传动系统基本组件图。

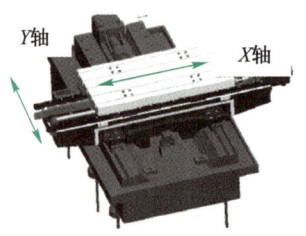
床身、滑座及工作台部组件

立柱及主轴组件(垂直于X/Y轴)

图 7.3.2　进给传动系统基本组件图

【知识衔接】

7.3.1　进给传动系统的基本要求和形式

1. 进给传动系统的基本要求

（1）高刚度：传动部件的刚度影响系统的定位精度、动态稳定性和响应快速性。采用直连结构、双端支承形式，对丝杠螺母副进行预紧、预拉伸等，可以提高进给传动系统的刚度。

（2）小惯量：惯量是影响进给系统快速性的主要因素，进给系统的加速度将决定机床的效率。应尽可能减小机械零部件的质量和直径，降低惯量，提高快速性。

（3）无间隙：通过预紧和消除间隙措施，消除传动部件及支承部件的间隙，提高机床的定位精度和系统的稳定性。但是预紧和消除间隙可能增加系统摩擦阻力，降低机械部件的使用寿命，使用和维修时应综合考虑各种因素，尽可能减小间隙。

（4）低摩擦：进给传动系统的摩擦阻力会降低传动效率，影响系统的快速性和灵敏度，产生发热，导致传动部件的弹性变形，影响系统的精度和闭环系统的动态稳定性。采用滚珠丝杠螺母副、直线滚动导轨等高效传动部件，是提高精度、避免低速爬行的主要措施。

2. 进给传动系统的主要组件

如图 7.3.3 所示为数控车床横向进给传动系统的主要组件，有床鞍、滑座等。每个进给传动方向的装调主要包括机床直线导轨的安装、滚珠丝杠螺母副的安装与调整、丝杠螺母副的支承形式及预紧等。

进给传动系统的基本要求和形式及滚珠直线导轨副的装调维修

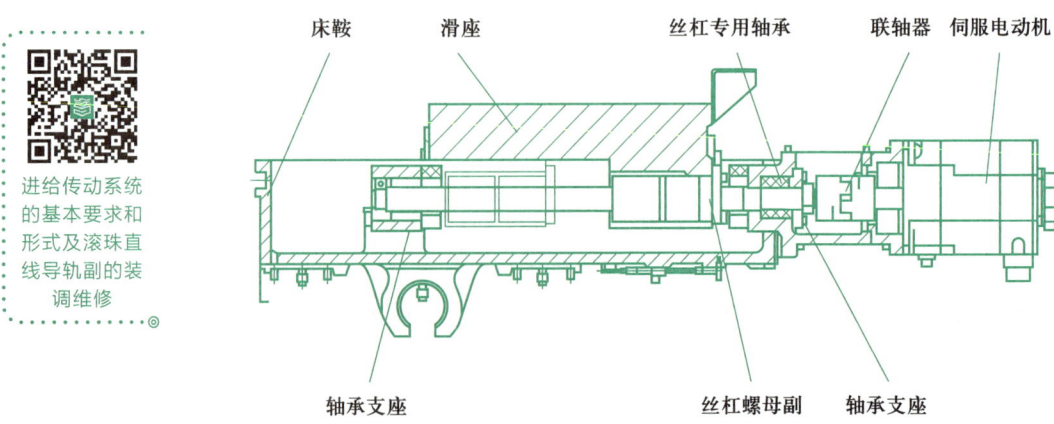

图 7.3.3　数控车床横向进给传动系统的主要组件

7.3.2 滚珠丝杠的原理与装调维修

1. 滚珠丝杠传动的原理

滚珠丝杠螺母副(简称滚珠丝杠)是目前中小型数控机床直线轴最常用的传动形式。

滚珠丝杠是以滚珠作为滚动体的螺旋式传动元件。如图7.3.4所示,螺母上有滚珠滚道,它可以将单圈或数圈螺旋滚道的两端连接成封闭的循环滚道。丝杠的滚道内装满滚珠,当丝杠旋转时,滚珠可以在滚道内自转,同时又在封闭滚道内循环移动。通过滚珠的螺旋运动,可以使丝杠和螺母间产生轴向相对运动。当丝杠(或螺母)固定时,螺母(或丝杠)就可以产生相对直线运动,带动工作台作直线运动。

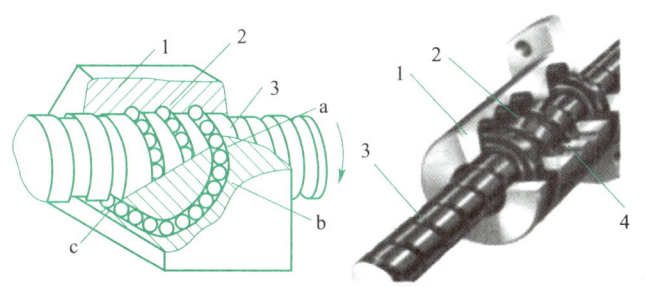

图 7.3.4 滚珠丝杠螺母副的结构原理

1—螺母;2—滚珠;3—丝杠;4(abc)—回珠滚道

2. 滚珠丝杠传动系统的结构

滚珠丝杠传动系统的结构通常有4种。

(1)双推-自由支承结构。又称为一端固定、一端自由支承方式(G-Z支承),其结构如图7.3.5所示。这种支承方式仅在一端装可以承受双向轴向载荷与径向载荷的推力角接触球轴承或滚针/推力圆柱滚子组合轴承,并进行轴向预紧;另一端完全自由,不作支承。这种支承方式的结构简单,但承载能力较小,总刚度较低,且随着螺母位置的变化,系统的刚度变化较大,故适用于丝杠长度较短的场合。

(2)双推-支承结构。又称一端固定、一端游动支承方式(G-Y方式),其结构如图7.3.6所示。这种支承方式在一端可以装承受双向轴向载荷与径向载荷的推力角接触球轴承或滚针/推力圆柱滚子组合轴承,另一端安装深沟球轴承,仅作径向支承,轴向游动。与G-Z方式相比,提高了临界转速和抗弯强度,可有效防止丝杠高速旋转时的弯曲变形,而其他方面与G-Z方式相似,故可用于丝杠长度较长的场合。

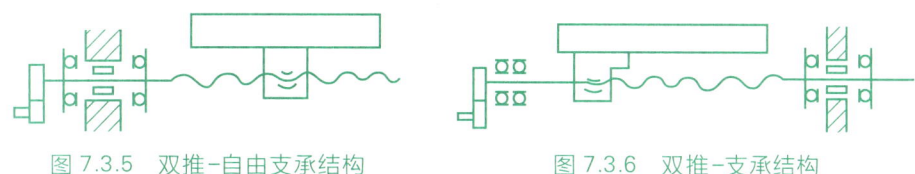

图 7.3.5 双推-自由支承结构   图 7.3.6 双推-支承结构

(3)双推-双推结构。又称两端固定的支承方式(G-G方式),其结构如图7.3.7所示。

这种支承方式的丝杠两端均固定，两端的轴承都可承受轴向力和径向力，这样的支承方式可通过对丝杠施加适当的预拉力提高刚度，补偿部分丝杠的热变形；但在丝杠热变形伸长超过预拉量时，将使轴承去载而产生轴向间隙。

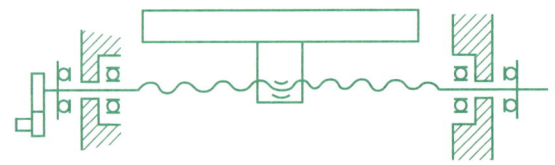

图 7.3.7　双推-双推结构

（4）丝杠固定-螺母旋转的传动结构。又称两端支承方式（J-J 方式），其结构如图 7.3.8 所示。这种支承方式的丝杠两端都安装可承受双向轴向载荷与径向载荷的推力角接触球轴承或滚针/推力圆柱滚子组合轴承，丝杠两端采用双重支承，并进行预紧，提高了刚度，但轴承的承载能力和支承刚度必须足够。这种结构可使丝杠的热变形转化为轴承的预紧力，同时，由于丝杠不动，可避免临界转速的限制，避免了细长丝杠在高速运转时可能出现的种种问题。此外，由于螺母的惯性小、运动灵活，故可实现高速进给。

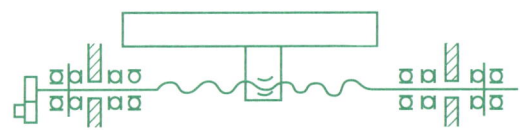

图 7.3.8　丝杠固定-螺母旋转的传动结构

【任务实施】

下面以立式加工中心 Y 轴装配为例讲解其安装与调整，其结构形式为双推-支承结构，其他形式的装配方法与案例略有不同，双推-双推结构需要预拉伸，本任务不再赘述。

（1）准备。将床身、滑座、工作台上的电动机座接合面、轴承座结合面与螺母接合面分别用油石、洗油、抹布清理干净，如图 7.3.9（a）所示。将电动机座、轴承座用油石、洗油、抹布清理干净，如图 7.3.9（b）所示。

进给部分常见故障及分析

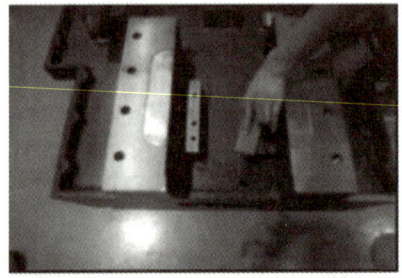

(a)

Y 轴电动机座

(b)

图 7.3.9　滚珠丝杠的安装准备

（2）螺母座、电动机座装调。将百分表吸在弯板上，测量 Y 轴螺母座检验棒的上素线（正向），将表吸在滑块上，测量检验棒的侧素线（测向），如不合格，刮研螺母座端面，保证检验棒上素线、侧素线与导轨的平行度误差不超过 0.01 mm，如图 7.3.10(a) 所示。

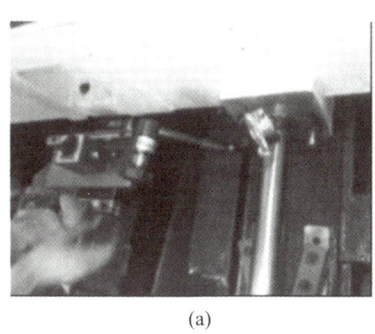
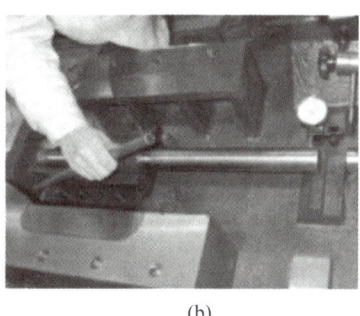

图 7.3.10　螺母座、电动机座装调

将百分表吸在滑块上，以中间棒为基准，测量 Y 轴电动机座检验棒的正向和侧向，若自身不符合要求，则刮研电动机座结合面，正向不符合要求，则配磨调整垫，保证电动机座检验棒正向、侧向不超过 0.01 mm，如图 7.3.10(b) 所示。

（3）轴承座装调。将百分表吸在 Y 向导轨滑块上，以 Y 电动机座检验棒为基准，测量轴承座检验棒的正向。如轴承座自身不符合要求，则刮研轴承座结合面，如正向不符合要求，则配磨调整垫，测量 Y 向精度误差不超过 0.01 mm，如图 7.3.11 所示。

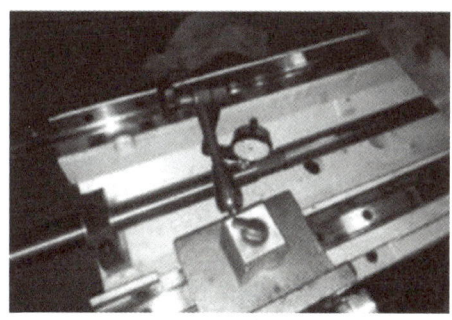

图 7.3.11　Y 向轴承座调整

（4）安装定位销。用 Φ9.8 钻头预钻 Y 轴定位销孔，钻孔深度比销略长。用 Φ10 铰刀铰 Y 轴定位销孔，铰孔深度与销等长。安装 Y 轴电动机座定位销，销应高于电动机座平面 2 mm。清理铁屑，并将检验棒用皮锤砸出，如图 7.3.12 所示。

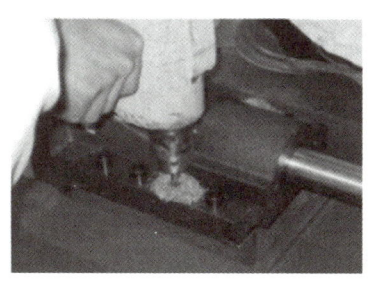

图 7.3.12　安装定位销

（5）安装轴承。将 Y 轴轴承涂润滑脂，填充量为轴承空间容量的 30%～40%，利用专用骨架油封打具将旋转油封装入电动机座内。用轴承打具把 3 个电动机座轴承装入电动机座内，如图 7.3.13(a)所示。放入隔套，安装压盖，用 22~23 N·m 力矩锁紧。用 0.02 mm 塞尺检验是否有缝(塞尺可塞入)。

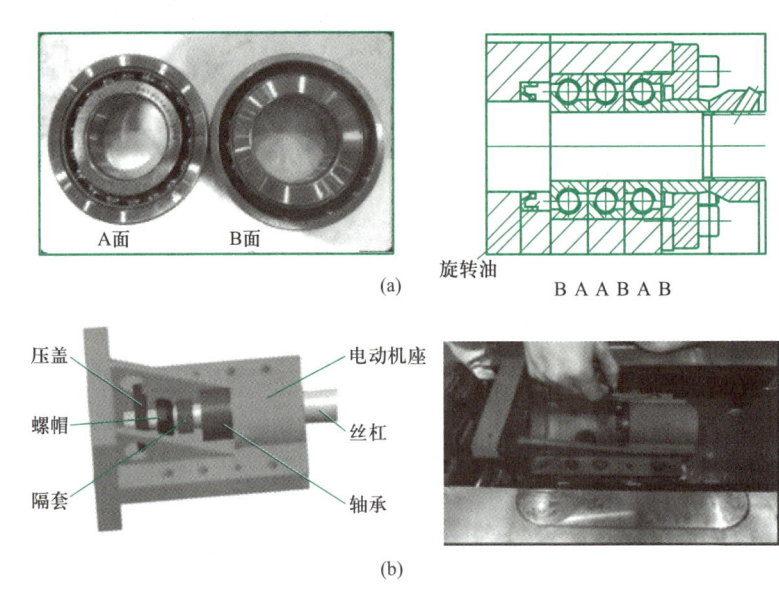

图 7.3.13　安装轴承

（6）安装 Y 轴滚珠丝杠。将丝杠穿入电动机座与轴承座之间，用轴承安装工具把 1 个轴承装入轴承座，使 Y 轴螺母和螺母座接合面靠严，用 0.02 mm 塞尺检验间隙。至塞尺塞不入后，用螺钉把螺母和螺母座紧固连接，如图 7.3.14(a)所示。

安装丝杠锁紧螺母，用百分表测量丝杠径向跳动，保证跳动误差值为 0.03 mm 以内，不合时轻敲螺母调整。锁紧螺母防松顶紧螺钉，用 8 N·m 力矩拧紧防松顶紧螺钉，如图 7.3.14(b)所示。

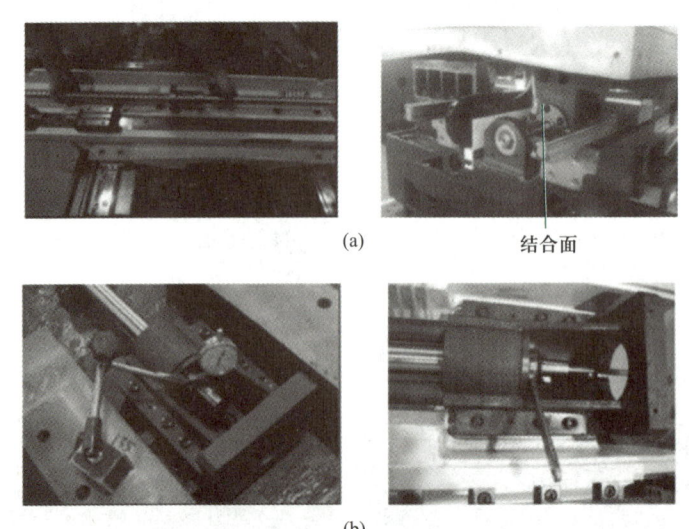

图 7.3.14　安装 Y 轴丝杠

《《《《《 任务 7.3 伺服进给传动系统的装调与维修

X 向（Z 向）螺母座、电动机座、轴承座、丝杠的安装调整与 Y 轴类似。立式加工中心 Y 轴机械部分主要零件记录表见表 7.3.1。

表 7.3.1　立式加工中心 Y 轴机械部分主要零件记录表

零件名称	规格型号	简图	数量	功能

立式加工中心 Y 轴机械部分装配工艺记录表见表 7.3.2。

表 7.3.2　立式加工中心 Y 轴机械部分装配工艺记录表

工序号	工序内容	工序过程示意图

【任务评价】

根据本任务完成情况填写任务评价表。

任务评价表

小组				姓名		
序号	考核项目	考核内容	配分	自评	互评	师评
1	职业素养	行为符合规范	10			
2		遵守纪律	10			
3		工位整洁，设备清理干净，日常维护正确	10			
4	文明生产	按有关规定安全文明操作	10			
5	技能操作	准备工作	10			
6		螺母座、电动机座装调	10			
7		轴承座装调	10			
8		安装定位销	10			
9		安装轴承	10			
10		安装 Y 轴滚珠丝杠	10			
		总计	100			

【任务拓展】

通过学习本任务,使学习者理解伺服进给传动系统的装调与维修的方法。下面介绍亚龙 YL-59 型 0iMF 数控机床进给速度试运转和快速移动试运转的相关知识。

各进给轴选择较低、中间和较高进给速度以及快速移动,进给移动的移动范围尽可能达到全行程,快速移动距离应在各坐标轴全行程的 1/2 以内,并对进给轴移动时的响应速度作出判断,设备中如果包含第 4 轴转台,建议 Z 轴单独测试,否则有碰撞的可能性,如图 7.3.15 所示。

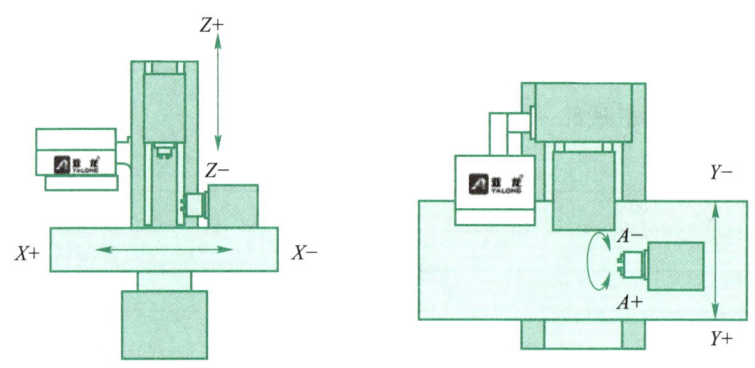

图 7.3.15　进给试运转示意图

1. 进给移动示例

(1) 机床处在原点时,记录各轴在正负方向上的可移动行程,将 X 轴正向可移动距离填写到#1,Y 轴正向可移动距离填写到#2,Z 轴正向可移动距离填写到#3,X 轴负向可移动距离填写到#4,Y 轴负向可移动距离填写到#5,Z 轴负向可移动距离填写到#6。

(2) MDI 面板选择"编辑"模式,编写表 7.3.3 中的程序,选择"自动"模式,按下循环启动。

(3) 数控机床各轴开始运行,观察各轴移动时是否有异响,MDI 面板选择【SYSTEM】→右翻页→主轴设定→主轴监视,在表 7.3.3 中记录各轴在空载下运动时的最大负载情况。

表 7.3.3　进给速度试运转

程序代码	有无异响	负载/%
G01　X#1　Y#2　Z#3　A360　F100； G01　X-#4　Y-#5　Z-#6　A0　F100； M98；(程序循环运行)	有□　无□	
G01　X#1　Y#2　Z#3　A360　F500； G01　X-#4　Y-#5　Z-#6　A0　F500； M98；	有□　无□	
G01　X#1　Y#2　Z#3　A360　F1000； G01　X-#4　Y-#5　Z-#6　A0　F1000； M98；	有□　无□	

续表

程序代码	有无异响	负载/%
G01 X#1 Y#2 Z#3 A360 F1500; G01 X-#4 Y-#5 Z-#6 A0 F1500; M98;	有□ 无□	

2. 快速移动示例

（1）机床处在原点时，记录各轴在正负方向上大约 1/2 行程，将 X 轴正向可移动距离填写到#1，Y 轴正向可移动距离填写到#2，Z 轴正向可移动距离填写到#3，X 轴负向可移动距离填写到#4，Y 轴负向可移动距离填写到#5，Z 轴负向可移动距离填写到#6。

（2）MDI 面板选择"编辑"模式，编写表 7.3.4 中的程序，选择"自动"模式，按下循环启动。

（3）数控机床各轴开始运行，观察各轴移动时是否有异响，MDI 面板选择【SYSTEM】→右翻页→主轴设定→主轴监视，在表 7.3.4 中记录各轴在空载下运动时的最大负载情况。

表 7.3.4 快速移动试运转

程序代码	有无异响	负载/%
G00 X#1 Y#2 Z#3 A360; G00 X-#4 Y#5 Z-#6 A0; M98;	有□ 无□	
G00 X#1 Y#2 Z#3 A360; G00 X-#4 Y-#5 Z-#6 A0; M98;	有□ 无□	
G00 X#1 Y#2 Z#3 A360; G00 X-#4 Y-#5 Z-#6 A0; M98;	有□ 无□	
G00 X#1 Y#2 Z#3 A360; G00 X-#4 Y-#5 Z-#6 A0; M98;	有□ 无□	

【任务自测】

一、单选题

1. 数控机床开环控制系统的伺服电动机多采用_____。
A. 直流伺服电动机   B. 交流伺服电动机
C. 交流变频调速电动机   D. 功率步进电动机

2. 采用开环进给伺服系统的机床通常不安装_____。
A. 伺服系统　　　　　　　　　B. 制动器
C. 数控系统　　　　　　　　　D. 位置检测元件
3. 以下各项中,滚珠丝杠螺母副不具备的特点是_____。
A. 具有运动的可逆性　　　　　B. 运动平稳无爬行
C. 能自锁　　　　　　　　　　D. 反向时无空程

二、判断题
1. 凡是包含测量装置的数控机床都是闭环数控机床。（　　）
2. 闭环式进给驱动系统是带有位置反馈环节的一种进给驱动系统。（　　）

三、简答题
1. 数控机床主传动系统有哪些要求？
2. 数控机床伺服模块系统的主要性能有哪些？

参考文献

[1] 梁云,黄祖广.数控设备维护与维修:初级[M].北京:机械工业出版社,2020.
[2] 任群生.数控机床故障诊断与维修[M].北京:机械工业出版社,2018.
[3] 周兰,赵小宣.数控设备维护与维修:中级[M].北京:机械工业出版社,2020.
[4] 刘宏利等.数控机床故障诊断与维修第 2 版[M].重庆:重庆大学出版社,2019.

郑重声明

高等教育出版社依法对本书享有专有出版权。任何未经许可的复制、销售行为均违反《中华人民共和国著作权法》，其行为人将承担相应的民事责任和行政责任；构成犯罪的，将被依法追究刑事责任。为了维护市场秩序，保护读者的合法权益，避免读者误用盗版书造成不良后果，我社将配合行政执法部门和司法机关对违法犯罪的单位和个人进行严厉打击。社会各界人士如发现上述侵权行为，希望及时举报，我社将奖励举报有功人员。

反盗版举报电话　　（010）58581999　58582371

反盗版举报邮箱　　dd@hep.com.cn

通信地址　　北京市西城区德外大街4号　高等教育出版社知识产权与法律事务部

邮政编码　　100120

读者意见反馈

为收集对教材的意见建议，进一步完善教材编写并做好服务工作，读者可将对本教材的意见建议通过如下渠道反馈至我社。

咨询电话　　400-810-0598

反馈邮箱　　gjdzfwb@pub.hep.cn

通信地址　　北京市朝阳区惠新东街4号富盛大厦1座

　　　　　　高等教育出版社总编辑办公室

邮政编码　　100029

授课教师如需获得本书配套教辅资源，请登录"高等教育出版社产品信息检索系统"（https://xuanshu.hep.com.cn/）搜索下载，首次使用本系统的用户，请先进行注册并完成教师资格认证。